职业教育物联网应用技术专业系列教材

无线传感网络技术与应用项目化教程

主　编　杨琳芳　杨　黎

副主编　张　磊　金诗博　马兆丰　王伟旗

　　　　杨　柳　李　莉

参　编　林道华　李文亮　陈　旭　邱振彬

　　　　蔡　敏　邹梓秀

机械工业出版社

本书内容以ZigBee技术为主，以蓝牙4.0、GPRS、WiFi等典型的短距离无线通信技术为辅，结合温湿度传感器、可燃性气体传感器等组成无线传感网络。本书采用“项目引领、任务驱动”的编写思路，每个任务由任务要求、知识链接、任务实施、技能拓展等部分组成。每个项目均采用了若干由简单到复杂的任务，并将每个任务所需要的理论知识点和技能点渗透到任务实现过程中，同时将“物联网技术应用”技能大赛考核的无线传感网络技术融入其中，做到理论与实践有机结合。

本书配套微课视频（扫描书中二维码免费观看），通过信息化教学手段，将纸质教材与课程资源有机结合，为资源丰富的“互联网+”智慧教材。

本书适合作为各类职业院校物联网应用技术、计算机及相关专业的教学用书，也可作为从事无线传感网络开发人员的自学参考用书。

本书配有电子课件、源代码、驱动程序、模块电路图、试卷、课后习题解答，选用本书作为教材的教师可以从机械工业出版社教育服务网（www.cmpedu.com）免费注册下载或联系编辑（010-88379194）咨询。本书还配有视频资源，教师可以使用移动端设备扫描二维码观看（推荐使用手机浏览器扫码观看）。

图书在版编目（CIP）数据

无线传感网络技术与应用项目化教程/杨琳芳，杨黎主编.
—北京：机械工业出版社，2016.9（2025.1重印）
职业教育物联网应用技术专业系列教材
ISBN 978-7-111-54916-1

Ⅰ. ①无… Ⅱ. ①杨… ②杨… Ⅲ. ①无线电通信—传感器—应用—职业教育—教材 Ⅳ. ①TP212

中国版本图书馆CIP数据核字（2016）第228520号

机械工业出版社（北京市百万庄大街22号 邮政编码100037）
策划编辑：李绍坤 梁 伟 责任编辑：李绍坤 吴晋瑜
版式设计：鞠 杨 责任校对：马立婷
封面设计：鞠 杨 责任印制：单爱军
保定市中画美凯印刷有限公司印刷
2025年1月第1版第21次印刷
184mm×260mm · 18.75印张 · 428千字
标准书号：ISBN 978-7-111-54916-1
定价：59.00元

电话服务 网络服务
客服电话：010-88361066 机 工 官 网：www.cmpbook.com
010-88379833 机 工 官 博：weibo.com/cmp1952
010-68326294 金 书 网：www.golden-book.com
封底无防伪标均为盗版 机工教育服务网：www.cmpedu.com

职业教育物联网应用技术专业系列教材编写委员会

参与编写学校：

福州大学
北京邮电大学
江南大学
天津中德应用技术大学
闽江学院
福建信息职业技术学院
重庆电子工程职业学院
山东交通职业学院
河源职业技术学院
广东省轻工职业技术学校
广西电子高级技工学校
安徽电子信息职业技术学院
上海电子信息职业技术学院
上海市贸易学校
顺德职业技术学院
青岛电子学校
济南信息工程学校
嘉兴技师学院
江苏信息职业技术学院
开封大学
常州工程职业技术学院
上海中侨职业技术学院
北京电子科技职业学院
北京市丰台区职业教育中心学校
湖南现代物流职业技术学院
闽江师范高等专科学校
天津市第一轻工业学校
山东大学
福建师范大学
太原科技大学
浙江科技学院
安阳工学院
无锡职业技术学院
武汉软件工程职业学院
辽宁轻工职业学院
广东理工职业技术学院
佛山职业技术学院
合肥职业技术学院
威海海洋职业学院
上海商学院高等技术学院
河南经贸职业学院
河南信息工程学校
山东省潍坊商业学校
福州机电工程职业技术学校
北京市信息管理学校
温州市职业中等专业学校
浙江交通职业技术学院
安徽国际商务职业学院
长江职业学院
广东职业技术学院
福建船政交通职业学院
北京劳动保障职业学院
河南省驻马店财经学校

本书包括认识无线传感网络、CC2530基本组件应用、Basic RF无线通信应用、ZigBee协议栈应用与组网、蓝牙4.0无线通信应用、GPRS无线通信应用以及WiFi无线通信应用共7个项目。每个项目中包括若干个由简单到综合的实训任务，例如，项目4中包括基于Z-Stack的点对点通信、基于Z-Stack的串口通信、基于Z-Stack的串口透传、基于绑定的无线开关系统等6个任务。此外，本书以“知识链接”的方式，将项目实施过程中所需的无线网络技术、传感器技术等知识点穿插到不同的项目中，这样既保证了项目的系统性，也保证了知识结构相对完整性。参考学时约为90学时，在使用时，教师可根据具体教学情况酌情增减。

本书重点介绍ZigBee技术的Basic RF无线通信技术、Z-Stack协议栈、Z-Stack协议栈实时操作系统、ZigBee无线网络通信方式等内容，通过多个实训任务，帮助读者轻松掌握ZigBee组网实训的相关内容。同时，本书还包括蓝牙4.0、GPRS、WiFi等典型的短距离无线通信技术的实训项目，方便读者有效掌握它们的应用。

编者结合自己十多年的教学和指导学生参加技能竞赛的经验，花费了两年多的时间编写本书，从项目选取、任务设计、内容重构等方面体现了职业教育“教、学、做”一体化教学的特色。

本书的特点如下：

1）理论与实践相结合。将CC2530单片机技术、Basic RF、ZigBee、蓝牙4.0、GPRS等技术融入若干个任务之中，通过任务驱动的方式，让读者在任务实施过程中理解和掌握这些枯燥的理论知识点。

2）技术剖析深入浅出。本书介绍了ZigBee、蓝牙4.0、GPRS、WiFi等技术，从数据的发送、接收、协议栈原理等方面进行了深入的介绍，并通过训练任务，让读者“知其然，也知其所以然”。

3）将“物联网技术应用”技能大赛考核的无线传感网络技术融入书中。

本书由杨琳芳、杨黎担任主编，负责对本书的编写思路与大纲进行总体策划，对全书统稿。项目1、项目3、项目6及项目7由杨琳芳编写，项目2、项目4及项目5由杨黎编写，参与项目4编写的还有浙江科技学院张磊、天津中德应用技术大学金诗博、浙江交通职业技术学院马兆丰、上海商学院高等技术学院王伟旗、天津市第一轻工业学校杨柳、开封大学李莉等老师。本书还得到了北京新大陆时代教育科技有限公司相关人员的大力帮助和支持，在此表示衷心的感谢。

由于编者水平有限，书中难免有不妥之处，恳请广大读者提出批评和建议，以便进一步完善。

编　者

二维码索引

序号	任务名称	图形	页码	序号	任务名称	图形	页码
17	项目4 任务4 ZigBee无线绑定		141	26	项目6 任务2 GPRS拨打与接听电话		258
18	项目4 任务5 ZigBee无线传感网络拓扑结构获取		165	27	项目6 任务3 GPRS短信发送与接收		263
19	项目4 任务6 ZigBee无线传感器网络监控系统设计		182	28	项目6 任务4 GPRS网络连接		266
20	项目5 任务1 基于BLE协议栈的串口通信		198	29	项目6 任务5 GPRS TCP、UDP通信		266
21	项目5 任务2 主、从机建立连接与数据传输		205	30	项目6 任务6 GPRS模块疑难问题解决		266
22	项目5 任务3 基于BLE协议栈的无线点灯		217	31	项目7 任务1 WIFI模块简介及基本指令		274
23	项目5 任务4 基于BLE协议栈的串口透传		231	32	项目7 任务2 WIFI连接模式切换		279
24	项目5 任务5 智能手机与蓝牙模块的通信		247	33	项目7 任务3 WIFI建立TCP、UDP连接		281
25	项目6 任务1 GPRS简介及基本指令操作		258	34	项目7 任务4 WIFI数据传输		283

目录
CONTENTS

Project 1

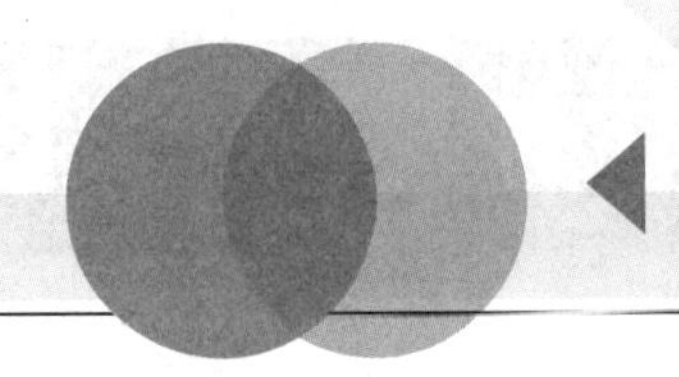

项目 1

认识无线传感网络

本项目在完成点亮一个LED灯的任务过程中，将详细介绍搭建ZigBee开发环境的方法，并对任务实施过程中需要用到的NEWLab实训平台进行介绍，还对无线传感网络技术及ZigBee无线传感网络通信标准进行相关描述，以帮助读者更好地认识无线传感网络。

教学目标

知识目标	1. 熟悉NEWLab实训平台和相关传感器模块
	2. 了解WiFi、蓝牙、ZigBee等典型短距离无线通信网络技术及其应用领域
	3. 了解ZigBee无线传感网络通信标准
	4. 了解IAR、SmartRF Flash Programmer等软件的菜单功能
	5. 掌握使用IAR软件新建、配置工程等步骤
技能目标	1. 会使用NEWLab实训平台和相关传感器模块
	2. 能正确安装IAR与SmartRF Flash Programmer软件
	3. 能熟练使用IAR软件新建与配置工程
	4. 能编写、下载并调试程序
	5. 会使用SmartRF Flash Programmer软件烧录程序
素质目标	1. 初步掌握软件编程规范、项目文件管理方法
	2. 初步养成项目组员之间的沟通、讨论习惯

任务 搭建ZigBee开发环境

任务要求

初步认识无线传感网络，了解WiFi、蓝牙、ZigBee等典型短距离无线通信网络技术及其应用领域；初步了解ZigBee无线传感网络通信标准，熟悉NEWLab实训平台和相关传感器模块。学会安装并能熟练使用IAR与SmartRF Flash Programmer软件，建立ZigBee开发环境，完成在NEWLab实训平台点亮LED灯的任务。

扫码观看本任务操作视频

知识链接

1．NEWLab实训平台

这里主要介绍新大陆公司研制的NEWLab实训平台，该实训平台具有8个通用实训模块插槽，支持单个实训模块实验或最多8个实训模块联动实验。该实训平台内集成通信、供电、测量等功能，为实训提供环境保障和支撑，还内置了一块标准尺寸的面包板及独立电源，用于电路搭建实训。该实训平台可完成无线通信技术、传感器技术、数据采集、无线传感器网络等课程的实训。NEWLab平台底板接口如图1-1及图1-2所示。

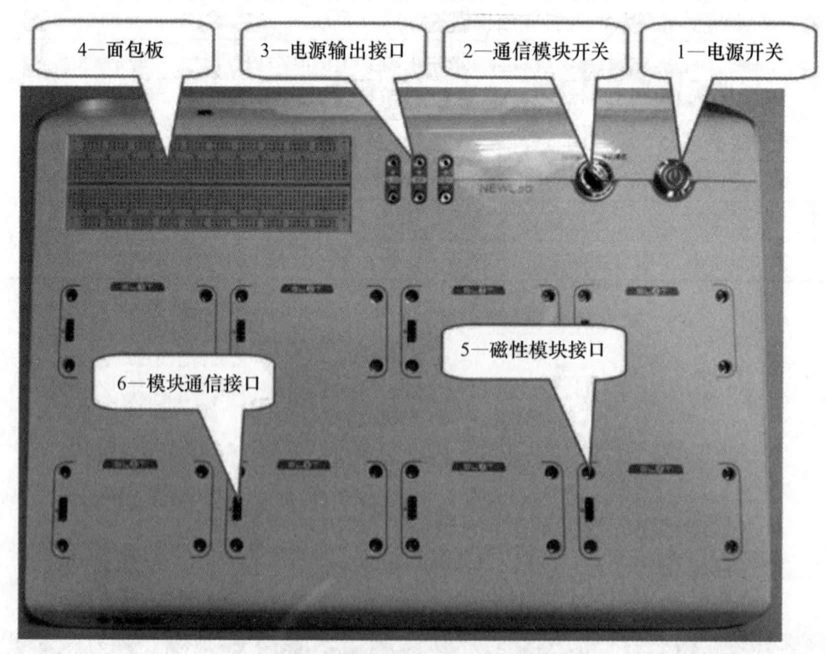

图1-1　NEWLab平台底板接口1

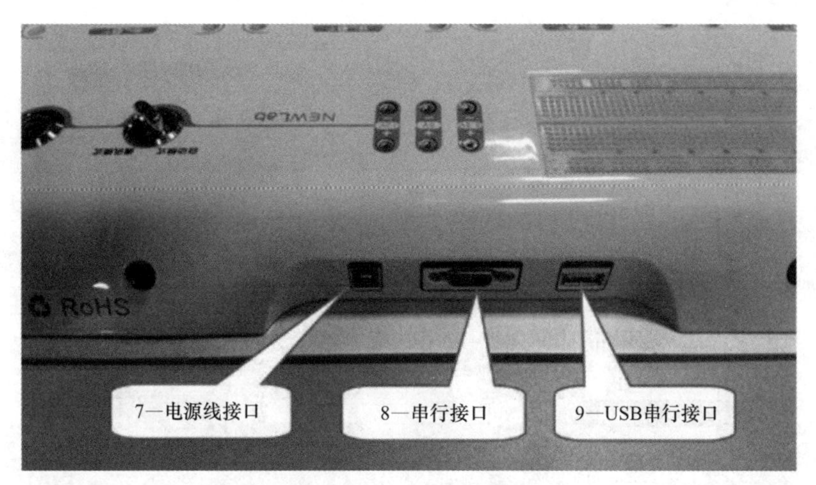

图1-2　NEWLab平台底板接口2

（1）无线通信模块

无线通信模块包括ZigBee模块、WiFi开发模块、蓝牙4.0开发模块、GPRS通信模块，具体模块如图1-3所示。

ZigBee模块　　WiFi模块

蓝牙4.0开发模块　　GPRS模块

图1-3　无线通信模块

（2）传感器模块

传感器模块包括温度/光照传感器模块、声音传感器模块、气体传感器模块、称重传感器模块、霍尔传感器模块等，具体模块如图1-4所示。

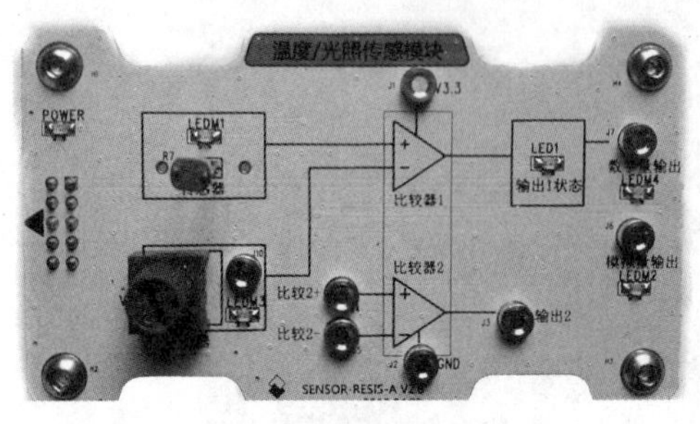

温度/光照度传感器模块

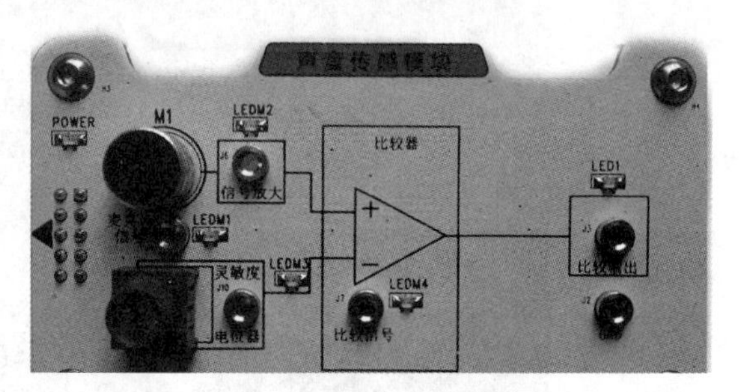

声音传感器模块

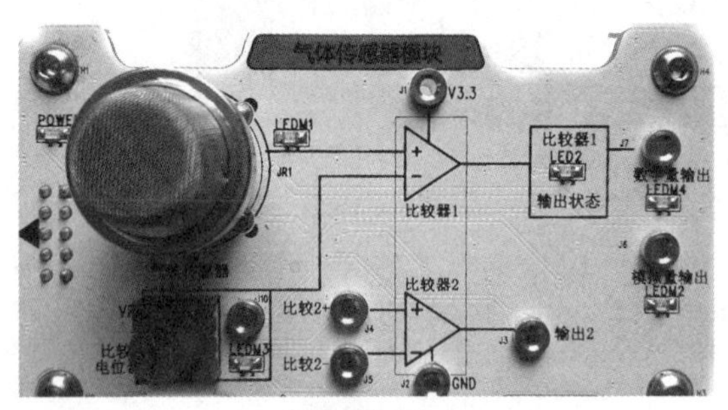

气体传感器模块

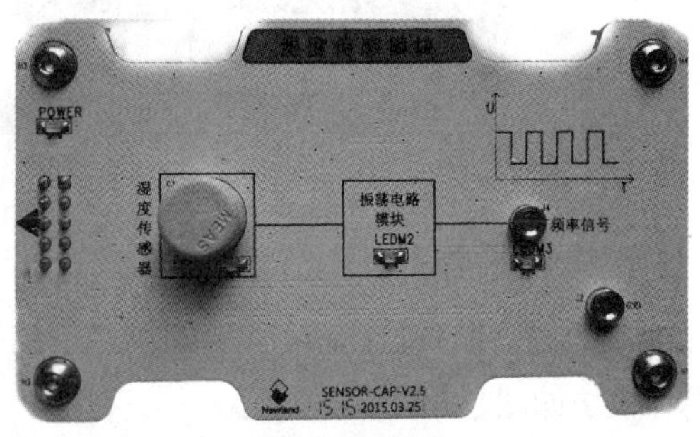

湿度传感器模块

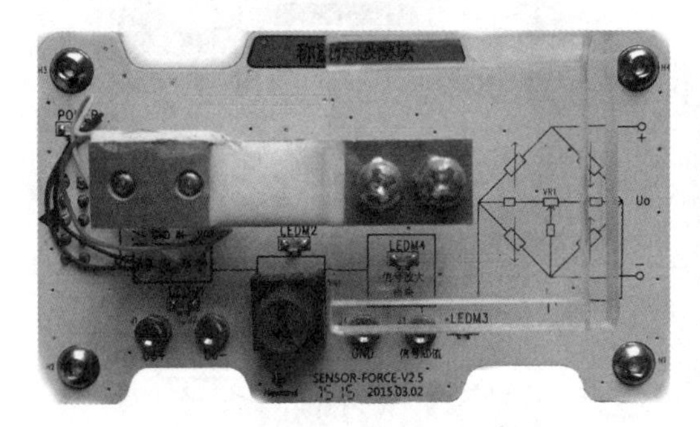

称重传感器模块

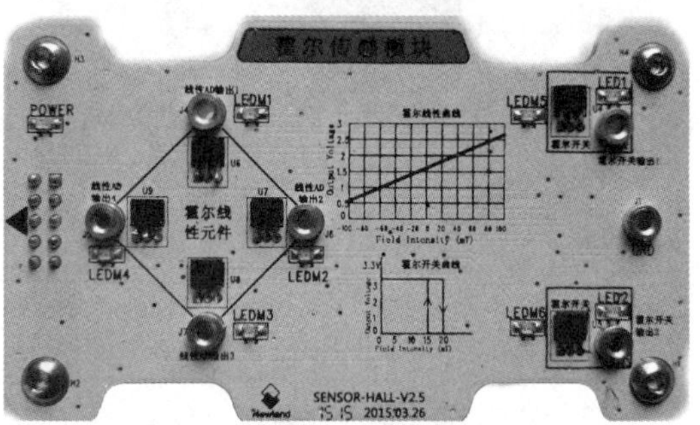

霍尔传感器模块

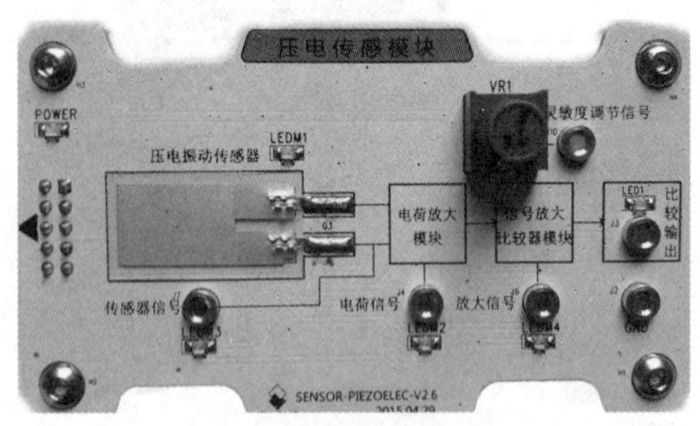

压电传感器模块

红外传感器模块

图1-4　传感器模块

2．无线传感网络技术

无线传感网络（Wireless Sensor Networks，WSN）是当前在国际上备受关注的、涉及多学科高度交叉、知识高度集成的前沿热点研究领域。它综合了传感器、嵌入式计算、现代网络及无线通信和分布式信息处理等技术，能够通过各种集成化的微型传感器协同完成对各种环境或监测对象的信息的实时监测、感知和采集，通过无线方式发送这些信息，并以自组多跳的网络方式传送到用户终端，从而实现物理世界、计算世界以及人类社会的连通。

（1）无线传感网络概述

无线传感网络是由大量体积小、成本低，具有无线通信、传感、数据处理能力的传感器节点组成的。传感器节点一般由传感器模块（由传感器和模-数转换功能模块组成）、处理器模块（由嵌入式系统构成，包括CPU、存储器、嵌入式操作系统等）、无线通信模块和能量供应模块四部分组成。传感器模块负责监测区域内信息的采集和数据转换；处理器模块负责控制整个传感器节点的操作，存储和处理本身采集的数据以及其他节点发来的数据；无线通信模块负责与其他传感器节点进行无线通信，交换控制信息和收发采集数据；能量供应模块为传感器节点提供运行所需的能量，通常采用微型电池。此外，可以选择的其他功能单元包括定位系统、移动系统以及电源自供电系统等。

在无线传感网络中，大量传感器节点布置在整个观测区域中，各传感器节点将所探测到的有用信息通过初步的数据处理和信息融合后传送给用户。数据传送的过程是通过相邻节点接力传送回基站，然后再通过基站以卫星通信或者有线网络连接的方式传送给最终用户。无线传感器网络与其他传统的网络相比，有如下一些独有的特点：

① 大规模网络。为了获取精确信息，在监测区域通常部署大量传感器节点，传感器节点数量可以达到成千上万，甚至更多。传感器网络的大规模性主要是指传感器节点分布在很大的地理区域内且传感器节点部署很密集。

② 自组织网络。在传感器网络应用中，通常情况下传感器节点放置在没有基础结构的地方。传感器的位置不能预先精确设定，节点间的相互邻居关系预先也不知道，因此要求传感器节点具有自组织能力，能够自动进行配置和管理，通过拓扑控制机制和网络协议自动形成转发监测数据的多跳无线网络系统。

③ 动态性网络。传感器网络的拓扑结构可能因为电能耗尽、环境条件变化等因素而改变。

④ 以数据为中心的网络。用户使用传感器网络查询事件时，直接将所关心的事件“告知”网络，网络在获得指定事件的信息后汇报给用户。

⑤ 应用相关的网络。不同的应用背景对传感器网络的要求不同，其硬件平台、软件系统和网络协议必然会有很大差异。在开发传感器网络应用中，更关心的是传感器网络的差异。

（2）典型短距离无线通信网络技术

1）WiFi技术。

WiFi（Wireless Fidelity）是一种可以将个人计算机、手持设备（如掌上计算机、手机）等终端以无线方式互相连接的技术，它改善了基于IEEE 802.11标准的无线网络产品之间的互通性，因此很多人把使用IEEE 802.11系列协议的局域网称为“WiFi”。作为目前无线局域网（Wireless Local Area Networks，WLAN）的主要技术标准，WiFi的目的是提供无线局域网的接入，可实现几兆位每秒到几十兆位每秒的无线接入。IEEE 802.11流行的几个版本包括：802.11a，在5.8GHz频段最高速率为54Mbit/s；802.11b，在2.4GHz 频段速率为1～11Mbit/s；802.11g，在2.4GHz频段与802.11b兼容，最高速率亦可达到54Mbit/s。WiFi规定了协议的物理层（Physical Layer，PHY）和媒体介质访问控制层（Medium Access Control Sub-layer，MAC），并依赖TCP/IP作为网络层。由于其优异的带宽是以较高的功耗为代价的，因此大多数便携WiFi装置都需要较高的电能储备，这限制了它在工业场合的推广和应用。

2）蓝牙技术。

蓝牙（Bluetooth）工作在2.4GHz的频段，最早是爱立信公司在1994年开始研究的一种能使手机与其附件（如耳机）之间相互通信的无线模块，采用跳频技术（Frequency-Hopping Spread Spectrum，FHSS）扩频方式，蓝牙信道带宽为1MHz，异步非对称连接最高数据速率为723.2Kbit/s；连接距离一般小于10m。蓝牙被归入IEEE 802.15.1，规定了包括PHY、MAC、网络和应用等集成协议栈。对语音和特定网络提供支持，需要协议栈提供250KB系统开销，从而增加了系统成本和集成复杂性。此外，由于蓝牙最多只能配置7个节点，从而制约了其在大型传感器网络中的应用。蓝牙一般应用于无线设备、图像处理设备、智能卡、身份识别等安全产品，以及娱乐消费、家用电器、医疗健身和建筑等领域。

3）NFC技术。

近场通信（Near Field Communication，NFC）是由飞利浦、诺基亚和索尼公司主推的一种类似于射频识别，一种非接触式的自动识别技术（RFID）的短距离无线通信技术标准。与RFID不同，NFC采用了双向的识别和连接技术，在20cm内工作于13.56MHz频率。NFC最初仅是遥控识别和网络技术的合并，但现在已发展成无线连接技术。通过NFC，可实现多个设备（计算机、手机、数字照相机等）之间的无线互联，可使它们彼此交换数据与服务。

4）ZigBee技术。

ZigBee主要用于近距离无线连接，它有自己的无线电标准，由数千个微小的传感器之间相互协调实现通信。这些传感器只需要很少的能量，以接力的方式通过无线电波将数据从一个传感器传到另一个传感器，所以它们之间的通信效率非常高。这些数据最后可以进入计算机用于分析或被另一种无线技术收集。ZigBee是一组基于IEEE 802.15.4无线标准研制开发的有关组网、安全和应用软件方面的通信技术。ZigBee被业界认为是最有可能应用在工业监控、传感器网络、家庭监控、安全系统等领域的无线技术。

（3）无线传感网络的应用

无线传感网络有着巨大的应有前景，已有和潜在的传感器应用领域包括军事侦察、环境监测、医疗和建筑物监测等。随着无线传感器技术、无线通信技术和计算机技术的不断发展和完善，各种无线传感器网络将遍布人们的生活环境。

1）环境监测。

无线传感器网络在环境监测领域已经有很多应用实例。例如，对海岛鸟类生活规律的观测；气象现象的观测和天气预报、生物群落的微观观测等；通过在水坝山区中关键地点合理布置一些水压、土壤湿度等传感器，可以在洪灾到来之前发布预警信息，从而及时排除险情或者减少损失。

2）医疗应用。

无线传感器网络在医疗领域也有一些成功应用实例。例如，远程健康监测，即通过让老年人佩戴一些血压、脉搏、体温等微型无线传感器，并通过住宅内的传感器网关，医生可以在医院远程了解这些老年人的健康状况；通过在人体器官内植入一些微型传感器，随时观测器官的生理状态，可以监测器官的功能恶化情况，以便及时采取治疗措施。

3）军事应用。

无线传感器网络的研究起源于军事，因此它在军事领域的应用非常广泛。例如，侦察敌情、监控兵力、装备和物资，判断生物化学攻击，友军兵力、装备及弹药调配情况的监测，战区监控，敌方军力的侦察，目标追踪，战争损伤评估，核、生物和化学攻击的探测与侦察等。

3．ZigBee无线传感网络通信标准

ZigBee技术是一种短距离、低复杂度、低功耗、低数据速率、低成本的双向无线通信或无线网络技术，是一组基于IEEE 802.15.4无线标准研制开发的有关组网、安全和应用软件方面的通信技术。ZigBee联盟已于2005年6月27日公布了第一份ZigBee规范“ZigBee Specification V1.0”。ZigBee协议规范使用了IEEE 802.15.4定义的物理层（PHY）和媒体介质访问控制层（MAC），并在此基础上定义了网络层（NWK）和应用层（APL）架构。IEEE 802.15.4是IEEE针对低速率无线个人区域网（Low-Rate Wireless Personal Area Networks，LR-WPAN）制定的无线通信标准。该标准把低能量消耗、低速率传输、低成本作为重点目标，旨在为个人或家庭内不同设备之间低速率无线互联提供统一标准。该标准定义的LR-WPAN网络的特征与无线传感网络有很多相似之处，很多研究机构把它作为无线传感网络的通信标准。

（1）ZigBee技术概述

ZigBee技术的命名主要来自于人们对蜜蜂采蜜过程的观察—— 蜜蜂在采蜜的过程中，跳着优美的舞蹈，形成“ZigZag”的形状，以此来相互交流信息，以便获取共享食物源的方向、距离和位置等信息。又因蜜蜂自身体积小，所需的能量少，且能传递所采集的花粉，因此，人们用ZigBee技术来代表具有成本低、体积小、能量消耗小和传输速率低的无线通信技术。

ZigBee技术主要用于距离短、功耗低且传输速率不高的各种电子设备之间，可进行数据以及典型的有周期性数据、间歇性数据和低反应时间数据传输的应用。ZigBee技术可工作在2.4GHz（全球流行）、915MHz（美国流行）和868MHz（欧洲流行）三个频段上，分别具有最高250Kbit/s、40Kbit/s和20Kbit/s的传输速率，其传输距离为10～75m，但可以继续增加。作为一种无线通信技术，ZigBee自身的技术优势主要有功耗低、成本低、可靠性高、容量大、时延小、安全性好、有效范围小、兼容性好等特点。

（2）ZigBee和IEEE 802.15.4的关系

在设计网络的软件构架时，一般采用分层的思想，不同的层负责不同的功能，数据只能在相邻的层之间流动。例如，以太网中分层模型是ISO国际化标准组织提出的OSI（Open System Interconnection）应用层、表示层、会话层等七层参考模型。

ZigBee协议也在OSI参考模型的基础上，结合无线网络的特点，采用分层的思想实现。其中IEEE 802.15.4标准定义了底层协议：物理层和介质访问控制层。ZigBee协议定义了网络层（Network Layer，NWK）、应用层（Application Layer，APL）架构。在应用层内提供了应用支持子层（Application Support Sub-layer，APS）和ZigBee设备对象（ZigBee Device Object，ZDO）。应用框架中则加入了用户自定义的应用对象。ZigBee无线网络各层示意图如图1-5所示。

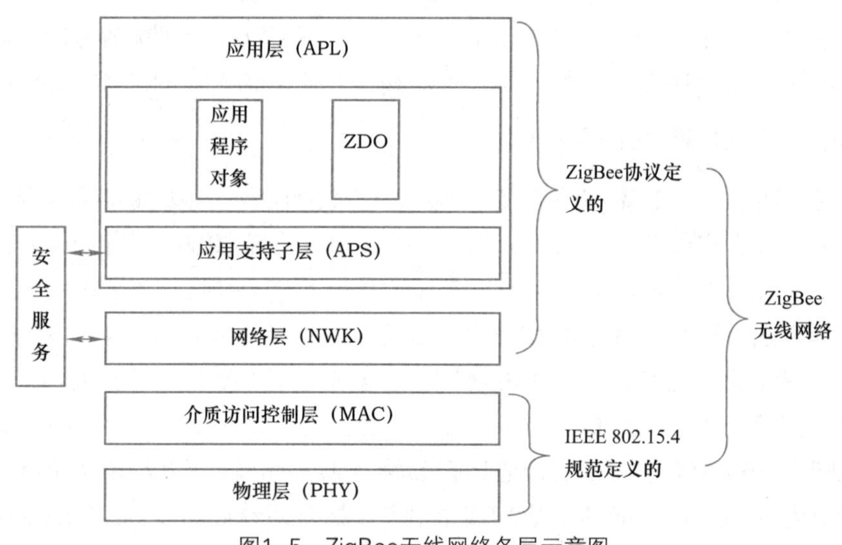

图1-5　ZigBee无线网络各层示意图

任务实施

第一步，安装相关软件和驱动。

1）安装IAR 8.10软件，双击打开安装文件，推荐选择默认安装路径。IAR 8.10安装开始界面如图1-6所示。

2）安装SmartRF04EB驱动，将仿真器SmartRF04EB连接到计算机，计算机会提示找到新硬件，选择列表安装，安装完成后，在“设备管理器”窗口中可以看到如图1-7所示的状态。

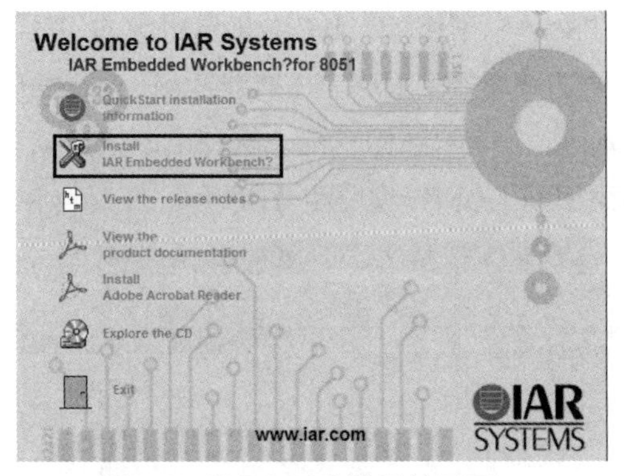

图1-6　IAR 8.10安装开始界面

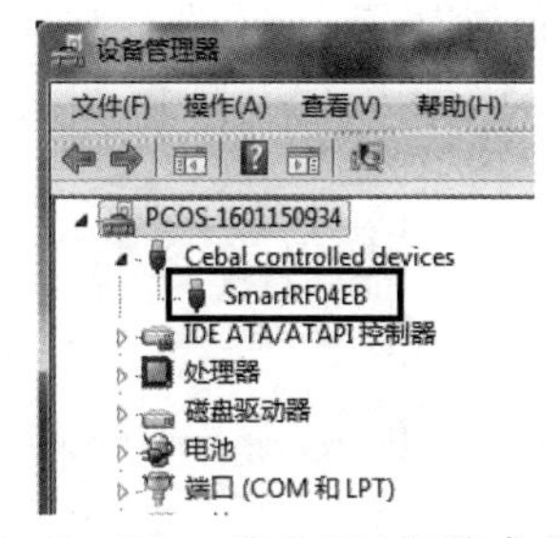

图1-7　SmartRF04EB安装成功状态

第二步，建立IAR开发环境。

1）新建工作区。执行IAR Embedded Workbench命令，启动IAR软件；选择菜单栏中的File→New→Workspace命令，如图1-8所示。

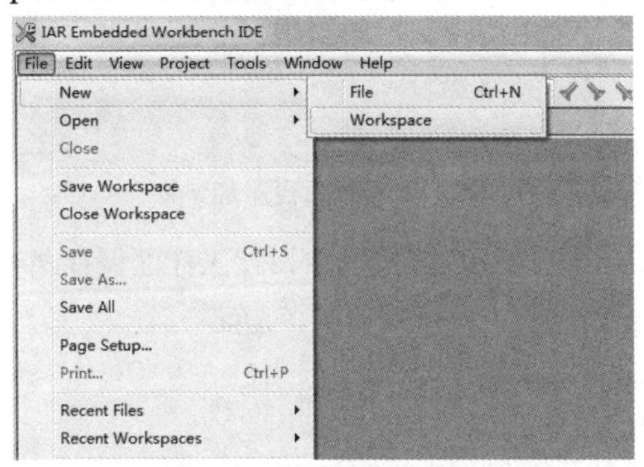

图1-8　新建工作区窗口

2）新建工程。选择Project→Creat New Project命令，如图1-9所示，使用默认设置，单击OK按钮。设置工程保存路径和工程名——在本任务中设置为“F:\搭建ZigBee开发环境”和“test”。

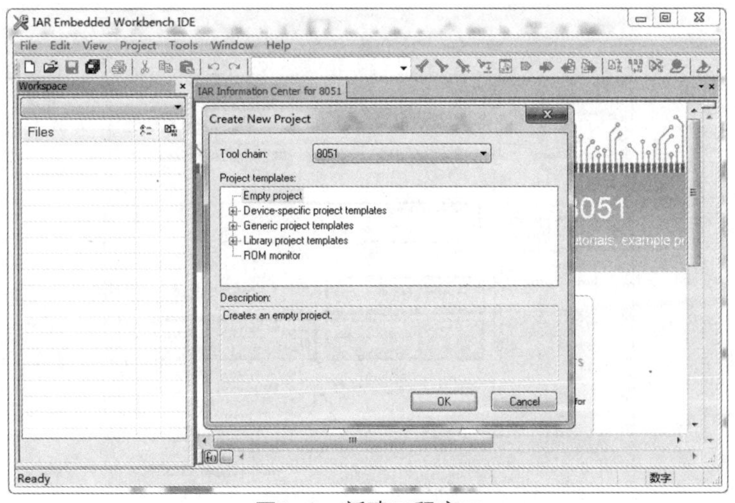

图1-9　新建工程窗口

3）新建文件。选择菜单栏中的File→New→File命令或单击工具栏中的“□”按钮，新建文件，并将文件保存在与工程文件相同的路径下，即“F:\搭建ZigBee开发环境”，并将其命名为“test. c”。在“test-Debug”上单击鼠标右键，从弹出的快捷菜单中选择Add→Add Files命令，将“test. c”文件添加到工程中，如图1-10所示。

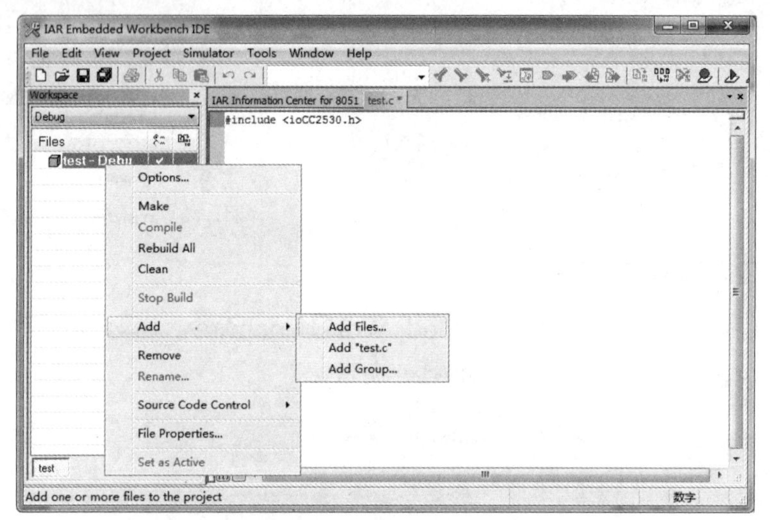

图1-10 为工程添加文件

4）保存工作区。单击工具栏中的■按钮，设置工作区保存路径“F: \搭建ZigBee开发环境”（与工程同一路径），并将工作区命名为“test”。

第三步，配置工程。

选择菜单栏中的Project→Options命令。

1）配置General Options。切换至Target选项卡，单击Device information选项组中的Device选择按钮，在弹出的对话框中选择“CC2530F256. i51”文件。该文件的路径为“C: \……\8051\config\devices\Texas Instruments”。其他配置如图1-11所示。

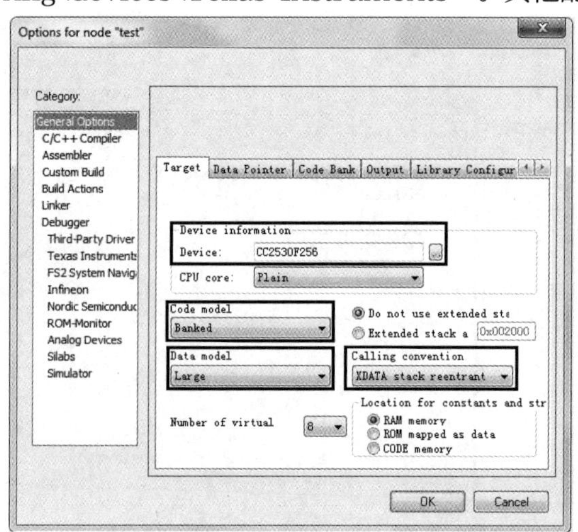

图1-11 配置General Options

2）配置Linker。切换至Config选项卡，单击Linker configuration file选项组中的Override default选择按钮，在弹出的对话框中选择“lnk51ew_cc2530F256_banked.xcl”文件。该文件的路径为“C：\……\8051\config\devices\Texas Instruments”，如图1-12所示。

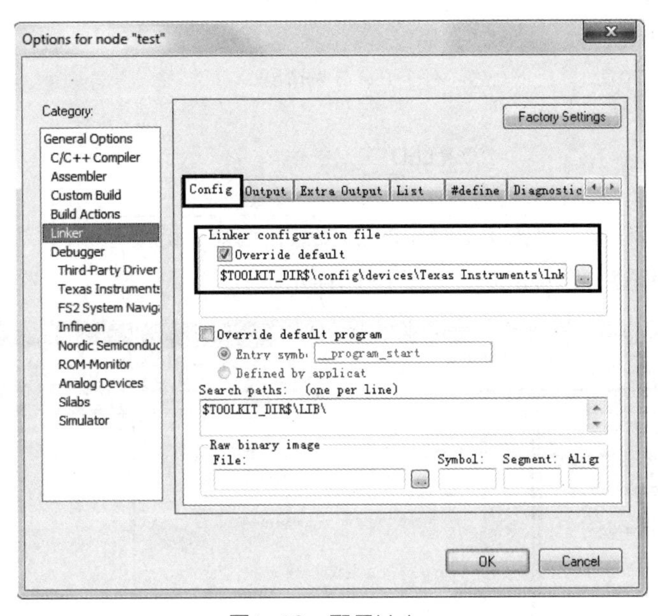

图1-12　配置Linker

3）配置Debugger。切换至Setup选项卡，设置如图1-13所示，在Driver选项组中选择Texas Instruments，选中Overide default复选框并选择“io8051.ddf”文件。该文件的路径为“C：\Program Files\IAR Systems\Embedded Workbench 6.0 Evaluation\8051\config\devices_generic”。

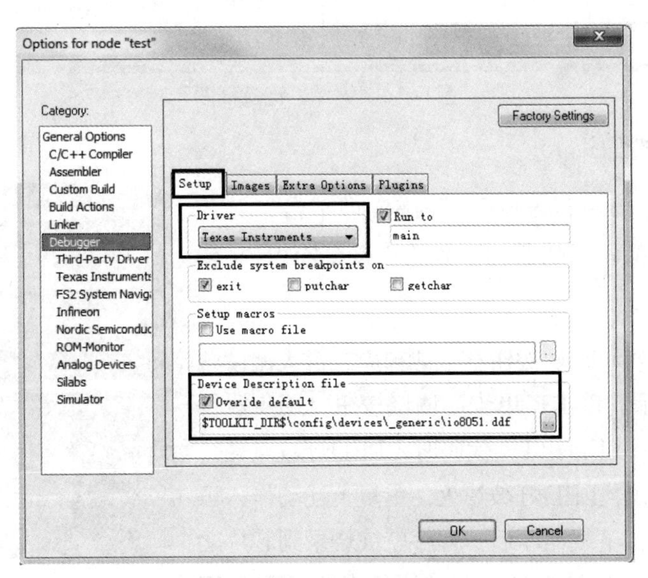

图1-13　配置Debugger

第四步，编写、调试程序。

1）编写程序。在“test.c”窗口输入“点亮一个LED灯”的代码。

```
1.  #include <ioCC2530.h>
2.  #define LED1 P1_0          //P1_0端口控制LED1
3.  void main(void) {
4.    P1DIR |= 0X01;           //定义P1_0端口为输出
5.      while(1) {
6.          LED1=1;            //点亮LED1
7.  } }
```

2）编译、链接程序。单击工具栏中的按钮，编译、链接程序，“Messages”没有错误警告，说明程序编译、链接成功，如图1-14所示。

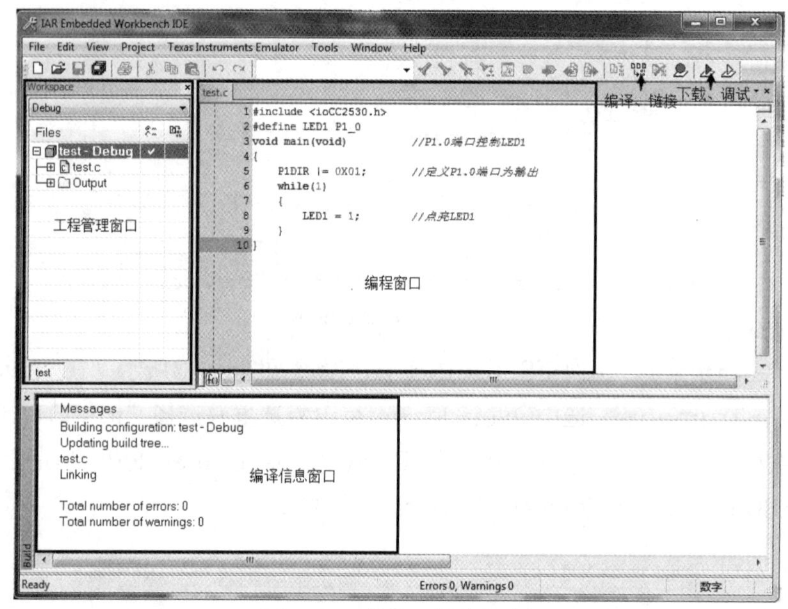

图1-14　编译、链接程序

3）下载、调试程序。

① 把ZigBee模块装入NEWLab实训平台，并将SmartRF04EB仿真/下载器的下载线连接至ZigBee模块，如图1-15所示。

图1-15　实训板与仿真器连接

② 单击工具栏中的按钮，下载程序，进入调试状态，如图1-16所示。单击“单步”调试按钮，逐步执行每条代码，当执行“LED1=1”代码时，LED灯被点亮；再单击“复位”按钮，LED灯被熄灭，重复上述动作，再点亮LED灯。注意：下载程序后，程序就被烧录到芯片之中，实训板断电后，再接电源，照常执行点亮LED灯程

序，也就是说，既具有仿真功能，又具有烧录程序功能。

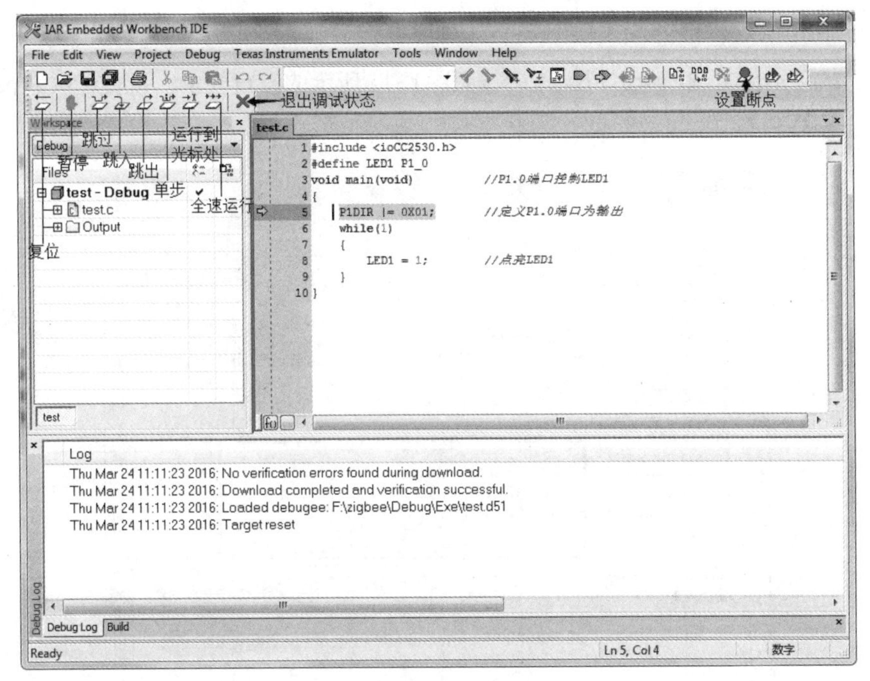

图1-16　调试状态

至此，主要软件和驱动的安装、IAR集成开发环境的搭建、工程配置、程序编写与调试等工作已完成，现在大部分TI芯片仿真器（如：SmartRF04EB、CC DEBUGGER等）都支持在IAR环境中进行程序下载和调试，用户使用起来非常方便。另外，还有一种烧录方法，即使用SmartRF Flash Programmer软件。

第五步，使用SmartRF Flash Programmer软件烧录程序。

1）安装SmartRF Flash Programmer软件。双击“Setup_SmartRFProgr_1.12.7”安装文件，使用默认设置，如图1-17所示。

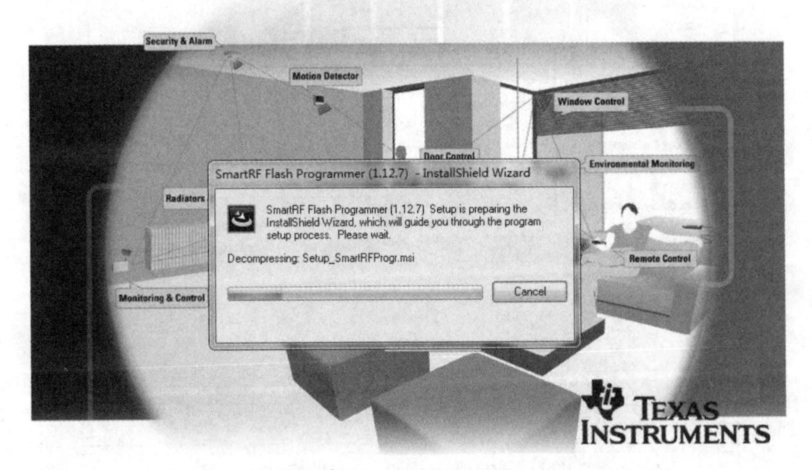

图1-17　安装SmartRF Flash Programmer

2）配置编译器生成“.hex”文件（此方法仅适用于基础实训，不适合协议栈）。选择菜单栏中的Project→Options命令，选择“Linker”选项。

① 切换至Output选项卡进行配置，按照图1-18所示的设置要求，设置“Format”选项组，使用C-SPY进行调试。

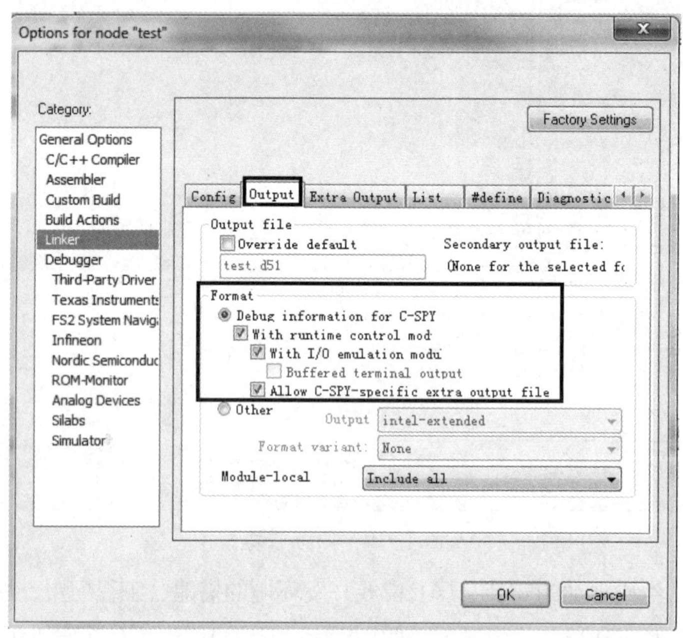

图1-18　Output选项卡

② 切换至Extra Output选项卡进行配置，按照图1-19所示的设置要求，将输出文件名的扩展名更改为“. hex”，并在Output format下拉列表框中选择intel-extended选项。

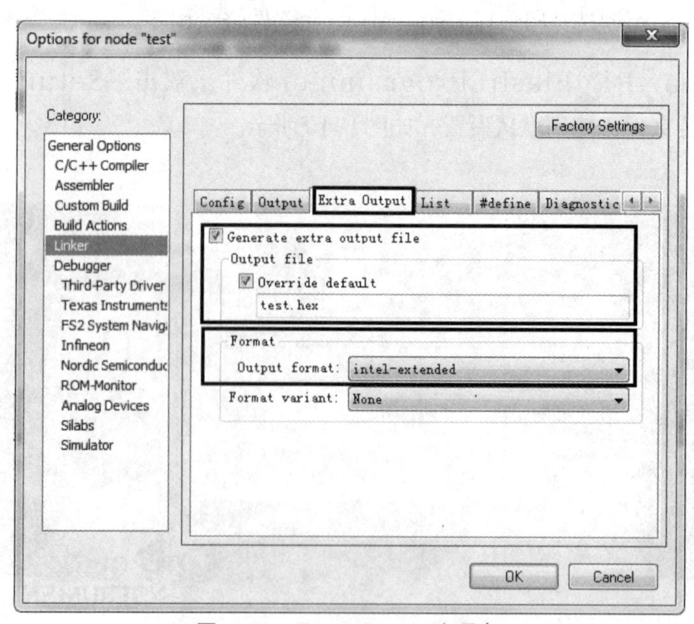

图1-19　Extra Output选项卡

③ 烧录.hex文件。打开SmartRF Flash Programmer软件，按照如图1-20所示的步骤进行操作，.hex文件的路径为“F:\zigbee\Debug\Exe\test.hex”。

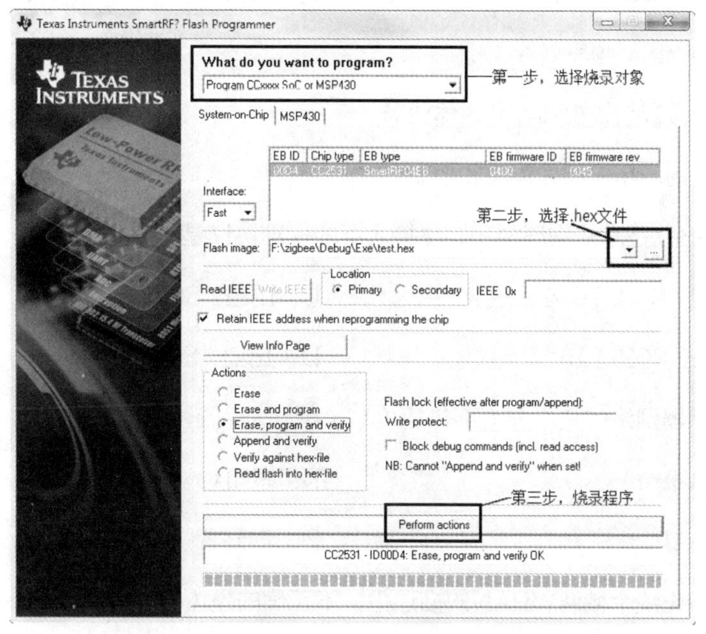

图1-20　SmartRF Flash Programmer烧录程序

至此，既可以在IAR环境中烧录程序，并能仿真调试程序，又可以使用SmartRF Flash Programmer软件把.hex文件烧录到CC2530芯片中。在实际开发过程中，前者用得更多些。

技能拓展

1）请参考IAR开发环境中的Help菜单中“8051 Embedded Workbench User Guide”，学习各项设置的含义。

2）在本项目任务的基础上，实现同时点亮两个LED灯。

习 题 1

一、选择题

1. 支持ZigBee短距离无线通信技术的是（　　）。

A. IrDA　　B. ZigBee联盟

C. IEEE 802.11b　　D. IEEE 802.11a

2. 下列关于ZigBee技术的描述中，不正确的是（　）。

A. 是一种短距离、低功耗、低速率的无线通信技术

B. 工作于ISM频段

C. 适合做音频、视频等多媒体业务

D. 适合的应用领域为传感和控制

3. 作为ZigBee技术的物理层和媒体接入层的标准协议是（　　）。

A. IEEE 802.15.4　　B. IEEE 802.11b

C. IEEE 802.11a　　D. IEEE 802.12

4. 无线传感器网络的基本要素不包括（　　）。

A. 传感器　　B. 感知对象

C. 无线AP　　D. 观察者

5. 下列关于无线个域网WPAN的描述中，不正确的是（　　）。

A. WPAN的主要特点是功耗低、传输距离短

B. WPAN工作在ISM频段

C. WPAN标准由IEEE 802.15工作组制定

D. 典型的WPAN技术包括蓝牙、IrDA、ZigBee、WiFi等

6. 天线主要工作在OSI参考模型的哪一层？（　　）

A. 第1层　　B. 第2层

C. 第3层　　D. 第4层

7. 下列哪项不是ZigBee的工作频率范围？（　　）

A. 512~1024Hz　　B. 868~868.6MHz

C. 902~928MHz　　D. 2400~2483.5MHz

8. ZigBee适应的应用场合（　　）。

A. 个人健康监护　　B. 玩具和游戏

C. 家庭自动化　　D. 上述全部

9. ZigBee相对于其他点对点的协议，ZigBee协议的缺点是（　　）。

A. 结构复杂　　B. 结构简单

C．操作不方便　　　　　　　　D．不易于执行

10．WiFi的标准是（　　）。

A．IEEE 802.15　　　　　　　B．IEEE 802.11

C．IEEE 802.20　　　　　　　D．IEEE 802.16

二、简答题

1．什么是WSN？它有何特点？

2．常用的无线通信模块有哪些？

3．ZigBee的主要技术特点有哪些？

4．IEEE 802.15.4协议和ZigBee协议有何联系和区别？请根据这两个协议，谈一谈你对无线传感网络的认识。

5．简述ZigBee相关程序烧录及配置的步骤。

Project 2

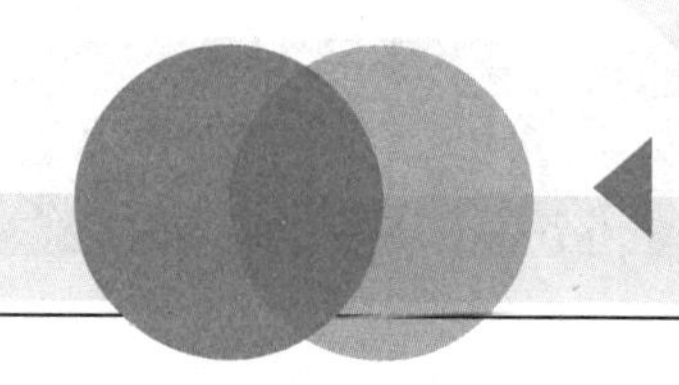

项目 2

CC2530基本组件应用

本项目从CC2530单片机的“裸机”应用出发，帮助读者充分掌握CC2530单片机的通用输入/输出口（General Purpose Input Output，GPIO）、中断、定时器、串口、模数转换器（Analog-to-Digital Converter，ADC）等基本组件的原理，并借助NEWLab平台，将CC2530基本组件的知识点和技能点融入若干个任务中，让读者熟练应用CC2530的基本组件，为进一步学习BasicRF和ZigBee协议栈做好铺垫。

教学目标

知识目标	1. 掌握CC2530单片机的基本概念、内部结构、外部引脚及功能
	2. 掌握CC2530单片机I/O的外设、GPIO、输入、输出等功能配置
	3. 掌握CC2530单片机中断的使能、响应与处理、优先级等环节的工作原理
	4. 掌握CC2530单片机定时器的三种定时模式、中断方式的工作原理
	5. 掌握CC2530单片机串口通信引脚配置，发送与接收的工作原理
	6. 掌握CC2530单片机ADC单次转换，理解转换数据的二进制补码结构
技能目标	1. 能熟练使用IAR软件及NEWLab平台
	2. 能熟练使用I/O端口，配置外设、GPIO功能，设置输入或输出模式
	3. 能熟练使用GPIO、定时器、串口、ADC等基本组件的中断功能
	4. 能熟练使用定时器的定时、计数、输出等功能
	5. 会配置串口0和串口1的引脚，熟练使用串口发送和接收功能
	6. 会配置ADC通道，熟练使用ADC的单次转换
	7. 熟练使用C语言编写CC2530基本组件程序
素质目标	1. 初步掌握软件编程规范及项目文件管理方法
	2. 逐步掌握CC2530单片机基本组件的寄存器英文表述方式
	3. 逐步养成项目组员之间的沟通、讨论习惯

任务1　控制LED交替闪烁

把ZigBee模块固定在NEWLab实训平台上，在IAR软件中新建工程和源文件，编写程序，控制ZigBee模块上的LED1和LED2，使其交替闪烁。

扫码观看本任务操作视频

知识链接

CC2530芯片概述

CC2530芯片整合了ZigBee/IEEE 802.15.4射频收发器和工业标准的增强型8051MCU内核，拥有8KB的静态随机存取存储器（Static Random Access Memory，SRAM）、大容量内置闪存。芯片后缀代表内置闪存的大小，例如，CC2530F32/F64/F128/F256分别表示32KB/64KB/128KB/256KB的闪存。另外，CC2530还集成了强大的外设资源，如21个可编程I/O、ADC、通用同步/异步串行接收/发送器（Universal Synchronous/Asynchronous Recevier/Transmitter，USART）、定时器/计数器、DMA等。

（1）CC2530引脚功能

CC2530芯片引脚如图2-1所示，它拥有21个I/O端口，分别由P0、P1和P2组成，其中P0和P1是8位，P2只有5位。通过对相关寄存器进行设置，可以把这些引脚配置成普通的数字I/O，或者配置成ADC、定时器/计数器、USART等外围设备I/O端口。全部引脚可分为I/O端口线引脚、电源线引脚和控制线引脚三种类型。

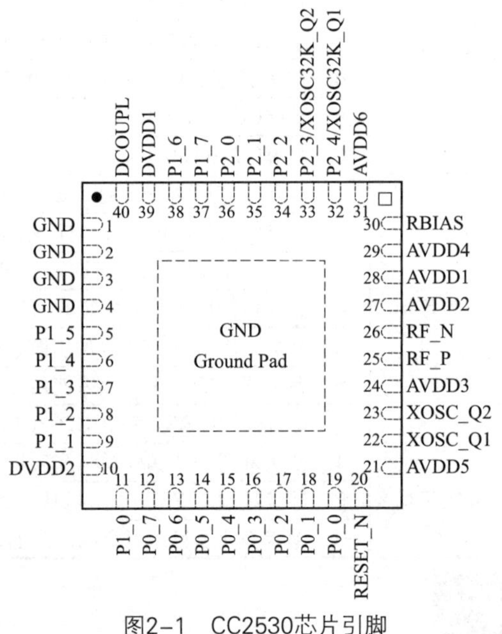

图2-1　CC2530芯片引脚

1）I/O端口线引脚功能。

① 除P0_0和P0_1引脚具有20mA驱动能力外，其他19个引脚（P0_2～P0_7、P1和P2）仅有4mA驱动能力。驱动能力是指芯片引脚输出电流的能力。

② 全部21个数字I/O端口在输入时有上拉或下拉功能。

③ 外设I/O引脚分布见表2-1。

2）电源线引脚功能。

① AVDD1～6：为模拟电源引脚，与2～3.6V模拟电源相连。

② DVDD1～2：为数字电源引脚，与2～3.6V数字电源相连。

③ DCOUPL：为数字电源引脚，1.8V数字电源退耦，不需要外接电路。

④ GND：为接地引脚，芯片底部的大焊盘必须接到印制电路板（Printed Circuit Board，PCB）的接地层。

表2-1 外设I/O引脚分布

外设功能	P0								P1								P2				
	7	6	5	4	3	2	1	0	7	6	5	4	3	2	1	0	4	3	2	1	0
ADC	A7	A6	A5	A4	A3	A2	A1	A0													
USART-0 SPI			C	SS	MO	MI															
											MO	MI	C	SS							
USART-0 USART			RT	CT	TX	RX															
											TX	RX	RT	CT							
USART-1 SPI			MI	MO	C	SS															
									MI	MO	C	SS									
USART-1 USART			RX	TX	RT	CT															
									RX	TX	RT	CT									
TIMER1 Alt.2		4	3	2	1	0															
	3	4												0	1	2					
TIMER3 Alt.2												1	0								
									1	0											
TIMER4 Alt.2														1	0						
																		1			0
32KHz XOSC																	Q1	Q2			
DEBUG																			DC	DD	

3）控制线引脚功能。

① RESET_N：为复位引脚，低电平有效。

② XOSC_Q2：为32MHz的晶振引脚2。

③ XOSC_Q1：为32MHz的晶振引脚1，或作为外部时钟输入引脚。

④ RBIAS2：用于连接提供基准电流的外接精密偏置电阻。

⑤ P2_3/XOSC32K_Q2：要么为P2_3数字I/O端口，要么为32.768kHz晶振引脚。

⑥ P2_4/XOSC32K_Q1：要么为P2_4数字I/O端口，要么为32.768kHz晶振引脚。

⑦ RF_N：在接收期间，向LNA输入负向射频信号；在发射期间，接收来自PA的输入负向射频信号。

⑧ RF_P：在接收期间，向LNA输入正向射频信号；在发射期间，接收来自PA的输入正向射频信号。

（2）CC2530的通用输入/输出（GPIO）接口寄存器

通过对相应寄存器的配置，使CC2530芯片的21个I/O作为通用I/O端口或ADC、USART等外设的各种特殊功能I/O端口。这里主要介绍这些I/O作为通用I/O端口的寄存器及其配置方法，见表2-2。

表2-2 通用I/O端口相关寄存器

P0(0x80) - Port 0				
位	名称	复位	读/写	描述
7:0	P0[7:0]	0xFF	R/W	可用作GPIO或外设I/O，8位，可位寻址
P1(0x90) - Port 1				
位	名称	复位	读/写	描述
7:0	P1[7:0]	0xFF	R/W	可用作GPIO或外设I/O，8位，可位寻址
P2(0xA0) - Port 2				
位	名称	复位	读/写	描述
7:5	-	000	R0	高3位（P2_7~P2_5）没有使用
4:0	P2[4:0]	0x1F	R/W	可用作GPIO或外设I/O，低5位（P2_4~P2_0），可位寻址
P0SEL(0xF3) - P0端口功能选择（Port 0 Function Select）				
位	名称	复位	读/写	描述
7:0	SELP0_[7:0]	0x00	R/W	P0_7~P0_0功能选择位：0为GPIO，1为外设I/O
P1SEL(0xF4) - P1端口功能选择（Port 1-Function Select）				
位	名称	复位	读/写	描述
7:0	SELP1_[7:0]	0x00	R/W	P1_7~P1_0功能选择位：0为GPIO，1为外设I/O
P2SEL(0xF5) - P2端口功 能选择和P1端口外设优先级控制（Port 2 Function Select and Port 1 peripheral priority control）				
位	名称	复位	读/写	描述
7	-	0	R0	没有使用
6	PRI3P1	0	R/W	P1端口外设优先级控制位。当PERCFG同时分配USART0和USART1用到同一引脚时，该位决定其优先级顺序 0为USART0优先；1为USART0优先
5	PRI2P1	0	R/W	P1端口外设优先级控制位。当PERCFG同时分配USART1和Timer3用到同一引脚时，该位决定其优先级顺序 0为USART1优先；1为Timer3优先
4	PRI1P1	0	R/W	P1端口外设优先级控制位。当PERCFG同时分配Timer1和Timer4用到同一引脚时，该位决定其优先级顺序 0为Timer1优先；1为Timer4优先
3	PRI0P1	0	R/W	P1端口外设优先级控制位。当PERCFG同时分配USART0和Timer1用到同一引脚时，该位决定其优先级顺序 0为USART0优先；1为Timer1优先
2	SELP2_4	0	R/W	P2_4功能选择位：0为GPIO，1为外设I/O
1	SELP2_3	0	R/W	P2_3功能选择位：0为GPIO，1为外设I/O
0	SELP2_0	0	R/W	P2_0功能选择位：0为GPIO，1为外设I/O

（续）

P0DIR(0xFD) - P0端口方向（Port 0 Direction）

位	名称	复位	读/写	描述
7:0	DIRP0_[7:0]	0x00	R/W	P0_7—P0_0方向选择位：0为输入，1为输出

P1DIR(0xFE) - P1端口方向（Port 1 Direction）

位	名称	复位	读/写	描述
7:0	DIRP1_[7:0]	0x00	R/W	P1_7—P1_0方向选择位：0为输入，1为输出

P2DIR(0xFF) - P2端口方向和P0端口外设优先级控制
（Port 2 Direction and Port 0 peripheral priority control）

位	名称	复位	读/写	描述
7:6	PRIP0[1:0]	00	R/W	P0端口外设优先级控制位。当PERCFG同时分配几个外设用到同一引脚时，该两位决定其优先级顺序 00为USART0高于USART1 01为USART1高于Timer1 10为Timer1通道0、1高于USART1 11为Timer1通道2高于USART0
5	-	0	R0	没有使用
4:0	DIRP2_[4:0]	0 0000	R/W	P2_4—P2_0方向选择位：0为输入，1为输出

P0INP(0x8F) - P0端口输入模式（Port 0 Input Mode）

位	名称	复位	读/写	描述
7:0	MDP0_[7:0]	0x00	R/W	P0_0—P0_7输入选择位：0为上拉/下拉，1为三态

P1INP(0xF6) - P1端口输入模式（Port 1 Input Mode）

位	名称	复位	读/写	描述
7:2	MDP1_[7:2]	000000	R/W	P1_7—P1_2输入选择位：0为上拉/下拉，1为三态
1:0	-	00	R0	没有使用

P2INP(0xF7) - P2端口输入模式（Port 2 Input Mode）

位	名称	复位	读/写	描述
7	PDUP2	0	R/W	对所有P2端口设置上拉/下拉输入：0为上拉，1为下拉
6	PDUP1	0	R/W	对所有P1端口设置上拉/下拉输入：0为上拉，1为下拉
5	PDUP0	0	R/W	对所有P0端口设置上拉/下拉输入：0为上拉，1为下拉
4:0	MDP2_[4:0]	0	0000	P2_4—P2_0输入选择位：0为上拉/下拉，1为三态

由表2-2可知，I/O接口的设置步骤如下。

1）功能选择。对寄存器PxSEL（其中x为0～2）进行设置，0为GPIO，1为外设I/O。有两点需要注意：①复位之后，寄存器PxSEL所有位为0，即默认为GPIO；②P2端口中P2_4、P2_3、P2_0这3个引脚具有GPIO或外设I/O双重功能，而P2_2和P2_1除具有DEBUG功能外，仅有GPIO功能，无外设I/O功能。

2）方向选择。对寄存器PxDIR（其中x为0～2）进行设置，0为输入，1为输出。有两点需要注意：①复位之后，寄存器PxDIR所有位为0，即默认为输入；②P2端口仅有P2DIR_[4:0]五个引脚可以设置输入或输出。

3）输入模式。对寄存器PxINP（其中x为0～2）进行设置，0为上拉/下拉，1为三态；再对寄存器P2INP中的PDUPx（其中x为0～2）进行设置，0为上拉，1为下拉，进一步设置输入引脚的上拉或下拉状态。有两点要注意：①复位后，寄存器PxINP所有位为0，即默认为上拉/下拉；②复位后，寄存器P2INP中的PDUPx三位为0，即默认为上拉。

【例2-1】P0端口的低4位配置为数字输出功能，高4位配置为数字输入、上拉功能。

解：1）功能选择。设置P0端口为GPIO，所以P0SEL &=~0xFF，当然也可以使P0SEL=0x00。一般情况下，要使某位为0，用“&=~”运算表达式；要使某位为1，用“|=”运算表达式。注意：运算表达式右边都是高电平（或1）有效。

2）方向选择。先设置低4位为输出功能，则P0DIR|=0x0F；再设置高4位为输入功能，则P0DIR &=~0xF0。

3）输入模式。设置高4位为上拉功能，则P0INP &=~0xFF，P2INP&=~0x20。

第一步，搭建系统，分析LED电路。

将ZigBee模块固定在NEWLab平台上，ZigBee模块上的LED电路如图2-2所示，LED1和LED2分别由P1_0和P1_1控制，这些端口为高电平时，发光二极管方能被点亮。

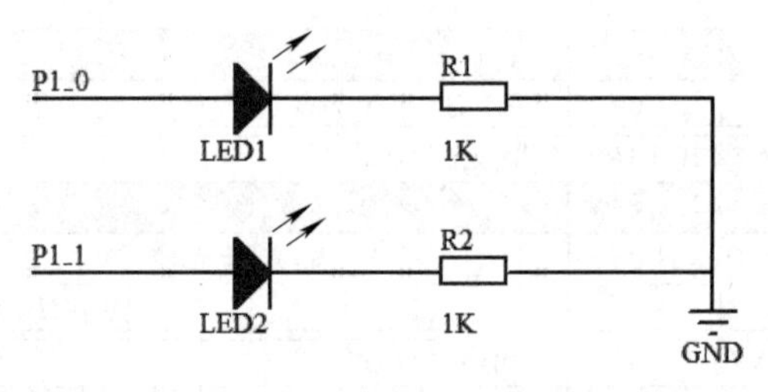

图2-2 LED电路

第二步，I/O接口设置。

1）I/O端口功能选择。将P1_0和P1_1配置为GPIO，即P1SEL &=~0x03。其实也不用配置，因为芯片复位时，默认为GPIO。

2）I/O端口方向选择。将P1_0和P1_1配置输出方式，即P1DIR|=0x03。

第三步，新建工作区、工程和源文件，并对工程进行相应配置。

第四步，编写、分析、调试程序。

1）编写程序。在编程窗口输入如下代码：

```
1.  #include <ioCC2530.h>
2.  #define LED1    P1_0        //P1_0端口控制LED1
3.  #define LED2    P1_1        //P1_1端口控制LED2
4.  //*************************************************************************
5.  void delay(unsigned int i)
6.  {   unsigned int j,k;
7.      for(k=0;k<i;k++)
```

```
8.      { for(j=0;j<500;j++);    }}
9.  //******************************************************************
10. void main(void)
11. {  P1SEL &= ~0x03;                    //设置P1_0和P1_1为GPIO
12.      P1DIR |= 0x03;                   //定义P1_0和P1_1端口为输出
13.    P1 &=  ~0x03;                      //关闭LED1和LED2
14.    while(1)
15.    {   LED1 = 1;                      //点亮LED1
16.        LED2 = 0;                      //关闭LED2
17.        delay(1000);                   //延时
18.        LED1 = 0;                      //关闭LED1
19.        LED2 = 1;                      //点亮LED2
20.        delay(1000);                   //延时
21. }}
```

2）编译、下载程序。编译无错后，下载程序，可以看到两个LED灯交替闪烁。

技能拓展

1）带串口的ZigBee模块有四只LED，分别与CC2530的P1_0、P1_1、P1_3和P1_4相连。请采用该模块制作一个跑马灯。

2）采用按键查询方法，实现按键控制LED亮灭，即在ZigBee模块上，按一下SW1（P1_2），LED1亮，再按一下SW1，LED1灭，如此交替。

任务2 按键中断控制LED亮灭

任务要求

采用外部中断方式，第1次SW1按下，LED1亮；第2次按下SW1键，LED2亮；第3次按下SW1键，LED1和LED2全灭，再次按下SW1键时，LED灯重复上述状态。

知识链接

扫码观看本任务操作视频

CC2530中断系统

CC2530共有18个中断源，每个中断源的基本概况见表2-3。

表2-3　CC2530中断源概览

中断号码	描述	中断名称	中断向量	中断使能位	中断标志位
0	RF发送FIFO队列空或RF接收FIFO队列溢出	RFERR	03H	IEN0.RFERRIE	TCON.RFERRIF
1	ADC转换结束	ADC	0BH	IEN0.ADCIE	TCON.ADCIF
2	USART0 RX完成	URX0	13H	IEN0.URX0IE	TCON.URX0IF
3	USART1 RX完成	URX1	1BH	IEN0.URX1IE	TCON.URX1IF
4	AES加密/解密完成	ENC	23H	IEN0.ENCIE	S0CON.ENCIF
5	睡眠定时器比较	ST	2BH	IEN0.STIE	IRCON.STIF
6	P2输入/USB	P2INT	33H	IEN2.P2IE	IRCON2.P2IF
7	USAT0 TX完成	URX0	3BH	IEN2.UTX0IE	IRCON2.UTX0IF
8	DMA传送完成	DMA	43H	IEN1.DMAIE	IRCON.DMAIF
9	定时器1（16位）捕获/比较/溢出	T1	4BH	IEN1.T1IE	IRCON.T1IF
10	定时器2	T2	53H	IEN1.T2IE	IRCON.T2IF
11	定时器3（8位）捕获/比较/溢出	T3	5BH	IEN1.T3IE	IRCON.T3IF
12	定时器4（8位）捕获/比较/溢出	T4	63H	IEN1.T4IE	IRCON.T4IF
13	P0输入	P0INT	6BH	IEN1.P0IE	IRCON.P0IF
14	USAT1 TX完成	UTX1	73H	IEN2.UTX1IE	IRCON2.UTX1IF
15	P1输入	P1INT	7BH	IEN2.P1IE	IRCON2.P1IF
16	RF通用中断	RF	83H	IEN2.RFIE	S1CON.RFIF
17	看门狗计时溢出	WDT	8BH	IEN2.WDTIE	IRCON2.WDTIF

中断使能位可以由“中断名称+IE”组合而成，例如，IEN0. ADCIE，其中ADC为中断名称；同样，中断标志位也可以由“中断名称+IF”组合而成，例如，TCON. ADCIF。

（1）中断使能

1）中断使能相关寄存器。每个中断源要产生中断请求，就必须设置IEN0、IEN1或IEN2中断使能寄存器，它们的描述见表2-4。

表2-4　中断使能相关寄存器

IEN0(0xA8) - 中断使能寄存器0（Interrupt Enable 0）				
位	名称	复位	读/写	描述
7	EA	0	R/W	总中断使能：0禁止所有中断；1使能所有中断
6	-	0	R0	没有使用
5	STIE	0	R/W	睡眠定时器中断使能：0中断禁止；1中断使能
4	ENCIE	0	R/W	AES加密/解密中断使能：0中断禁止；1中断使能
3	URX1IE	0	R/W	USART1 RX中断使能：0中断禁止；1中断使能
2	URX0IE	0	R/W	USART0 RX中断使能：0中断禁止；1中断使能
1	ADCIE	0	R/W	ADC中断使能：0中断禁止；1中断使能
0	RFERRIE	0	R/W	RF TX/RX FIFO中断使能：0中断禁止；1中断使能
IEN1(0xB8) - 中断使能寄存器1（Interrupt Enable 1）				
位	名称	复位	读/写	描述
7:6	-	00	R0	没有使用

（续）

5	P0IE	0	R/W	P0端口中断使能：0中断禁止；1中断使能
4	T4IE	0	R/W	定时器4中断使能：0中断禁止；1中断使能
3	T3IE	0	R/W	定时器3中断使能：0中断禁止；1中断使能
2	T2IE	0	R/W	定时器2中断使能：0中断禁止；1中断使能
1	T1IE	0	R/W	定时器1中断使能：0中断禁止；1中断使能
0	DMAIE	0	R/W	DMA传输中断使能：0中断禁止；1中断使能

IEN2(0x9A) – 中断使能寄存器2（Interrupt Enable 2）

位	名称	复位	读/写	描述
7:6	–	00	R0	没有使用
5	WDTIE	0	R/W	看门狗定时器中断使能：0中断禁止；1中断使能
4	P1IE	0	R/W	P1端口中断使能：0中断禁止；1中断使能
3	UTX1IE	0	R/W	USART1 TX中断使能：0中断禁止；1中断使能
2	UTX0IE	0	R/W	USART0 TX中断使能：0中断禁止；1中断使能
1	P2IE	0	R/W	P2端口中断使能：0中断禁止；1中断使能
0	RFIE	0	R/W	RF一般中断使能：0中断禁止；1中断使能

上述IEN0、IEN1和IEN2中断使能寄存器分别禁止或使能CC2530芯片的18个中断源响应，以及总中断IEN0.EA禁止或使能位。

但对于P0、P1和P2端口来说，每个GPIO引脚都可以作为外部中断输入端口，除了使能对应端口中断外（即IEN1.P0IE、IEN2.P1IE和IEN2.P2IE为0），还需要使能对应端口的位中断，各端口位中断相关寄存器见表2-5。

表2-5　各端口位中断相关寄存器

P0IEN(0xAB) – P0端口中断屏蔽（Port 0 Interrupt Mask）

位	名称	复位	读/写	描述
7:0	P0_[7:0]IEN	0x00	R/W	P0_7～P0_0的中断使能。0中断禁止；1中断使能

P1IEN(0x8D) – P1端口中断屏蔽（Port 1 Interrupt Mask）

位	名称	复位	读/写	描述
7:0	P1_[7:0]IEN	0x00	R/W	P1_7～P1_0的中断使能。0中断禁止；1中断使能

P2IEN(0xAC) – P2端口中断屏蔽（Port 2 Interrupt Mask）

位	名称	复位	读/写	描述
7:6	–	00	R0	未使用
5	DPIEN	0	R/W	USB D+中断使能
4:0	P2_[4:0]IEN	0	0000	P2_4～P2_0的中断使能。0中断禁止；1中断使能

PICTL(0x8C) – I/O端口中断控制（Port Interrupt Control）

位	名称	复位	读/写	描述
7	PADSC	0	R/W	I/O引脚在输出模式下的驱动能力控制
6:4	–	000	R0	不使用
3	P2ICON	0	R/W	P2_4～P2_0的中断配置 0上升沿产生中断；1下降沿产生中断
2	P1ICONH	0	R/W	P1_7～P1_4的中断配置 0上升沿产生中断；1下降沿产生中断
1	P1ICONL	0	R/W	P1_3～P1_0的中断配置 0上升沿产生中断；1下降沿产生中断
0	P0ICON	0	R/W	P0_7～P0_0的中断配置 0上升沿产生中断；1下降沿产生中断

2）中断使能的步骤。

① 开总中断，设置总中断为1，即IEN0.EA=1。

② 开中断源，设置IEN0、IEN1和IEN2寄存器中相应中断使能位为1。

③ 若是外部中断，还需设置P0IEN、P1IEN或P2IEN中的对应引脚位中断使能位为1。

④ 在PICTL寄存器中设置P0、P1或P2中断是上升沿还是下降沿触发。

【例2-2】P1端口的低4位配置为外部中断输入，且下降沿产生中断，如何初始化?

解：① 开总中断。IEN0|=0x80或EA=1，因为IEN0寄存器支持位寻址。具体哪些寄存器支持位寻址，请查阅iocc2530.h文件。

② 开中断源。IEN2|=0x10。IEN2寄存器的第4位对应P1端口中断使能位。

③ 外部中断位使能。P1IEN|=0x0F。P1端口低4位中断使能。

④ 触发方式设置。PICTL|=0x02。P1端口低4位下降沿触发中断。

（2）中断响应

当中断发生时，只有总中断和中断源都被使能（对于外部中断，还需使能对应的引脚位中断），CPU才会进入中断服务程序，进行中断处理。但是不管中断源有没有被使能，硬件都会自动把该中断源对应的中断标志设置为1。中断标志位相关寄存器见表2-6。

表2-6　中断标志位相关寄存器

TCON(0x88) - 中断标志寄存器（Interrupt Flags）				
位	名称	复位	读/写	描述
7	URX1IF	0	R/WH0	USART1 RX中断标志位。当该中断发生时，该位被置1；且当CPU指令进入中断服务程序时，该位被清0 0：无中断未决；1：中断未决
6	-	0	R/W	没有使用
5	ADCIF	0	R/WH0	ADC中断标志位。当该中断发生时，该位被置1；且当CPU指令进入中断服务程序时，该位被清0 0：无中断未决；1：中断未决
4	-	0	R/W	没有使用
3	URX0IF	0	R/WH0	USART0 RX中断标志位。当该中断发生时，该位被置1；且当CPU指令进入中断服务程序时，该位被清0 0：无中断未决；1：中断未决
2	IT1	1	R/W	保留。必须一直设置为1。设置为0将使能低级别中断探测
1	RFERRIF	0	R/WH0	RF TX/RX FIFO中断标志位。当该中断发生时，该位被置1；且当CPU指令进入中断服务程序时，该位被清0 0：无中断未决；1：中断未决
0	IT0	1	R/W	保留。必须一直设置为1。设置为0将使能低级别中断探测
S0CON(0x98) - 中断标志位寄存器2（Interrupt Flags 2）				
位	名称	复位	读/写	描述
7:2	-	0000	R/W	没有使用

（续）

1	ENCIF_1	0	R/W	AES中断。ENC有ENCIF_1和ENCIF_0两个标志位，设置其中一个标志位就会请求中断服务，当AES协处理器请求中断时，该两个标志位都被置1 0：无中断未决；1：中断未决
0	ENCIF_0	0	R/W	AES中断。ENC有ENCIF_1和ENCIF_0两个标志位，设置其中一个标志位就会请求中断服务，当AES协处理器请求中断时，该两个标志位都被置1 0：无中断未决；1：中断未决

S1CON(0x9B) – 中断标志位寄存器3（Interrupt Flags 3）

位	名称	复位	读/写	描述
7:2	–	0000	R/W	没有使用
1	RFIF_1	0	R/W	RF一般中断。RF有RFIF_1和RFIF_0两个标志位，设置其中一个标志位就会请求中断服务，当无线设备请求中断时，该两个标志位都被置1 0：无中断未决；1：中断未决
0	RFIF_0	0	R/W	RF一般中断。RF有RFIF_1和RFIF_0两个标志位，设置其中一个标志位就会请求中断服务，当无线设备请求中断时，该两个标志位都被置1 0：无中断未决；1：中断未决

IRCON(0xC0) – 中断标志位寄存器4（Interrupt Flags 4）

位	名称	复位	读/写	描述
7	STIF	0	R/W	睡眠定时器中断标志位。0：无中断未决；1：中断未决
6	–	0	R/W	必须写为0。写为1总是使能中断源
5	P0IF	0	R/W	P0端口中断标志位。0：无中断未决；1：中断未决
4	T4IF	0	R/WH0	定时器4中断标志位。当定时器4发生中断时设置为1并且当CPU指令进入中断服务程序时，该位被清0 0：无中断未决；1：中断未决
3	T3IF	0	R/WH0	定时器4中断标志位。当定时器4发生中断时设置为1并且当CPU指令进入中断服务程序时，该位被清0 0：无中断未决；1：中断未决
2	T2IF	0	R/WH0	定时器4中断标志位。当定时器4发生中断时设置为1并且当CPU指令进入中断服务程序时，该位被清0 0：无中断未决；1：中断未决
1	T1IF	0	R/WH0	定时器4中断标志位。当定时器4发生中断时设置为1并且当CPU指令进入中断服务程序时，该位被清0 0：无中断未决；1：中断未决
0	DMAIF	0	R/W	DMA传输完成中断标志位。0：无中断未决；1：中断未决

IRCON2(0xE8) – 中断标志位寄存器5（Interrupt Flags 5）

位	名称	复位	读/写	描述
7:5	–	000	R/W	没有使用
4	WDTIF	0	R/W	看门狗定时器中断标志位。0：无中断未决；1：中断未决
3	P1IF	0	R/W	P1端口中断标志位。0：无中断未决；1：中断未决
2	UTX1IF	0	R/W	USART1 TX中断标志位。0：无中断未决；1：中断未决
1	UTX0IF	0	R/W	USART0 TX中断标志位。0：无中断未决；1：中断未决
0	P2IF	0	R/W	P2端口中断标志位。0：无中断未决；1：中断未决

（续）

P0IFG(0x89) - P0端口中断状态标志（Port 0 Interrupt Status Flag）				
位	名称	复位	读/写	描述
7:0	P0IF[7:0]	0x00	R/W	P0_7～P0_0引脚输入中断标志位，当端口有中断申请发生时，对应端口中断标志位被置1
P1IFG(0x8A) - P1端口中断状态标志（Port 1 Interrupt Status Flag）				
位	名称	复位	读/写	描述
7:0	P1IF[7:0]	0x00	R/W	P1_7～P1_0引脚输入中断标志位，当端口有中断申请发生时，对应端口中断标志位被置1
P2IFG(0x8B) - P2端口中断状态标志（Port 2 Interrupt Status Flag）				
位	名称	复位	读/写	描述
7:5	-	000	R0	高3位（P2_7～P2_5）没有使用
4:0	P2IF[4:0]	0x00	R/W	P2_4～P2_0引脚输入中断标志位，当端口有中断申请发生时，对应端口中断标志位被置1

（3）中断处理

当中断发生时，若中断源使能了，则CPU指向中断向量地址，进入中断服务函数。在iocc2530.h文件中有中断向量的定义，如下所示：

```
1. #define RFERR_VECTOR VECT( 0, 0x03 )   /* RF TX FIFO Underflow and RX FIFO Overflow */
2. #define ADC_VECTOR   VECT(  1, 0x0B )   /*  ADC End of Conversion */
3. #define URX0_VECTOR  VECT(  2, 0x13 )   /*  USART0 RX Complete  */
4. #define URX1_VECTOR  VECT(  3, 0x1B )   /*  USART1 RX Complete  */
5. #define ENC_VECTOR   VECT(  4, 0x23 )   /*  AES Encryption/Decryption Complete*/
6. #define ST_VECTOR       VECT(  5, 0x2B )   /*  Sleep Timer Compare  */
7. … //总共18个中断源
```

（4）中断优先级

一旦中断服务开始，就只能被更高优先级的中断打断，不允许被较低级别或同级的中断打断。中断组合成6个中断优先组，18个中断优先组分配情况见表2-7。

表2-7　中断优先组分配情况

组	中断源		
中断第0组（IPG0）	RFERR	RF	DMA
中断第1组（IPG1）	ADC	T1	P2INT
中断第2组（IPG2）	URX0	T2	UTX0
中断第3组（IPG3）	URX1	T3	UTX1
中断第4组（IPG4）	ENC	T4	P1INT
中断第5组（IPG5）	ST	P0INT	WDT

每组的优先级通过设置寄存器IP0和IP1来实现，见表2-8和表2-9。

表2-8　中断优先级相关寄存器

IP0(0xA9) - 中断优先级寄存器0（Interrupt Priority 0）				
位	名称	复位	读/写	描述
7:6	—	00	R/W	不使用

（续）

5	IP0_IPG5	0	R/W	中断第5组，优先级控制位0
4	IP0_IPG4	0	R/W	中断第4组，优先级控制位0
3	IP0_IPG3	0	R/W	中断第3组，优先级控制位0
2	IP0_IPG2	0	R/W	中断第2组，优先级控制位0
1	IP0_IPG1	0	R/W	中断第1组，优先级控制位0
0	IP0_IPG0	0	R/W	中断第0组，优先级控制位0

IP1(0xB9) - 中断优先级寄存器1（Interrupt Priority 1）

位	名称	复位	读/写	描述
7:6	—	00	R/W	不使用
5	IP1_IPG5	0	R/W	中断第5组，优先级控制位1
4	IP1_IPG4	0	R/W	中断第4组，优先级控制位1
3	IP1_IPG3	0	R/W	中断第3组，优先级控制位1
2	IP1_IPG2	0	R/W	中断第2组，优先级控制位1
1	IP1_IPG1	0	R/W	中断第1组，优先级控制位1
0	IP1_IPG0	0	R/W	中断第0组，优先级控制位1

表2-9　优先级设置

IP1_IPGx（x=0～5）	IP0_IPGx（x=0～5）	优先级	
0	0	0（最低优先级）	低
0	1	1	↓
1	0	2	↓
1	1	3（最高优先级）	高

例如，当IP1=0x01、IP0=0x03时，说明第0组的中断优先级为最高（3级）、第1组的中断优先级为次高（1级），其他组的中断优先级为最低优先级（0级）。

当同时收到几个相同优先级的中断请求时，采取轮流探测顺序来判定哪个中断优先响应。中断轮流探测顺序见表2-10。

表2-10　中断轮流探测顺序

优先组别	中断向量编号	中断名称	同级轮流探测顺序
中断第0组（IPG0）	0	RFERR	↓
	16	RF	
	8	DMA	
中断第1组（IPG1）	1	ADC	
	9	T1	
	6	P2INT	
中断第2组（IPG2）	2	URX0	
	10	T2	
	7	UTX0	
中断第3组（IPG3）	3	URX1	
	11	T3	
	14	UTX1	
中断第4组（IPG3）	4	ENC	
	12	T4	
	15	P1INT	
中断第5组（IPG3）	5	ST	
	13	P0INT	
	17	WDT	

【例2-3】P1端口输入中断优先级为最高（3级），串口0接收中断（URX0）优先级为2级，定时器1优先级为1级，如何初始化？

解：P1端口输入中断在第4组，URX0中断在第2组，定时器1中断在第1组。

则IP1_IPG4=1，IP0_IPG4=1；IP1_IPG2=1，IP0_IPG2=0；IP1_IPG1=0，IP0_IPG1=1；因此，IP1=0x14、IP0=0x11。

任务实施

第一步，搭建系统，分析按键和LED电路。

将ZigBee模块固定在NEWLab平台上，ZigBee模块上的LED1和LED2分别与P1_0和P1_1相连，SW1与P1_2（KEY1）相连，如图2-3所示。

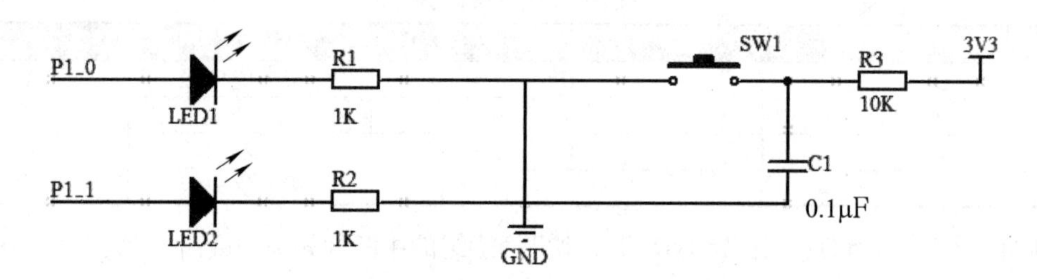

图2-3 按键和LED电路

第二步，新建工作区、工程和源文件，并对工程进行相应配置。

操作方法详见项目1中的任务1。

第三步，编写、分析、调试程序。

1）编写程序。在编程窗口输入如下代码：

```
1.  #include <ioCC2530.h>
2.  #define      LED1    P1_0       //P1_0端口控制LED1
3.  #define      LED2    P1_1       //P1_1端口控制LED1
4.  #define      SW1     P1_2       //P1_2端口与SW1按键相连
5.  unsigned char count;            //用于计算按键按下次数
6.  //*****************************************************************************
7.  void initial_gpio()
8.  {   P1SEL &= ~0x07;          //设置P1_0、P1_1、P1_2为GPIO
9.      P1DIR |= 0X03;           //设置P1_0 P1_1端口为输出
10.     P1DIR &= ~0X04;          //设置P1_2端口为输入
11.     P1=0X00;                 //关闭LED灯
12.     P1INP &= ~0X04;          //P1_2端口为“上拉/下拉”模式
```

```
13.        P2INP &= ~0X40;              //对所有P1端口设置为“上拉”
14.    }
15.  //*************************************************************************
16.  void initial_interrupt()
17.  {    EA = 1;                       //使能总中断
18.       IEN2 |= 0X10;                 //使能P1端口中断源
19.       P1IEN |= 0X04;                //使能P1_2位中断
20.       PICTL |= 0X02;                //P1_2中断触发方式为：下降沿触发
21.  }
22.  //*************************************************************************
23.  #pragma vector = P1INT_VECTOR
24.  __interrupt void P1_ISR(void)
25.  {    if(P1IFG==0x04)                             //判断P1_2是否产生中断
26.       {    count++;
27.            switch(count)
28.            {    case 1: LED1=1;break;             //点亮LED1
29.                 case 2: LED2=1;break;             //点亮LED2
30.                 default: P1=0X00;count=0x00;break;   //灭掉LED1~LED4，并把count清零
31.            }  }
32.       P1IF = 0x00;                  //清除P1端口中断标志位
33.       P1IFG = 0x00;                 //清除P1_2中断标志位
34.   }
35.  //*************************************************************************
36.  void main(void)
37.  {   initial_gpio();                //GPIO初始化
38.      initial_interrupt();           //中断初始化
39.      while(1)
40.      {   ;   }
41.  }
```

2）编译、下载程序。编译无错后，下载程序。

3）测试程序功能，第1次按下SW1按键时，LED1点亮；第2次按下SW1按键时，LED2点亮；第3次按下SW1按键时，LED1和LED2都熄灭；第4次按下SW1按键时，LED1点亮，这样依次循环，达到任务要求。

技能拓展

1）带串口的ZigBee模块有4只LED，分别与CC2530的P1_0、P1_1、P1_3和P1_4相连，采用SW1控制4只LED循环点亮和熄灭，实现任务2的功能要求。

2）采用ZigBee模块和NEWLab平台组成一个脉冲检测系统，把信号发生器的正脉冲输入到ZigBee模块的J13（P1_3），编写程序，当检测到正脉冲数量达到100个时，LED1点亮。

任务3 定时器1控制LED闪烁

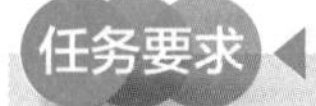

采用定时器1控制LED1，使之每隔5s闪烁1次。

扫码观看本任务操作视频

CC2530定时/计数器

CC2530芯片有T1、T2、T3和T4定时/计数器，它们具有如下特点：

① T1为16位定时/计数器，支持输入采样、输出比较（PWM）功能，具有5个独立的输入采样/输出比较通道，每一个通道对应一个I/O口。

② T2为MAC定时器。

③ T3和T4为8位定时/计数器，支持输出比较和PWM功能，具有2个独立的输出比较通道，每一个通道对应一个I/O口。

（1）T1定时相关寄存器

定时器1具有定时、输入采样及输出比较（PWM）三大功能，这里主要介绍与定时相关的寄存器，具体描述见表2-11。

表2-11 定时器1定时相关寄存器

T1CNTH(0xE3) - 定时器1计数器高位（Timer 1 Counter High）

位	名称	复位	读/写	描述
7:0	CNT[15:8]	0x00	R	定时器计数器高8位。包含在读取T1CNTL时，16位定时器的高字节被缓存

T1CNTL(0xE2) - 定时器1计数器低位（Timer 1 Counter Low）

位	名称	复位	读/写	描述
7:0	CNT[7:0]	0x00	R/W	定时器计数器低8位。往该寄存器中写任何值，导致计数器被清除为0x0000，初始化所有通道的输出引脚

T1CTL(0xE4) - 定时器1控制（Timer 1 Control）

位	名称	复位	读/写	描述
7:4	-	0000	R0	保留

（续）

3:2	DIV[1:0]	00	R/W	分频器划分值。活动时钟边缘更新计数器，如下： 00：标记频率/1　01：标记频率/8 10：标记频率/32　11：标记频率/128
1:0	MODE[1:0]	00	R/W	定时器1模式选择。定时器操作模式通过下列方式选择： 00：暂停运行 01：自由运行，从0x0000到0xFFFF反复计数 10：模，从0x0000到T1CC0反复计数 11：正计数/倒计数，从0x0000到T1CC0反复计数并且从T1CC0倒计数到0x0000

T1STAT(0xAF) – 定时器1状态（Timer 1 Status）

位	名称	复位	读/写	描述
7:6	–	00	R0	保留
5	OVFIF	0	R/W0	定时器1溢出中断标志位。当计数器在自由运行或取模模式下达到最终计数值时，或者在正/倒计数模式下达到零时，该位被设置为1。该位写1没有影响
4	CH4IF	0	R/W0	定时器1通道4中断标志位。当通道4中断条件发生时，该位设置为1。该位写1没有影响
3	CH3IF	0	R/W0	定时器1通道3中断标志位。当通道3中断条件发生时，该位设置为1。该位写1没有影响
2	CH2IF	0	R/W0	定时器1通道2中断标志位。当通道2中断条件发生时，该位设置为1。该位写1没有影响
1	CH1IF	0	R/W0	定时器1通道1中断标志位。当通道1中断条件发生时，该位设置为1。该位写1没有影响
0	CH0IF	0	R/W0	定时器1通道0中断标志位。当通道0中断条件发生时，该位设置为1。该位写1没有影响

T1CC0H(0xDB) – 定时器1通道0捕获/比较值高位（Timer 1 Channel 0 Capture/Compare Value, High）

位	名称	复位	读/写	描述
7:0	T1CC0[15:8]	0x00	R/W	定时器1通道0捕获/比较高8位。当T1CCTL0.MODE=1（比较模式）时，对该寄存器写操作，导致T1CC0[15:0]更新写入值延迟到T1CNT=0x0000

T1CC0L(0xDA) – 定时器1通道0捕获/比较值低位（Timer 1 Channel 0 Capture/Compare Value, Low）

位	名称	复位	读/写	描述
7:0	T1CC0[7:0]	0x00	R/W	定时器1通道0捕获/比较低8位。写到该寄存器的数据被存储到一个缓存中，同时后一次写T1CC0H生效，才写入T1CC0[7:0]

TIMIF(0xD8) – 定时器1/3/4中断屏蔽/标志（Timer 1/3/4 Interrupt Mask/Flag）

位	名称	复位	读/写	描述
7	–	0	R0	没有使用
6	OVFIM	1	R/W	定时器1溢出中断使能（注：复位时就使能了） 0中断禁止；1中断使能
5	T4CH1IF	0	R/W0	定时器4通道1中断标志 0没有中断等待；1中断正在等待
4	T4CH0IF	0	R/W0	定时器4通道0中断标志 0没有中断等待；1中断正在等待
3	T4OVFIF	0	R/W0	定时器4溢出中断标志 0没有中断等待；1中断正在等待

（续）

2	T3CH1IF	0	R/W0	定时器3通道1中断标志 0没有中断等待；1中断正在等待
1	T3CH0IF	0	R/W0	定时器3通道0中断标志 0没有中断等待；1中断正在等待
0	T3OVFIF	0	R/W0	定时器3溢出中断标志 0没有中断等待；1中断正在等待

（2）T1操作方式

定时器1有如下3种操作方式：

1）自由运行模式（Free-Running Mode）。

在该模式下，计数器从0x0000开始计数，每个分频后的时钟边沿增加1，当计数器达到0xFFFF时（溢出），计数器载入0x0000，继续递增它的值，如图2-4所示。当达到最终计数值0xFFFF时，IRCON.T1IF和T1STAT.OVFIF两个标志位被置1，此时如果设置了相应的中断使能位T1MIF.OVFIM和IEN1.T1IE，将产生中断请求。自由运行模式可以用于产生独立的时间间隔，输出信号频率。

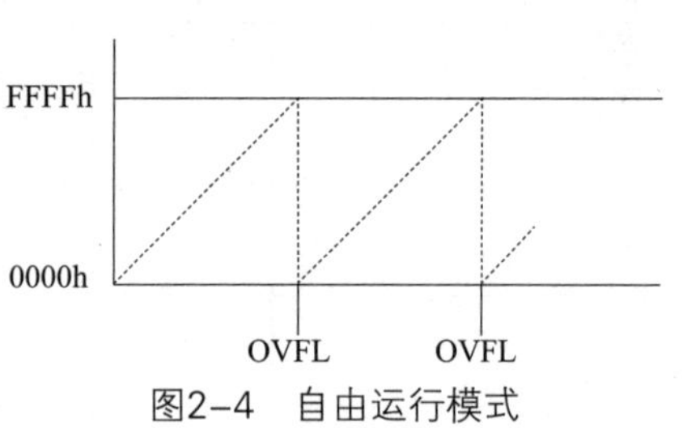

图2-4 自由运行模式

2）取模模式（Modulo Mode）。

在该模式下，计数器从0x0000开始计数，每个分频后的时钟边沿增加1，当计数器达到T1CC0（由T1CC0H：T1CC0L组合）时（溢出），计数器重新载入0x0000，继续递增它的值，如图2-5所示。当达到最终计数值T1CC0时，IRCON.T1IF和T1STAT.OVFIF两个标志位被置1，此时如果设置了相应的中断使能位T1MIF.OVFIM和IEN1.T1IE，则将产生中断请求。如果定时器1的计数器开始于T1CC0以上的一个值，则当达到最终计数值（0xFFFF）时，上述相应标志位被置1。取模模式被用于周期不是0xFFFF的场合。

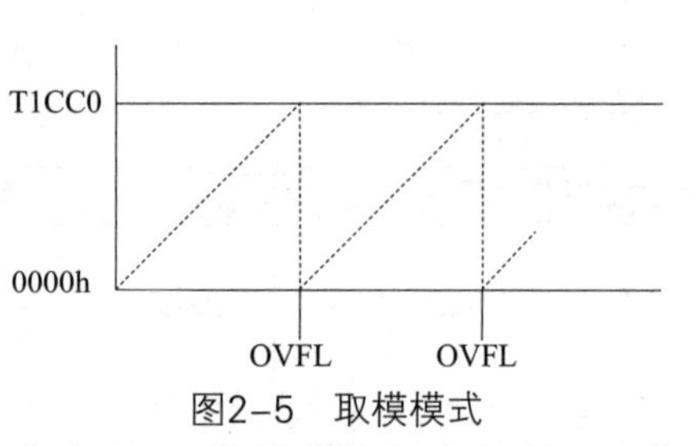

图2-5 取模模式

3）正计数/倒计数模式（Up/Down Mode）。

在该模式下，计数器反复从0x0000开始计数，正向计数直到T1CC0值时，然后计数器将倒向计数直到0x0000，如图2-6所示。当达到最终计数0x0000时，IRCON.T1IF和T1STAT.OVFIF两个标志位被置1，此时如果设置了相应的中断使能位T1MIF.OVFIM和IEN1.T1IE，则将产生中断请求。这种模式被用于周期为对称输出脉冲或

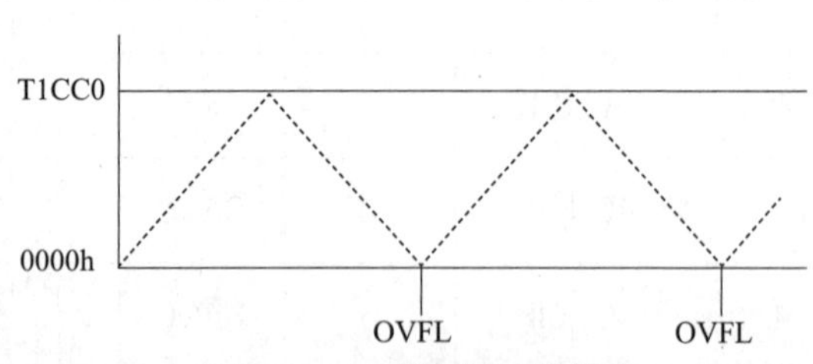

图2-6 正计数/倒计数模式

允许中心对齐的PWM输出应用，而非周期为0xFFFF的场合。

第一步，搭建系统。

将ZigBee模块固定在NEWLab平台上。

第二步，新建工作区、工程和源文件，并对工程进行相应配置。

操作方法详见项目1中的任务。

第三步，程序设计分析。

1）初始化T1中断。

2）设置T1CTL，使T1处于8分频的自由运行模式，T1计数器每8/（32×106）s增加1，所以T1计数器计数到0xFFFF时，发生溢出中断，整个过程耗时大约为0.016s，因此，需要中断300次才使LED1闪烁一次。

3）LED1与P1.0相连，设置P1.0引脚为GPIO、输出状态。

第四步，编写、分析并调试程序。

1）编写程序。在编程窗口输入如下代码。

```
1.  #include <ioCC2530.h>
2.  #define LED1 P1_0                //P1_0端口控制LED1   第3个
3.  unsigned int count;              //定义中断次数变量
4.  //************************************************************************
5.  void initial_t1()
6.  {    T1IE = 1;                   //使能T1中断源
7.       T1CTL = 0X05;               //启动定时器1，设8分频 自由运行模式
8.       TIMIF |= 0X40;              //使能T1溢出中断
9.       EA = 1;                     //使能总中断
10. }
11. //************************************************************************
12. #pragma vector = T1_VECTOR
13. __interrupt void T1_ISR(void)
14. {    IRCON = 0X00;               //清中断标志位，硬件会自动清零，即此语句可省略
15.      if(count>300)
16.      {    count = 0x00;
17.           LED1 = !LED1;     }
18.      else
19.      {    count++;     }
```

```
20. }
21. //*******************************************************************
22. void  main(void)
23. {    CLKCONCMD &= ~0X7F;                    //晶振设置为32MHz
24.      while(CLKCONCMD & 0x40);               //等待晶振稳定
25.      initial_t1();                          //调用T1初始化函数
26.      P1SEL &= ~0x01;                        //设置P1_0为GPIO
27.      P1DIR |= 0X01;                         //定义P1_0端口为输出
28.      LED1=0;                                //关闭LED1
29.      while(1);
30. }
```

2）编译、下载程序。编译无错后，下载程序，可以看到LED1每隔5s闪烁一次。

技能拓展

1）在上述任务的基础上，分别采用取模模式和正计数/倒计数模式控制LED1，使其每5s闪烁1次。

2）采用ZigBee模块（带串口），利用T1定时控制4个LED，实现循环流水灯。

任务4 串口通信应用

任务要求

ZigBee模块通过串口向PC发送字符串“What is your name?”，PC接收到串口信息后，发送名字给ZigBee模块，并以“#”作为结束符；ZigBee模块接收到PC发送的信息后，再向PC发送“Hello+名字”字符串。

扫码观看本任务操作视频

CC2530串行通信

（1）串行通信概述

CC2530芯片共有USART0和USART1两个串行通信接口，它能够运行于异步模式（UART）或者同步模式（SPI）。两个USART具有同样的功能，可以设置单独的I/O引脚，

CC2530串口外设与GPIO引脚的对应关系见表2-12。

表2-12　CC2530串口外设与GPIO引脚的对应关系

外设功能		P0								P1							
		7	6	5	4	3	2	1	0	7	6	5	4	3	2	1	0
USART-0 USART	Alt1			RT	CT	TX	RX										
	Alt2											TX	RX	RT	CT		
USART-1 USART	Alt1			RX	TX	RT	CT										
	Alt2									RX	TX	RT	CT				

在UART模式中，可以使用双线连接方式（包括RXD、TXD）或四线连接方式（包括RXD、TXD、RTS和CTS），其中RTS和CTS引脚用于硬件流量控制。

（2）串行通信接口寄存器

对于每个USART，都有控制和状态寄存器（UxCSR）、UART控制寄存器（UxUCR）、通用制控制寄存器（UxGCR）、接收/发送数据缓冲寄存器（UxDBUF）和波特率控制寄存器（UxBAUD）5个寄存器。其中，x是USART的编号，为0或者1。串口通信接口相关寄存器见表2-13。

表2-13　串口通信接口相关寄存器

UxCSR-USARTx控制和状态（USARTxControl and Status）				
位	名称	复位	读/写	描述
7	MODE	0	R/W	USART模式选择。0：SPI模式；1：UART模式
6	RE	0	R/W	UART接收器使能。注意：在UART完全配置之前不使能接收 0：禁用接收器；1：接收器使能
5	SLAVE	0	R/W	SPI主或者从模式选择 0：SPI主模式；1：SPI从模式
4	FE	0	R/W0	UART帧错误状态 0：无帧错误检测；1：字节收到不正确停止位级别
3	ERR	0	R/W0	UART奇偶错误状态 0：无奇偶错误检测；1：字节收到奇偶错误
2	RX_BYTE	0	R/W0	接收字节状态。URAT模式和SPI从模式。当读U0DBUF该位自动清除，通过写0清除它，这样可有效丢弃U0DBUF中的数据 0：没有收到字节；1：准备好接收字节
1	TX_BYTE	0	R/W0	传送字节状态。URAT模式和SPI主模式 0：字节没有被传送 1：写到数据缓存寄存器的最后字节被传送
0	ACTIVE	0	R	USART传送/接收主动状态、在SPI从模式下该位等于从模式选择 0：USART空闲；1：在传送或者接收模式USART忙碌
UxUCR - USARTxUART 控制（USARTxUART Control）				
位	名称	复位	读/写	描述
7	FLUSH	0	R0/W1	清除单元。当设置时，该事件将会立即停止当前操作并且返回单元的空闲状态

（续）

6	FLOW	0	R/W	UART硬件流使能。用RTS和CTS引脚选择硬件流量控制的使用 0：流控制禁止；1：流控制使能
5	D9	0	R/W	UART奇偶校验位。当使能奇偶校验，写入D9的值决定发送的第9位的值，如果收到的第9位不匹配收到字节的奇偶校验，那么接收时报告ERR。如果奇偶校验使能，那么该位设置以下奇偶校验级别 0：奇校验；1：偶校验
4	BIT9	0	R/W	UART 9位数据使能。当该位是1时，使能奇偶校验位传输（即第9位）。如果通过PARITY使能奇偶校验，则第9位的内容是通过D9给出的 0：8位传送；1：9位传送
3	PARITY	0	R/W	UART奇偶校验使能。除了为奇偶校验设置该位用于计算，必须使能9位模式 0：禁用奇偶校验；1：奇偶校验使能
2	SPB	0	R/W	UART停止位的位数。选择要传送的停止位的位数 0：1位停止位；1：2位停止位
1	STOP	1	R/W	UART停止位的电平必须不同于开始位的电平 0：停止位低电平；1：停止位高电平
0	START	0	R/W	UART起始位电平。闲置线的极性采用选择的起始位级别电平的相反电平 0：起始位低电平；1：起始位高电平

U0GCR - USARTx通用控制（USARTxGeneric Control）

位	名称	复位	读/写	描述
7	CPOL	0	R/W	SPI的时钟极性。0：负时钟极性；1：正时钟极性
6	CPHA	0	R/W	SPI时钟相位 0：当SCK从CPOL倒置到CPOL时，数据输出到MOSI端口；当SCK从CPOL到CPOL倒置时，对MISO端口数据采样输入。 1：当SCK从CPOL到CPOL倒置时，数据输出到MOSI端口；当SCK从CPOL倒置到CPOL时，对MISO端口数据采样输入
5	ORDER	0	R/W	传送位顺序。0：LSB先传送；1：MSB先传送
4:0	BAUD_E[4:0]	0 0000	R/W	波特率指数值。BAUD_E和BAUD_M决定了UART波特率和SPI的主SCK时钟频率

UxDBUF - USARTx接收/传送数据缓存（USARTxReceive/Transmit Data Buffer）

位	名称	复位	读/写	描述
7:0	DATA[7:0]	0x00	R/W	USART接收和传送数据。当写这个寄存器时，数据被写到内部，传送数据寄存器。当读取该寄存器时，数据来自内部读取的数据寄存器

UxBAUD - USART x 波特率控制（USARTxBaud-Rate Control）

位	名称	复位	读/写	描述
7:0	BAUD_M[7:0]	0x00	R/W	波特率小数部分的值。BAUD_E和BAUD_M决定了UART的波特率和SPI的主SCK时钟频率

（3）设置串行通信接口寄存器波特率

当运行在UART模式时，内部的波特率发生器设置UART波特率。当运行在SPI模式时，内部的波特率发生器设置SPI主时钟频率。由寄存器UxBAUD. BAUD_M[7: 0]和

UxGCR. BAUD_E [4: 0] 定义波特率。该波特率用于UART传送，也用于SPI传送的串行时钟速率。波特率由式（2-1）给出

$$波特率=\frac{(256+BAUD\_M)\times 2^{BAUD\_E}}{2^{28}}\times F \qquad (2-1)$$

式（2-1）中，F是系统时钟频率，等于16 MHz RCOSC或者32 MHz XOSC。

32MHz系统时钟常用的波特率设置见表2-14。其中真实波特率与标准波特率之间的误差，用百分数表示。

表2-14　32MHz系统时钟常用的波特率设置

波特率/bps	UxBAUD.BAUD_M	UxGCR.BAUD_E	误差/%
2400	59	6	0.14
4800	59	7	0.14
9600	59	8	0.14
14400	216	8	0.03
19200	59	9	0.14
28800	216	9	0.03
38400	59	10	0.14
57600	216	10	0.03
76800	59	11	0.14
115200	216	11	0.03
230400	216	12	0.03

（4）UART发送与接收

1）UART发送。

当USART收/发数据缓冲器、寄存器UxDBUF写入数据时，该字节发送到输出引脚TXDx。UxDBUF寄存器是双缓冲的。

当字节传送开始时，UxCSR. ACTIVE位变为高电平，而当字节传送结束时变为低电平。当传送结束时，UxCSR. TX_BYTE位设置为1。当USART收/发数据缓冲寄存器就绪，准备接收新的发送数据时，一个中断请求就产生了。该中断在传送开始之后立刻发生，因此，当字节正在发送时，新的字节能够装入数据缓冲器。

【例2-4】通过串口，ZigBee模块不断地向PC发送字符串“Hello ZigBee！”。

解：根据题目要求，绘制程序流程图，如图2-7所示。

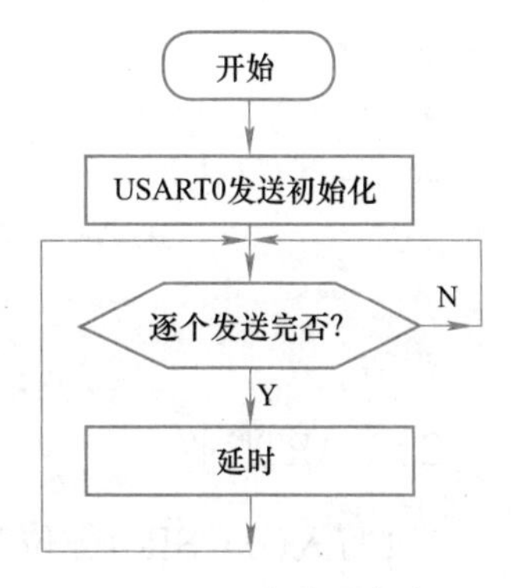

图2-7　UART发送程序流程图

```
1.  #include <ioCC2530.h>
2.  char data[ ]="Hello ZigBee!";
3.  //**************************************************************************
4.  void delay(unsigned int i)
5.  {    unsigned int j,k;
6.       for(k=0;k<i;k++)
7.       { for(j=0;j<500;j++);   }
8.  }
9.  //**************************************************************************
10. void initial_usart_tx()
11. {    CLKCONCMD &= ~0X7F;                    //晶振设置为32MHz
12.      while(CLKCONSTA & 0X40);               //等待晶振稳定
13.      CLKCONCMD &= ~0X47;                    //设置系统主时钟频率为32MHz
14.      PERCFG = 0X00;                         //usart0 使用备用位置1 TX-P0.3 RX-P0.2
15.      P0SEL |= 0X3C;                         //P0_2、P0_3、P0_4、P0_5用于外设功能
16.      P2DIR &= ~0xC0;                        //P0优先作为UART方式
17.      U0CSR = 0X80;                          //uart模式
18.      U0GCR = 9;
19.      U0BAUD = 59;                           //波特率设为19 200
20.      UTX0IF = 0;                            //uart0 tx中断标志位清零
21. }
22. //**************************************************************************
23. void uart_tx_string(char *data_tx,int len)
24. {    unsigned int j;
25.      for(j=0;j<len;j++)
26.      {    U0DBUF = *data_tx++;
27.           while(UTX0IF == 0);           //等待发送完成
28.           UTX0IF = 0;     }
29. }
30. //**************************************************************************
31. void main(void)
32. {    initial_usart_tx();
33.      while(1)
34.      {    uart_tx_string(data, sizeof(data));          //sizeof(data)函数计算字符串个数
35.           delay(1000);     }
36. }
```

2）UART接收。

当1写入UxCSR. RE位时，在UART上数据接收就开始了。然后UART会在输入引脚RXDx中寻找有效起始位，并且设置UxCSR. ACTIVE位为1。当检测出有效起始位时，收到

的字节就传入接收寄存器，UxCSR. RX_BYTE位置为1。该操作完成时，产生接收中断。同时UxCSR. ACTIVE变为低电平。

通过寄存器UxBUF接收数据，当UxBUF读出时，UxCSR. RX_BYTE位由硬件清零。

【例2-5】通过串口，PC向ZigBee模块（带串口）发送指令，点亮LED1～LED4。发送1时，LED1亮；发送2时，LED2亮；发送3时，LED3亮；发送4时，LED4亮；发送5时，LED全灭。

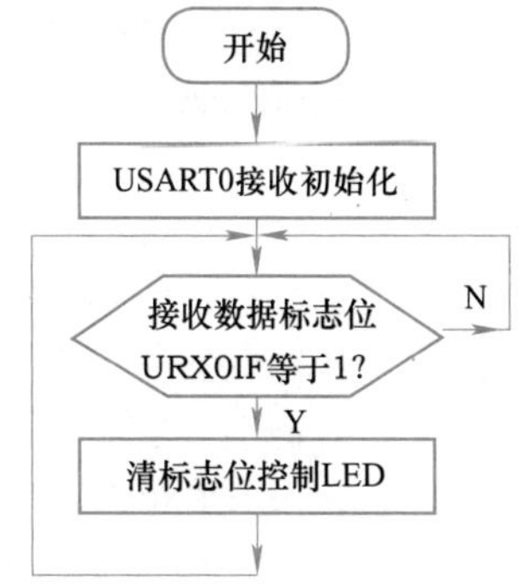

图2-8　UART接收程序流程图

解：根据题目要求，绘制程序流程图，如图2-8所示，程序如下所示：

```
1.  #include <ioCC2530.h>
2.  #define LED1 P1_0          //P1_0端口控制LED1   第3个
3.  #define LED2 P1_1          //P1_1端口控制LED1   第4个
4.  #define LED3 P1_3          //P1_3端口控制LED1   第1个
5.  #define LED4 P1_4          //P1_4端口控制LED1   第2个
6.  //**********************************************************************
7.  void delay(unsigned int i)
8.  {  unsigned int j,k;
9.     for(k=0;k<i;k++)
10.    { for(j=0;j<500;j++);    }}
11. //**********************************************************************
12. void initial_usart_tx()
13. {   CLKCONCMD &= ~0X7F;                  //晶振设置为32MHz
14.     while(CLKCONSTA & 0X40);             //等待晶振稳定
15.     CLKCONCMD &= ~0X47;                  //设置系统主时钟频率为32MHz
16.     PERCFG = 0X00;                       //USART0 使用备用位置1 TX-P0_3 RX-P0_2
17.     P0SEL |=0X3C;                        //P0_2、P0_3、P0_4、P0_5用于外设功能
18.     P2DIR &= ~0xC0;                      //P0优先作为UART方式
19.     U0CSR |= 0XC0;                       //UART模式允许接收
20.     U0GCR = 9;
21.     U0BAUD = 59;                         //波特率设为19 200
22.     URX0IF = 0;                          //UART0 TX中断标志位清零
23.  }
24. //**********************************************************************
25. void uart_tx_string(char *data_tx,int len)
26. {   unsigned int j;
27.     for(j=0;j<len;j++)
28.     {    U0DBUF = *data_tx;
```

```
29.            while(UTX0IF == 0);
30.            UTX0IF = 0;     }}
31. //**********************************************************************
32. void main(void)
33. {   initial_usart_tx();
34.     P1SEL &=0xE6;        //设置P1_0、P1_1、P1_3、P1_4为GPIO
35.     P1DIR |= 0X1B;       //定义P1_0端口为输出
36.     P1=0X00;
37.     while(1)
38.     {   if( URX0IF == 1)
39.         {   URX0IF = 0;
40.             switch(U0DBUF)
41.             {   case '1':LED1 = 1;break;          // '1'表示接收到数据为字符，以下相同
42.                 case 0x02:LED2 = 1;break;//0X02表示接收到的数据为十六进制数，以下相同
43.                 case 0x03:LED3 = 1;break;
44.                 case 0x04:LED4 = 1;break;
45.                 case '5':LED1 = 0;LED2 = 0;LED3 = 0;LED4 = 0;break;
46.                 default:break;             }   }  }}
```

注意：在第41～45行的选择语句中，case语句后面的比较常量既可以是字符常量，也可以是十六进制数常量。但是这些常量的类型与PC串口调试助手所发送数据的类型需要保持一致。

（5）UART中断

每个USART都有两个中断，分别是RX完成中断（URXx）和TX完成中断（UTXx）。当传输开始触发TX中断，且数据缓冲区被卸载时，TX中断发生。

USART的中断使能位在寄存器IEN0和寄存器IEN2中，中断标志位在寄存器TCON和寄存器IRCON2中。

【例2-6】采用串口中断方式，PC向ZigBee模块（带串口）发送指令点亮LED1～LED4。发送1时，LED1亮；发送2时，LED2亮；发送3时，LED3亮；发送4时，LED4亮；发送5时，LED全灭。

解：根据题目要求，编写如下程序。

```
1. #include <ioCC2530.h>
2. #define LED1   P1_0      //P1_0端口控制LED1   第3个
3. #define LED2   P1_1      //P1_1端口控制LED1   第4个
4. #define LED3   P1_3      //P1_3端口控制LED1   第1个
5. #define LED4   P1_4      //P1_4端口控制LED1   第2个
6. unsigned        char  temp, RX_flag;
7. //**********************************************************************
8. void delay(unsigned int i)
```

```
9. {    unsigned int j,k;
10.     for(k=0;k<i;k++)
11.     { for(j=0;j<500;j++);     }}
12. //***********************************************************************
13. void initial_usart_tx()
14. {      CLKCONCMD &= ~0X7F;                   //晶振设置为32MHz
15.        while(CLKCONSTA & 0X40);              //等待晶振稳定
16.        CLKCONCMD &= ~0X47;                   //设置系统主时钟频率为32MHz
17.        PERCFG = 0X00;                        //USART0 使用备用位置1 TX-P0_3 RX-P0_2
18.        P0SEL |=0X3C;                         //P0_2、P0_3、P0_4、P0_5用于外设功能
19.        P2DIR &= ~0xC0;                       //P0优先作为UART方式
20.        U0CSR |= 0XC0;                        //UART模式 允许接收
21.        U0GCR = 9;
22.        U0BAUD = 59;                          //波特率设为19200
23.        URX0IF = 0;                           //UART0 TX中断标志位清零
24.        IEN0 = 0X84;}
25. //***********************************************************************
26. void uart_tx_string(char *data_tx,int len)
27. {    unsigned int j;
28.      for(j=0;j<len;j++)
29.      {    U0DBUF = *data_tx;
30.           while(UTX0IF == 0);
31.           UTX0IF = 0;     }}
32. //***********************************************************************
33. #pragma vector = URX0_VECTOR          //串口0接收中断服务函数
34. __interrupt void UART0_ISR(void)
35. {    URX0IF = 0;
36.      temp = U0DBUF;
37.      RX_flag=1;}
38. //***********************************************************************
39. void main(void)
40. {    initial_usart_tx();
41.      P1SEL &= 0xE6;              //设置P1_0、P1_1、P1_3、P1_4为GPIO
42.      P1DIR |= 0X1B;              //定义P1_0端口为输出
43.      P1=0X00;
44.      while(1)
45.      {    if( RX_flag == 1)
46.           {    RX_flag = 0;
47.                switch(temp)
48.                {    case '1':LED1 = 1;break;
49.                     case 0x02:LED2 = 1;break;
50.                     case 0x03:LED3 = 1;break;
```

```
51.                 case 0x04:LED4 = 1;break;
52.                 case '5':LED1 = 0;LED2 = 0;LED3 = 0;LED4 = 0;break;
53.                 default:break;          } } }}
```

任务实施

第一步，搭建系统，分析任务要求。

1）将ZigBee模块固定在NEWLab平台上，用串口线连接NEWLab平台与PC连接，并将NEWLab平台上的通信方式旋钮转到“通信模式”。

2）根据任务描述，CC2530开发板要接收1次数据、发送2次数据，它们的顺序是：发送数据1（What is your name?）→接收数据（名字+#）→发送数据2（Hello名字）。

第二步，新建工程和源文件，并对工程进行相应配置。

操作方法详见项目1中的任务1。

第三步，编写、分析、调试程序。

1）编写程序。

```
1.  #include <ioCC2530.h>
2.  char data[]="What is your name?\n";
3.  char name_string[20];
4.  unsigned char temp,RX_flag,counter=0;
5.  //************************************************************************
6.  void delay(unsigned int i)
7.  {    unsigned int j,k;
8.      for(k=0;k<i;k++)
9.      { for(j=0;j<500;j++);     } }
10. //************************************************************************
11. void initial_usart()
12. {   CLKCONCMD &= ~0X7F;              //晶振设置为32MHz
13.     while(CLKCONSTA & 0X40);         //等待晶振稳定
14.     CLKCONCMD &= ~0X47;              //设置系统主时钟频率为32MHz
15.     PERCFG = 0X00;                   //USRAT0 使用备用位置1 TX-P0_3、RX-P0_2
16.     P0SEL |=0X3C;                    //P0_2、P0_3、P0_4、P0_5用于外设功能
17.     P2DIR &= ~0xC0;                  //P0优先作为UART方式
18.     U0CSR |= 0XC0;                   //UART模式 允许接收
19.     U0GCR = 9;
20.     U0BAUD = 59;                     //波特率设为19 200
21.     URX0IF = 0;                      //UART0 TX中断标志位清零
22.     IEN0 = 0X84;                     //接收中断使能 总中断使能
```

```
23. }
24. //*****************************************************************
25. void uart_tx_string(char *data_tx,int len)
26. {    unsigned int j;
27.      for(j=0;j<len;j++)
28.      {    U0DBUF = *data_tx++;
29.           while(UTX0IF == 0);
30.           UTX0IF = 0;     } }
31. //*****************************************************************
32. #pragma vector = URX0_VECTOR
33. __interrupt void UART0_RX_ISR(void)
34. {    URX0IF = 0;
35.      temp = U0DBUF;
36.      RX_flag=1;}
37. //*****************************************************************
38. void main(void)
39. {    initial_usart();                              //调用UART初始化函数
40.      uart_tx_string(data,sizeof(data));           //发送What is your name?
41.      while(1)
42.      {    if(RX_flag == 1)
43.           {    RX_flag = 0;
44.                if(temp !='#')
45.                {    name_string[counter++] = temp;     //存储接收数据：名字+#        }
46.                else
47.                {    U0CSR &=~0X40;                   //禁止接收
48.                uart_tx_string("Hello ",sizeof("Hello ")); //名字接收结束，发送Hello字符串+空格
49.                 delay(1000);
50.                 uart_tx_string(name_string,counter);  //发送名字字符串
51.                 counter=0;
52.                 U0CSR |=0X40;                        //允许接收
53.  } } } }
```

2）编译、下载并测试程序。

① 编译无错后，打开串口调试软件，设置端口、波特率为19 200、数据为8位、无校验位、停止为1位，打开串口；下载程序，在串口调试软件接收信息窗口可以看到“What is your name?”字符串。

② 在串口调试软件发送数据窗口输入名字，并以“#”结束，例如，小张#。单击“发送”按钮，立刻在串口调试软件接收信息窗口可以看到“Hello 小张”字符串，如图2-9所示。

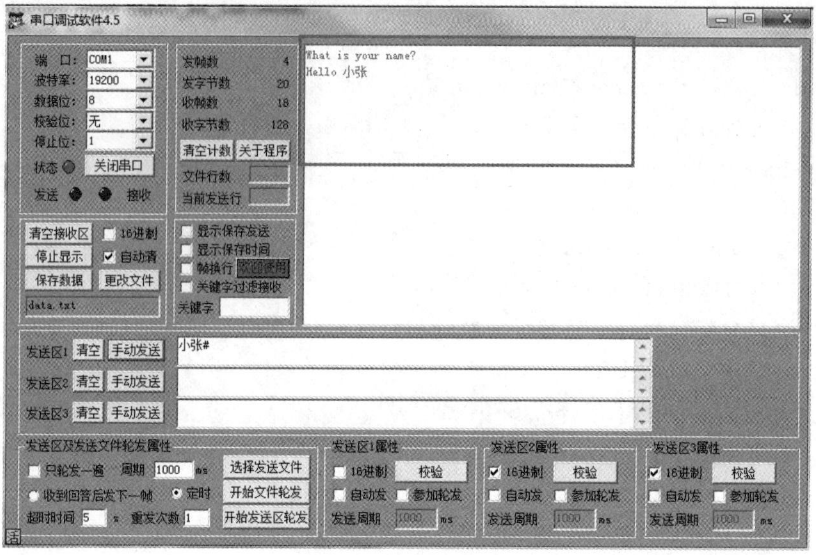

图2-9　串口接收与发送

采用DMA数据传输模式，CC2530把存储器的数据传输到USART，并上传至PC。

任务5　片内温度测量

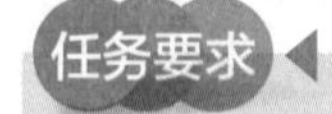

实现片内温度传感器值的读取，并通过串口将其值上传至PC端口。

扫码观看本任务操作视频

CC2530的ADC

（1）CC2530的ADC概述

ADC支持多达14位的模拟数字转换，具有多达13位的有效位数（Effective Number of Bits，ENOB）。它包括一个模拟多路转换器（具有多达8个各自可配置的通道）以及一个参考电压发生器。CC2530的ADC结构如图2-10所示。转换结果既可以通过DMA写入存储器，也可以直接读取ADC寄存器获得。

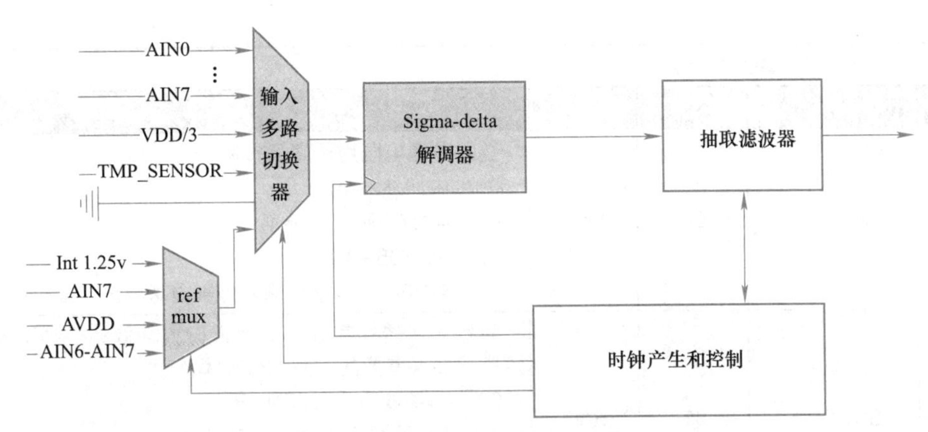

图2-10　CC2530的ADC结构

（2）ADC相关寄存器

CC2530 ADC包括控制寄存器（ADCCON1、ADCCON2和ADCCON3）、转换数据寄存器（ADCH:ADCL）、测试寄存器TR0以及端口配置寄存器，见表2-15。

表2-15　ADC相关寄存器

ADCL(0xBA) – ADC数据低位（ADC Data, Low）

位	名称	复位	读/写	描述
7:2	ADC[5:0]	000000	R	ADC转换结果的低位部分
1:0	–	00	R0	没有使用。读出来一直是0

ADCH(0xBB) – ADC数据高位（ADC Data, High）

位	名称	复位	读/写	描述
7:0	ADC[13:6]	0x00	R	ADC转换结果的高位部分

ADCCON1(0xB4) – ADC控制1（ADC Control 1）

位	名称	复位	读/写	描述
7	EOC	0	R/H0	转换结束。当ADCH被读取的时候清除。如果读取前一数据之前，完成一个新的转换，EOC位仍然为高 0：转换没有完成；1：转换完成
6	ST	0	R/W	开始转换。读为1，直到转换完成 0：没有转换正在进行 1：如果ADCCON1.STSEL=11并且没有序列正在运行就启动一个转换序列
5:4	STSEL[1:0]	11	R/W1	启动选择。选择该事件，将启动一个新的转换序列 00：P2_0引脚的外部触发 01：全速。不等待触发器 10：定时器1通道0比较事件 11：ADCCON1.ST=1
3:2	RCTRL[1:0]	00	R/W	控制16位随机数发生器。当写01时，当操作完成时设置将自动返回到00 00：正常运行 01：LFSR的时钟一次 10：保留 11：停止，关闭随机数发生器
1:0	–	11	R/W	保留。一直设为11

（续）

ADCCON2(0xB5) - ADC控制2（ADC Control 2）

位	名称	复位	读/写	描述
7:6	SREF[1:0]	00	R/W	选择参考电压用于序列转换 00：内部参考电压 01：AIN7引脚上的外部参考电压 10：AVDD5引脚 11：AIN6-AIN7差分输入外部参考电压
5:4	SDIV[1:0]	01	R/W	为包含在转换序列内的通道设置抽取率。抽取率也决定完成转换需要的时间和分辨率。 00：64抽取率（7位ENOB） 01：128抽取率（9位ENOB） 10：256抽取率（11位ENOB）注：CC2530手册是10位 11：512抽取率（13位ENOB）注：CC2530手册是12位
3:0	SCH[3:0]	0000	R/W	序列通道选择 0000：AIN0 0001：AIN1 0010：AIN2 0011：AIN3 0100：AIN4 0101：AIN5 0110：AIN6 0111：AIN7 1000：AIN0-AIN1 1001：AIN2-AIN3 1010：AIN4-AIN5 1011：AIN6-AIN7 1100：GND 1101：正电压参考 1110：温度传感器 1111：VDD/3

ADCCON3(0xB6) - ADC控制3（ADC Control 3）

位	名称	复位	读/写	描述
7:6	EREF[1:0]	00	R/W	选择用于额外转换的参考电压 00：内部参考电压 01：AIN7引脚上的外部参考电压 10：AVDD5引脚 11：在AIN6-AIN7差分输入的外部参考电压
5:4	EDIV[1:0]	00	R/W	设置用于额外转换的抽取率。抽取率也决定了完成转换需要的时间和分辨率 00：64抽取率（7位ENOB） 01：128抽取率（9位ENOB） 10：256抽取率（11位ENOB）注：CC2530手册是10位 11：512抽取率（13位ENOB）注：CC2530手册是12位

（续）

3:0	ECH[3:0]	0000	R/W	单个通道选择。选择写ADCCON3触发的单个转换所在的通道号码。当单个转换完成时，该位自动清除 0000：AIN0 0001：AIN1 0010：AIN2 0011：AIN3 0100：AIN4 0101：AIN5 0110：AIN6 0111：AIN7 1000：AIN0-AIN1 1001：AIN2-AIN3 1010：AIN4-AIN5 1011：AIN6-AIN7 1100：GND 1101：正电压参考 1110：温度传感器 1111：VDD/3

APCFG(0Xf2) - 模拟外设端口配置寄存器（Analog peripheral I/O comfiguration）

位	名称	复位	读/写	描述
7:0	APCFG[7:0]	0x00	R/W	模拟外设端口配置寄存器，选择P0_0～P0_7作为模拟外设端口。0：GPIO；1：模拟端口

（3）ADC操作

1）ADC输入。

① P0端口引脚的信号可以用作ADC输入，涉及的引脚有AIN0～AIN7。可以把这些引脚（AIN0~AIN7）配置为单端或差分输入。

■ 单端输入。可以分为AIN0～AIN7，共8路输入。

■ 差分输入。可以分为AIN0和ANI1、AIN2和ANI3、AIN4和ANI5、AIN6和ANI7共4组输入，差分模式下的转换取自输入对之间的电压差，例如，若以第一组AIN0和ANI1作为输入，则实际输入电压为AIN0和ANI1这两个引脚之差。

② 片上温度传感器的输出作为ADC输入，用于片上温度测量。

③ AVDD5/3的电压作为一个ADC输入。这个输入允许诸如需要在应用中实现一个电池监测器的功能。注意：在这种情况下参考电压不能取决于电源电压，比如AVDD5电压不能用作一个参考电压。

用16个通道来表示ADC的输入，通道号码0～7表示单端电压输入，由AIN0～AIN7组成；通道号码8～11表示差分输入，由AIN0-AIN1、AIN2-AIN3、AIN4-AIN5和AIN6-AIN7组成；通道号码12～15表示GND（12）温度传感器（14）和AVDD5/3（15）。这些值在ADCCON2. SCH和ADCCON3. SCH中选择。

2）ADC转换。

① 连续转换。CC2530可以进行连续A-D转换，并通过DMA把结果写入内存，不需要CPU参与。实际项目中需要多少个A-D转换通过，就通过寄存器APCFG来设置，没有用到的模拟通道，在序列转换时将被跳过。但在差动输入时，两个输入引脚在APCFG寄存器中必须被设置为模拟输入。ADCCON2. SCH [3:0] 位定ADC输入的转换序列。

② 单次转换。除了序列换外，ADC可以通过编程执行单次转换。通过写入ADCCON3寄存器可以触发一次转换，当转换触发后立即启动转换，但如果转换序列也在进行中，则在连续序列转换完成后马上执行单次转换。

3）ADC转换结果。

数字转换结果以二进制的补码形式表示，首先介绍什么是二进制补码，见表2-16。二进制补码的特点：正数时，补码与原码一样；负数时，补码为原码取反加1所得。

表2-16　二进制补码

	有符号	无符号	二进制补码							
起点	0	0	0	0	0	0	0	0	0	0
加1 ↓	1	1	0	0	0	0	0	0	0	1
	2	2	0	0	0	0	0	0	1	0
	…	…								
	126	126	0	1	1	1	1	1	1	0
	127	127	0	1	1	1	1	1	1	1
	有符号数从下面开始变化，注意正数与负数的区别									
	−128	128	1	0	0	0	0	0	0	0
	−127	129	1	0	0	0	0	0	0	1
	…	…								
	−2	254	1	1	1	1	1	1	1	0
	−1	255	1	1	1	1	1	1	1	1
回到起点	0	0	0	0	0	0	0	0	0	0

【例2-7】在NEWLab平台上，采用ZigBee模块和温度/光照传感模块，ADC在不同的分辨率、单端、差动输入不同的条件下，测量温度/光照传感模块上的电位器（VR1）的变化电压、地电压和电源电压，并得出CC2530单片机ADC支持位数、配置方法、ADC转换数据存储格式等。

解：第一步，采用单端输入方式。将ZigBee模块和温度/光照传感模块都固定在NEWLab平台上，用导线把ZigBee模块上ADC0和温度/光照传感模块上的电位器分压端（J10）连接起来。由电路限制，J10端的电压范围为0. 275～3. 025V。

第二步，编程ADC测量程序。暂不进行ADC值换算，只要ADC测量的值，并将ADC测量的值在串口调试软件上显示。

```
1.  #include <ioCC2530.h>
2.  char data[ ]="ADC不同配置的测试!\n";
3.  unsigned int value;
4.  unsigned int adcvalue;
5.  //************************************************************************
6.  void delay(unsigned int i)
7.  {   unsigned int j,k;
8.      for(k=0;k<i;k++)
9.      { for(j=0;j<500;j++);    }}
10. //************************************************************************
11. void initial_AD()
12. {     APCFG |= 0X01;               //设置P0_0为模拟端口
13.       P0SEL |= (1 << (0));         //设置P0_0为外设功能
14.       P0DIR |= ~(1 << (0));        //设置P0_0为输入方向
15.        ADCCON3 = 0xB0;             //13位分辨率，选择AIN0通道，参考电压3.3V，启动转换
16. //    ADCCON3 =  0xA0;             //11位分辨率，选择AIN0通道，参考电压3.3V，启动转换
17. //    ADCCON3 =  0x90;             //9位分辨率，选择AIN0通道，参考电压3.3V，启动转换
18. //    ADCCON3 =  0x80;             //7位分辨率，选择AIN0通道，参考电压3.3V，启动转换
19. }
20. //************************************************************************
21. void initial_usart()
22. {    CLKCONCMD &= ~0X7F;           //晶振设置为32MHz
23.      while(CLKCONSTA & 0X40);      //等待晶振稳定
24.      CLKCONCMD &= ~0X47;           //设置系统主时钟频率为32MHz
25.      PERCFG = 0X00;                //USART0 使用备用位置1 TX-P0_3 RX-P0_2
26.      P0SEL |=0X3C;                 //P0_2 P0_3 P0_4 P0_5用于外设功能
27.      P2DIR &= ~0xC0;               //P0优先作为UART方式
28.      U0CSR |= 0XC0;                //UART模式 允许接收
29.      U0GCR = 9;
30.      U0BAUD = 59;                  //波特率设为19 200
31. }
32. //************************************************************************
33. void uart_tx_string(char *data_tx,int len)   //串口发送函数
34. {    unsigned int j;
35.      for(j=0;j<len;j++)
36.      {    U0DBUF = *data_tx++;
37.           while(UTX0IF == 0);
38.           UTX0IF = 0;     }}
39.  //************************************************************************
```

```
40. void main(void)
41. {    initial_usart();                                  //调用UART初始化函数
42.      initial_AD();                                     //调用AD初始化函数
43.      uart_tx_string(data,sizeof(data));                //发送串口数据
44.      while(1)
45.      {  while(!(ADCCON1&0X80));                        //等待A-D转换完成
46.          adcvalue = (unsigned int )ADCL;               //读取ADC的低位
47.          adcvalue |= (unsigned int ) (ADCH << 8);      //ADC高低和低位合并
48.          value = adcvalue >> 2;                        //13位分辨率，ADC转换结果右对齐
49. //       value = adcvalue >> 4;                        //11位分辨率，ADC转换结果右对齐
50. //       value = adcvalue >> 6;                        //9位分辨率，ADC转换结果右对齐
51. //       value = adcvalue >> 8;                        //7位分辨率，ADC转换结果右对齐
52.          data[0] = value/10000 + 0x30;
53.          data[1] = (value%10000)/1000 + 0x30;
54.          data[2] = ((value%10000)%1000)/100 + 0x30;
55.          data[3] = (((value%10000)%1000)%100)/10 + 0x30;
56.          data[4] = value%10 + 0x30;
57.          data[5] = '\n';
58.          delay(5000);
59.          uart_tx_string(data,6); //调用串口发送函数
60.          ADCCON3 = 0xB0;  //若没有此行代码，只转换1次
61. //  ADCCON3 =  0xA0;      //11位分辨率，选择AIN0通道，参考电压3.3V，重新启动转换
62. //  ADCCON3 =  0x90;      //9位分辨率，选择AIN0通道，参考电压3.3V，重新启动转换
63. //  ADCCON3 =  0x80;      //7位分辨率，选择AIN0通道，参考电压3.3V，重新启动转换
64.      }}
```

第三步，编译、下载程序，测试程序功能。

ADC的4组配置是：第15、48、60行，第16、49、61行，第17、50、62行，第18、51、63行，在程序中有仅只有1组有效，其他3组必须注释掉，测试结果见表2-17。

表2-17　不同配置的测试结果

转换结果 / ADC配置 / 输入电压	ADCCON3=0xB0 adcvalue>>2	ADCCON3=0xA0 adcvalue>>4	ADCCON3=0x90 adcvalue>>6	ADCCON3=0x80 adcvalue>>8
3.3V（电源）	8191（0x1FFF）	2047（0x7FF）	511（0x1FF）	127（0x7F）
0V（地）	16380（0x3FFB），−5	4092（0xFFC），−4	1023（0x3FF），−1	255（0xFF），−1
1.25V（电位器）	3068（0xBFC）	774（0x305）	193（0xC1）	48（0x30）
0.27V（电位器）	648（0x288）	162（0xA2）	40（0x28）	10（0x10）

ADC的参考电压为AVDD5引脚电压（3.3V），对测试结果进行分析：

① 在输入电压为3.3V电源，ADC配置为ADCCON3=0xB0时，ADC转换结果为8191，即0x1FFF，可知ADCCON3=0xB0对应有效数字为13位。同理可推出，ADCCON3=0xA0对应有效数字为11位，ADCCON3=0x90对应有效数字为9位，ADCCON3=0x80对应有效数字为7位。

② 在输入电压为地（0V）时，不同的ADC配置，输出值不同，且值变化很大—— 有时为0，有时为很大的值，如，4092（0xFFC），补码为-4，这可能是由电源不稳定造成的。但是从输出的值变化可知，转换结果是带符号的，如，ADC配置为ADCCON3=0xB0时，输出有时为16380，即0x3FFB，补码为-5，该值达到14位。由此可以得到两个结论：

a）转换结果数据存储格式为二进制补码，即符号位+有效数字位。ADCCON3=0xB0对应二进制补码为14位，ADCCON3=0xA0对二进制补码为12位，ADCCON3=0x90对应二进制补码为10位，ADCCON3=0x80对应二进制补码为8位。

b）在0V左右有可能出现正、负数据，若把这个测量值定义为无符号数，则该值变化很大，所以一定要把测量值看作有符号数。

③ 在输入电压为1.25V或0.27V下，不同的ADC配置，输出值不同，但是测量值比较稳定，ADC测量电压值的换算公式为

ADC测量电压值=（ADC参考电压×ADC转换结果）/ADC有效数字位最大值（2-2）

例如，当ADC配置为ADCCON3=0xB0时，

ADC测量电压值=（3.3×3068）V/8191=1.24V，与输入电压1.25V很接近。

请读者根据单端输入的测试方式，测试差分输入条件—— 不同ADC配置的转换结果，可以得到同样的结论，也就是说，转换结果数据存储格式为二进制补码，则ADC支持位数与单端输入配置一样。

第一步，搭建系统，分析CC2530片内温度的计算方法。

将ZigBee模块固定在NEWLab平台上，用串口线把计算机与平台相连。CC2530片内温度的计算公式为

$$T=（输出电压[mV]-743[mV]）/2.45[mV/°C] \quad (2-3)$$

第二步，新建工程，编写、分析、调试程序。

1）编写程序。在编程窗口输入如下代码。

```
1.  #include <ioCC2530.h>
2.  char data[ ]="测试 CC2530片内温度传感器!\n";
3.  char name_string[20];
4.  unsigned int adcvalue;
5.  float temper;
6.  //***********************************************************************
7.  void delay(unsigned int i)
8.  {   unsigned int j,k;
9.      for(k=0;k<i;k++)
10.     { for(j=0;j<500;j++);    }}
11. //***********************************************************************
12. void initial_usart()
13. {   CLKCONCMD &= ~0X7F;                //晶振设置为32MHz
14.     while(CLKCONSTA & 0X40);           //等待晶振稳定
15.     CLKCONCMD &= ~0X47;                //设置系统主时钟频率为32MHz
16.     PERCFG = 0X00;                     //USART0 使用备用位置1 TX-P0_3 RX-P0_2
17.     P0SEL |=0X3C;                      //P0_2 P0_3 P0_4 P0_5用于外设功能
18.     P2DIR &= ~0xC0;                    //P0优先作为UART方式
19.     U0CSR |= 0XC0;                     //UART模式 允许接收
20.     U0GCR = 9;
21.     U0BAUD = 59;                       //波特率设为19 200
22.     URX0IF = 0;                        //UART0 TX中断标志位清零
23. }
24. //***********************************************************************
25. void uart_tx_string(char *data_tx,int len)
26. {   unsigned int j;
27.     for(j=0;j<len;j++)
28.     {   U0DBUF = *data_tx++;
29.         while(UTX0IF == 0);
30.         UTX0IF = 0;    }}
31. //***********************************************************************
32. void main(void)
33. {   initial_usart();                   //调用UART初始化函数
34.     uart_tx_string(data,sizeof(data)); //发送串口数据
35.     while(1)
36.     {   ADCCON3 |= 0x3E;       //内部1.25V为参考电压，13位分辨率，AD源为片内温度
37.         while(!(ADCCON1&0X80));        //等待A-D转换完成
```

```
38.          adcvalue = (unsigned int )ADCL;
39.          adcvalue |= (unsigned int ) (ADCH << 8);
40.          adcvalue = adcvalue >> 2;
41.          temper = adcvalue*0.06229-303.3 - 35; //温度计算公式，35为偏差调整值
42.          data[0] = (unsigned char)(temper)/10 + 48;            //十位
43.          data[1] = (unsigned char)(temper)%10 + 48;            //个位
44.          data[2] = '.' ;                                       //小数点
45.          data[3] = (unsigned char)(temper*10)%10+48;           //十分位
46.          data[4] = (unsigned char)(temper*100)%10+48;          //百分位
47.          uart_tx_string(data,5);                               //在PC上显示温度值和℃符号
48.          uart_tx_string("℃\n",3);
49.           delay(10000);                                        //延时
50.     }}
```

程序分析如下。

① 第41行，片内温度的计算过程如下，其中853为偏差调整值，根据测试进行修正。

$$T=\{[1250\times adcvalue/(2^{13}-1)]-853\}/2.45=0.06229\times adcvalue-348.2$$

② 第42~46行，将转换的温度值分解为十位、个位、十分位和百分位。值得注意的是，一定要用unsigned char类型对temper浮点变量进行强制转换。

2）下载程序，在串口上可看到，每隔一定时间，显示一次温度值，如图2-11所示。

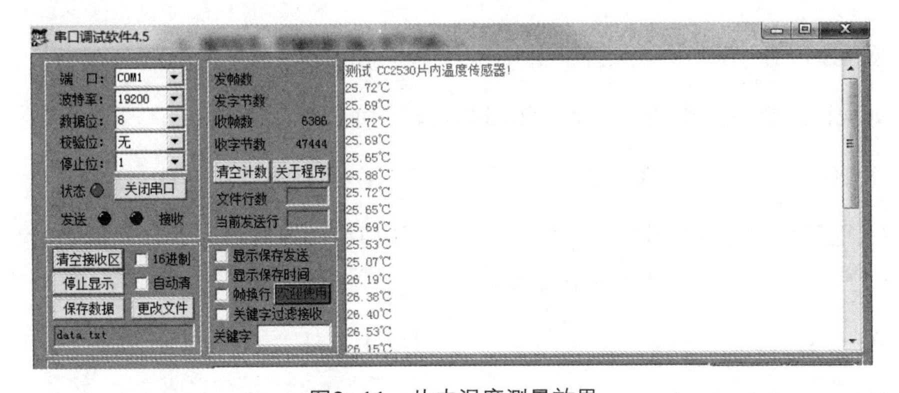

图2-11 片内温度测量效果

采用气体模块、ZigBee模块以及NEWLab平台组成一套测量系统，在串口调试窗口实时显示气体电压值。

习 题 2

一、选择题

1．要把CC2530芯片的P1_0、P1_1、P1_2、P1_3设置为GPIO端口，把P1_4、P1_5、P1_6、P1_7设置为外设端口，正确的操作是（　　）。

A．P1SEL=0xF0　B．P1SEL=0x0F　C．P1DIR=0xF0　D．P1DIR=0x0F

2．定时器1是一个（　　）位定时器，可在时钟（　　）递增或者递减计数。

A．8位，上升沿　　B．8位，上升沿或下降沿

C．16位，上升沿或下降沿　　D．16位，下降沿

3．定时器1有哪几种工作模式（　　）？

A．自由运行模式、取模模式、递增计数/递减计数模式

B．自由运行模式、取模模式、通道模式

C．取模模式、递增计数/递减计数模式、通道模式

D．自由运行模式、取模模式、递增计数/递减计数模式、通道模式

4．CC2530有（　　）个I/O口，其中P0和P1各有（　　）位端口，P2有（　　）位端口。

A．20，8，5　　B．21，8，5　　C．20，5，8　　D．21，5，8

5．如果已经允许P0中断，只允许P0口的低4位中断，P0IEN=（　　）。

A．0x0E　　B．0x0F　　C．0xE0　　D．0xF0

6．CC2530的ADC转换器支持（　　）位模拟数字转换，转换后的有效位数高达（　　）位；（　　）位的有效分辨率位。

A．14，12，7～12　　B．13，12，7～12

C．14，12，7～13　　D．13，12，7～13

7．CC2530的ADC转换器有（　　）个独立输入通道，可接受单端或差分信号；还可以通过（　　）采集温度；通过（　　）测试电池电量；参考电压可选为（　　）、（　　）、（　　）和（　　）。

A．8，tmp_sensor，VDD/3，INT1.25v，AIN7，AVDD，AIN6-AIN7

B．8，tmp_sensor，VDD，INT2.25v，AIN7，AVDD/3，AIN6-AIN7

C．7，tmp_sensor，VDD，INT2.25v，AIN7，AVDD，AIN6-AIN7

D．7，tmp_sensor，VDD，INT1.25v，AIN7，AVDD，AIN6-AIN7

8．CC2530具有USART0和USART1两个串行通信接口，它们可分别运行于异步UART模式或者同步SPI模式。USART0对应的异步通信备用1的引脚是（　　），若不用流控，则通信只需要（　　）引脚。

A．RT（P0_5）、CT（P0_4）、TX（P0_3）、RX（P0_5），TX、RX

B．RT（P0_5）、CT（P0_4）、TX（P0_3）、RX（P0_5），RT、CT

C．RT（P1_5）、CT（P1_4）、TX（P1_3）、RX（P1_5），TX、RX

D．RT（P1_5）、CT（P1_4）、TX（P1_3）、RX（P1_5），RT、CT

二、编程与分析题

1．LED1与P1_0相连，高电平有效，要求采用T3的中断方式控制LED1，使其每5s闪烁1次。

2．通过串口1，CC2530开发板不断地向PC发送“Hello ZigBee！”字符串。

3．CC2530的AVDD5/3的电压作为一个ADC的输入，用于监测电源电压，并将转换得到供电电源电压值，通过串口送至PC串口上显示。

Project 3

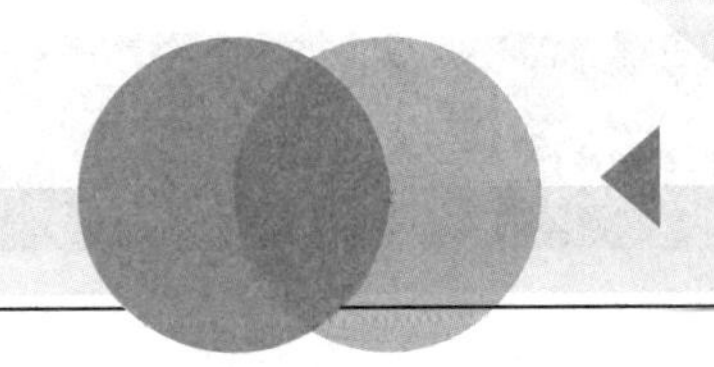

项目3 Basic RF无线通信应用

本项目主要介绍Basic RF Layer的工作机制，以及光敏、气体、红外、声音、温度、湿度等传感器的工作原理，并将各种传感器组成Basic RF无线传感网络。通过点对点的无线通信、传感器采集等任务的实施，帮助读者更好地掌握和理解基于Basic RF的模拟量、开关量和逻辑量传感器无线通信应用，以及在一个项目中建立多个设备的配置方法和编程技巧。

教学目标

知识目标	1. 了解Basic RF Layer工作机制
	2. 熟悉无线发送和接收函数
	3. 理解发送地址和接收地址、PAN_ID、RF_CHANNEL等概念
	4. 了解basic RF、board、common等驱动文件的作用
	5. 理解串口读写函数
	6. 掌握ADC、中断等函数
	7. 掌握开关量、模拟量及逻辑量这3种传感器的工作原理
能力目标	1. 会建立Basic RF项目工程
	2. 能熟练使用NEWLab实训平台、程序下载、软硬仿真等
	3. 会使用CC2530建立点对点的无线通信方法
	4. 能实现开关量、模拟量及逻辑量这3种传感器的信号采集功能
	5. 能实现基于Basic RF的无线采集与网络组建功能
	6. 能在项目中建立多个设备，并进行设备配置
	7. 能熟练使用条件预编译方法
素质目标	1. 逐步掌握软件编程规范、项目文件管理方法
	2. 逐步养成项目组员之间的沟通、讨论习惯

任务1 无线开关LED灯

以Basic RF无线点对点传输协议为基础，将两块ZigBee模块分别作为无线发射模块和无线接收模块，按下发射模块上的SW1键，可以控制接收模块的LED1灯亮和灭，实现无线开关LED灯的功能。

扫码观看本任务操作视频

Basic RF的工作原理

1．Basic RF概述

TI公司提供了基于CC253x芯片的Basic RF软件包，其包括硬件层（Hardware Layer）、硬件抽象层（Hardware Abstraction Layer）、基本无线传输层（Basic RF Layer）和应用层（Application）。虽然该软件包还没有用到Z-Stack协议栈，但是其包含了IEEE 802.15.4标准数据包的发送和接收，采用了与IEEE 802.15.4 MAC兼容的数据包结构及ACK包结构。其功能限制如下：

◇ 不具备“多跳”“设备扫描”功能。

◇ 不提供多种网络设备，如协调器、路由器等。所有节点设备为同一级，只能实现点对点数据传输。

◇ 传输时会等待信道空闲，但不按IEEE 802.15.4 CSMA-CA要求进行两次CCA检测。

◇ 不重传输数据。

因此，Basic RF是简单无线点对点传输协议，可用来进行Z-Stack协议栈无线数据传输的入门学习。

2．Basic RF无线通信初始化

初始化ZigBee模块的硬件外设，配置I/O端口，设置无线通信的网络ID、信道、接收和发送模块地址、安全加密等参数。

1）创建basicRfCfg_t数据结构。在basic_rf.h文件中可以找到basicRfCfg_t数据结构的定义。

```
1. typedef struct {
```

```
2.      uint16 myAddr;              //本机地址，取值范围0x0000 ~ 0xffff，作为识别本模块的地址
3.      uint16 panId;               //网络ID，取值范围0x0000 ~ 0xffff，要建立通信此参数必须一致
4.      uint8 channel;              //通信信道，取值范围11~26，要建立，通信此参数必须一致
5.      uint8 ackRequest;           //应答信号
6.      #ifdef SECURITY_CCM         //是否加密，预定义时取消了加密
7.      uint8* securityKey;
8.      uint8* securityNonce;
9.      #endif
10. } basicRfCfg_t;
```

程序分析如下。

1）确定两个通信模块的“网络ID”和“通信信道”一致，然后设置各模块的识别地址，即模块的地址或编号。

2）为basicRfCfg_t型结构体变量basicRfConfig填充部分参数。在void main (void)函数中有如下3行代码：

```
1.      basicRfConfig.panId = PAN_ID;            //宏定义：#define PAN_ID  0x2007
2.      basicRfConfig.channel = RF_CHANNEL;      //宏定义：#define RF_CHANNEL     25
3.      basicRfConfig.ackRequest = TRUE;         //宏定义：#define TRUE 1
```

3）调用halBoardInit()函数，对硬件外设和I/O端口进行初始化。void halBoardInit(void)函数在hal_board. c文件中。

4）调用halRfInit()函数，打开射频模块，设置默认配置选项，允许自动确认和允许随机数产生。

3. Basic RF无线数据发送

创建一个缓冲区，把数据放入其中，调用basicRfSendPacket()函数发送数据。在该工程中，light_switch. c文件中的appSwitch()函数是用来发送数据的。appSwitch()函数代码如下（注意：此处删除了液晶显示代码）。

```
1.  static void appSwitch()
2.  {   pTxData[0] = LIGHT_TOGGLE_CMD;          //发送的数据放入缓冲区中（即数组pTxData）
3.      basicRfConfig.myAddr = SWITCH_ADDR;  //本机地址
4.      if(basicRfInit(&basicRfConfig)==FAILED) {  //初始化
5.      HAL_ASSERT(FALSE);
6.      }
7.      basicRfReceiveOff();                         //关闭接收模式，节能
8.      while (TRUE) {
9.         if(halButtonPushed()==HAL_BUTTON_1){       //调用按键函数
10.             basicRfSendPacket(LIGHT_ADDR, pTxData, APP_PAYLOAD_LENGTH);
```

```
11.            halIntOff();                                 //关中断
12.            halMcuSetLowPowerMode(HAL_MCU_LPM_3); // Will turn on global
13.            halIntOn();                                  //开中断
14.        }  }  }
```

程序分析如下。

1）第2行，把要发送的数据LIGHT_TOGGLE_CMD（宏定义该值为1）放入缓冲区中，数组pTxData就是发送的buffer，即把要发送的数据存放到该数组中。

2）第3行，为basicRfCfg_t型结构体变量basicRfConfig. myAddr赋值，宏定义SWITCH_ADDR为0x2520，即发射模块的本机地址。

3）第4行，调用basicRfInit(&basicRfConfig)初始化函数，负责调用halRfInit()，配置参数，设置中断等。在 basic_rf. c 代码中可以找到uint8 basicRfInit(basicRfCfg_t* pRfConfig)。

4）第10行，调用发送函数basicRfSendPacket (LIGHT_ADDR, pTxData, APP_PAYLOAD_LENGTH)，该函数的形参数格式是：basicRfSendPacket (uint16 destAddr, uint8* pPayload, uint8 length)。

① destAddr是发送的目标地址，实参是LIGHT_ADDR，即接收模块的地址。

② pPayload是指向发送缓冲区的地址，实参是pTxData，该地址的内容是将要发送的数据。

③ length是发送数据长度，实参是APP_PAYLOAD_LENGTH，单位是字节。

4．Basic RF无线数据接收

通过调用basicRfPacketIsReady()函数来检查是否收到一个新的数据包，若有新数据，则调用basicRfReceive()函数接收数据。在该工程中，light_switch. c文件中的appLight()函数是用来发送数据的。appLight()函数代码如下，请注意删除了液晶显示代码。

```
1.  static void appLight()
2.  {     basicRfConfig.myAddr = LIGHT_ADDR;              //设定本模块地址
3.        if(basicRfInit(&basicRfConfig)==FAILED) {       //初始化，方法与数据发送一样
4.           HAL_ASSERT(FALSE);
5.        }
6.        basicRfReceiveOn();                             //开启接收功能
7.        while (TRUE) {
8.              while(!basicRfPacketIsReady());           //检查是否有新数据，若没有，则一直等待
9.              if(basicRfReceive(pRxData, APP_PAYLOAD_LENGTH, NULL)>0) {
10.                   if(pRxData[0] == LIGHT_TOGGLE_CMD) {  //判断接收的内容是否正确
```

```
11.              halLedToggle(1);                          //改变LED1的亮灭状态
12.              } } } }
```

1）第8行，调用basicRfPacketIsReady()函数来检查是否收到一个新的数据包，若有新数据，则返回TRUE。新数据包信息存放在basicRfRxInfo_t型结构体变量rxi中，该结构体的定义如下：

```
1.    typedef struct {
2.        uint8 seqNumber;
3.        uint16 srcAddr;                    //数据来源的地址，即发送模块的地址
4.        uint16 srcPanId;                   //网络ID
5.        int8 length;                       //新数据长度
6.        uint8* pPayload;                   //新数据包存放地址
7.        uint8 ackRequest;
8.        int8 rssi;                         //信号强度
9.        volatile uint8 isReady;            //检查到新数据包的标志
10.        uint8 status;
11.   } basicRfRxInfo_t;
```

2）第9行，调用basicRfReceive(pRxData, APP_PAYLOAD_LENGTH, NULL)函数，把接收到的数据复制到缓冲区中，即pRxData，注意与发送数据缓冲区的pTxData的区别。

```
1.    uint8 basicRfReceive(uint8* pRxData, uint8 len, int16* pRssi)
2.    {    halIntOff();                        //关闭中断
3.         memcpy(pRxData, rxi.pPayload, min(rxi.length, len));   //从rxi.pPayload中复制数据到pRxData
4.         if(pRssi != NULL) {
5.              if(rxi.rssi < 128){
6.                   *pRssi = rxi.rssi - halRfGetRssiOffset();
7.              }
8.              else{
9.                   *pRssi = (rxi.rssi - 256) - halRfGetRssiOffset();
10.                 }
11.        }rxi.isReady = FALSE;                         //取消新数据包标志
12.         halIntOn();                                  //开中断
13.         return min(rxi.length, len);                 //返回接收的字节数（最少的）
14.   }
```

程序分析如下。

① 从上述代码可知，接收到的新数据被复制到pRxData中。

② RSSI一般用来说明无线信号强度，是Received Signal Strength Indication，它与模块的发送功率以及天线的增益有关。

3）第10行，判断接收的内容与发送的数据是否一致。若一致，则改变LED1的亮、灭状态。

任务实施

第一步，打开TI官网的工程。

登录TI官网，下载CC2530 BasicRF.rar，解压缩后双击“\CC2530 BasicRF\CC2530 BasicRF\ide\srf05_cc2530\iar”文件夹中的“light_switch.eww”工程文件，如图3-1所示。

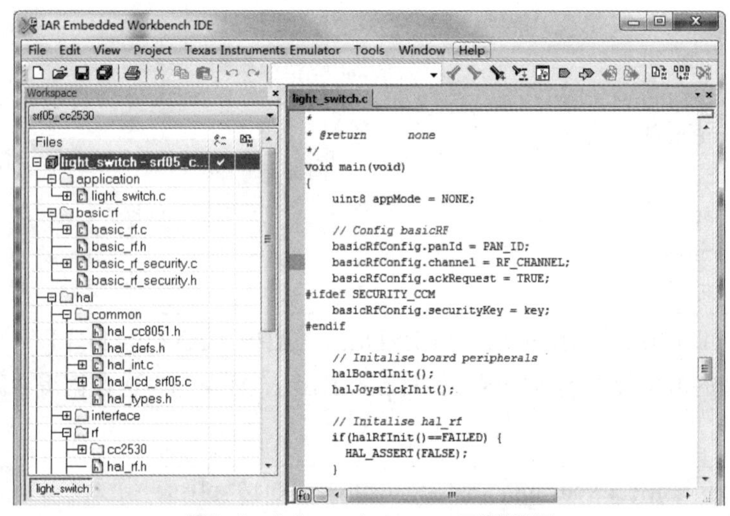

图3-1 light_switch.eww工程界面

第二步，修改程序。

ZigBee模块（网关节点）上有2个按键和4个LED，其中按键SW1和SW2分别由P1_2和P1_6控制，LED1～LED4分别由P1_0、P1_1、P1_3和P1_4控制，如图3-2所示。这些接口与TI官网发布的开发平台有所差别，所以需要修改一下。操作方法如下：

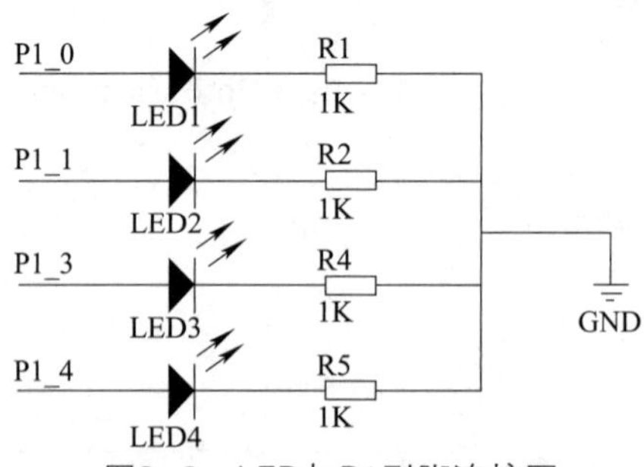

图3-2 LED与P1引脚连接图

1）打开“hal_board.h”头文件。打开方法有以下两种。

① 展开左边Workspace栏中的“light_switch.c”的“+”号，在展开的文件列表中找到“hal_board.h”头文件，双击打开该文件。

② 在“light_switch.c”文件的开始部分代码中，可以找到“include <hal_board.h>”宏定义，右击该宏定义并从弹出的快捷菜单中选择Open “hal_board.h”命令，立刻打开该文件。

2）在“hal_board.h”头文件找到如下代码，并按照如下要求修改它，如图3-3所示。

```
68 // LEDs
69 #define HAL_BOARD_IO_LED_1_PORT        1    // Green
70 #define HAL_BOARD_IO_LED_1_PIN         0
71 #define HAL_BOARD_IO_LED_2_PORT        1    // Red
72 #define HAL_BOARD_IO_LED_2_PIN         1
73 #define HAL_BOARD_IO_LED_3_PORT        1    // Yellow 原来是P1.4
74 #define HAL_BOARD_IO_LED_3_PIN         3
75 #define HAL_BOARD_IO_LED_4_PORT        1    // Orange原来是P0.1
76 #define HAL_BOARD_IO_LED_4_PIN         4
77
78
79 // Buttons
80 #define HAL_BOARD_IO_BTN_1_PORT        1    // Button S1原来是P0.1
81 #define HAL_BOARD_IO_BTN_1_PIN         2
```

图3-3 按键与LED接口修改

其中，HAL_BOARD_IO_LED_×_PORT表示：×端口（×可以是0、1、2）；HAL_BOARD_IO_LED_y_PIN表示：×.y引脚（×端口的第y个引脚，y可以是0～7）。

3）修改“light_switch.c”文件中的“static void appSwitch()”函数代码。把该函数中的“if(halJoystickPushed()){”行代码注释掉，在其下一行添加“if(halButtonPushed()==HAL_BUTTON_1){”代码。

4）注释掉如图3-4所示的有影响的代码。

```
223     // Indicate that device is powered
224     halLedSet(1);
225
226     // Print Logo and splash screen on LCD
227  //   utilPrintLogo("Light Switch");
228
229     // Wait for user to press S1 to enter menu
230  //   while (halButtonPushed()!=HAL_BUTTON_1);
231     halMcuWaitMs(350);
232     halLcdClear();
233
234     // Set application role
235  //   appMode = appSelectMode();
236     halLcdClear();
```

图3-4 注释代码

第二步，下载程序。

为发射和接收模块下载程序。

1）在“light_switch.c”的主函数中找到“uint8 appMode=NONE;”代码，并把它注释掉，在其下一行添加“uint8 appMode=SWITCH;”代码。编译程序，无误后下载到发射模块中。

2）在“light_switch.c”的主函数中找到“uint8 appMode=SWITCH;”代码，将其

修改为“uint8 appMode = LIGHT;”。编译程序，无误后下载到接收模块中。

第三步，测试程序功能。

每按一下发射模块中的SW1键，接收模块上LED1灯的状态就会改变，即LED1灯亮和灭交替变化。把两个模块隔开20m以上的距离，进行测试。

技能拓展

1）试着改变RF_CHANNEL、PAN_ID、MY_ADDR及AEND_ADDR的值，重新编译下载程序，同样实现无线开关灯。

2）改变设置，使两个程序的RF_CHANNEL或PAN_ID不一致，观察结果；使一个程序的MY_ADDR与另一个程序的SEND_ADDR不相等，又会出现什么情况?

3）将两个程序下载到多个ZigBee模块后运行，会出现什么情况?

任务2　无线串口通信

采用ZigBee模块（节点1）、带串口的ZigBee模块（节点2）和NEWLab平台组成一套串口通信系统，在节点1的串口调试软件上输入“Hello！你叫什么名字？”，然后单击“发送”；在节点2的串口调试软件上就显示对应信息，同时在节点2上回复“Hello！我叫张三，你呢？”。回复的信息要求在节点1上能显示，像聊天软件一样收发信息，实现无线串口通信。

扫码观看本任务操作视频

串口通信函数分析

1．串口接收函数分析

通过调用RecvUartData()函数来接收数据，并以数据长度来判断是否接收到数据。

```
1.    uint16 RecvUartData(void)
2.  {     uint16 r_UartLen = 0;
3.         uint8 r_UartBuf[128];
4.         uRxlen=0;
5.         r_UartLen = halUartRxLen();      //得到当前RxBuffer的长度
6.         while(r_UartLen > 0)
```

```
7.        { r_UartLen = halUartRead(r_UartBuf, sizeof(r_UartBuf)); //得到读取到的串口数据长度
8.          MyByteCopy(uRxData, uRxlen, r_UartBuf, 0, r_UartLen);//将数据复制到串口接收缓冲区
9.          uRxlen += r_UartLen;
10.          halMcuWaitMs(5);    //延迟非常重要，串口连续读取数据时需要有一定的时间间隔
11.            r_UartLen = halUartRxLen();
12.        }          return uRxlen;      }
```

2．串口发送函数分析

创建一个缓冲区，把数据放入其中，然后调用halUartWrite()函数发送数据到串口。

```
1. //函数功能：发送长度为len的buf到串口
2. uint16 halUartWrite(uint8 *buf, uint16 len)
3. {      uint16 cnt;
4.        // Accept "all-or-none" on write request.
5.        if (HAL_UART_ISR_TX_AVAIL() < len)     //判断发送数据长度
6.        {
7.          return 0;
8.        }
9.        for (cnt = 0; cnt < len; cnt++)
10.        {     uartCfg.txBuf[uartCfg.txTail] =  *buf++;
11.              uartCfg.txMT = 0;
12.              if (uartCfg.txTail >= HAL_UART_ISR_TX_MAX - 1)
13.              {   uartCfg.txTail = 0;
14.              } else
15.              {   uartCfg.txTail++;
16.              }
17.              // Keep re-enabling ISR as it might be keeping up with this loop due to other ints.
18.              IEN2 |= UTX0IE;
19.        }      return cnt;      }
```

任务实施

第一步，新建工程和程序文件，添加头文件。

1）复制库文件。将CC2530_lib文件夹复制到该任务的工程文件夹内，即“D:\zigbee\任务2无线串口通信”内（可以是其他路径），并在该工程文件夹内新建一个Project文件夹，用于存放工程文件。

2）新建工程。具体方法参照项目1中的任务1。在工程中新建App、basicrf、board、common、utils等5个组，把各文件夹中的“××.c”文件添加到对应的文件夹中。

3）新建程序文件。新建源程序文件，将其命名为“uartRF.c”，保存在“D:\zigbee\任务2 无线串口通信\Project”文件夹中，并将该文件添加到工程中的App文件夹中。

4）为工程添加头文件。选择IAR菜单中的Project→Options命令，在弹出的对话框中选择C/C++Compiler，然后切换至Preprocessor选项卡，并在Additional include directories：（one per line）中输入头文件的路径，如图3-5所示，然后单击OK按钮。

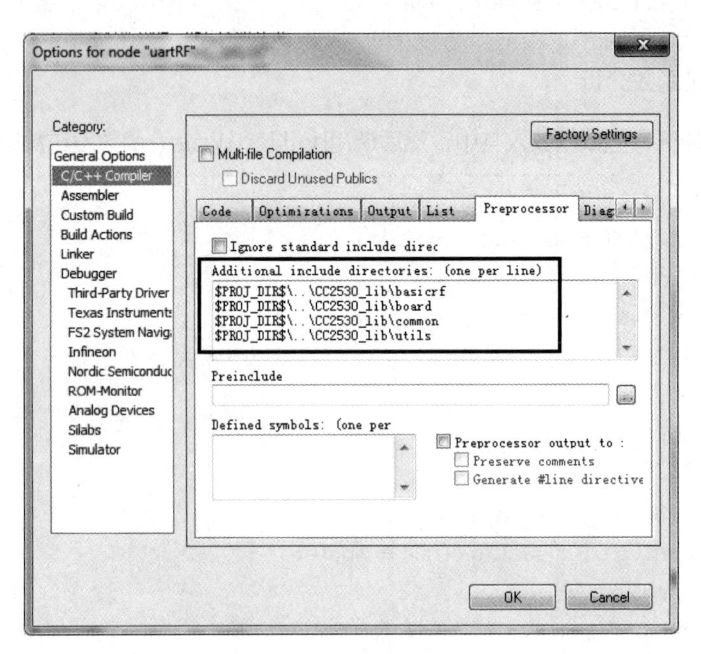

图3-5　为工程添加头文件

注意：

①“$PROJ_DIR$\”即当前工作的workspace的目录。

②“..\”表示对应目录的上一层。

例如，“$TOOLKIT_DIR$\INC\”和“$TOOLKIT_DIR$\INC\CLIB\”都表示当前工作的workspace的目录。“$PROJ_DIR$\ ..\inc”表示workspace目录上一层的INC目录。

第二步，配置工程。

选择IAR菜单中的Project→Options命令，分别对General Options、Linker和Debugger三项进行配置。

1）General Options配置。切换至Target选项卡，在Device选项组内选择“CC2530F256.i51”（路径为“C：\…\8051\config\devices\Texas Instruments”）。其他设置如图3-6所示。

2）Linker配置。切换至Config选项卡，选中“Overide default复选框，并在该栏内选择lnk51ew_CC2530F256_banked.xcl配置文件，其路径为“C：\…\8051\config\devices\Texas Instruments”。

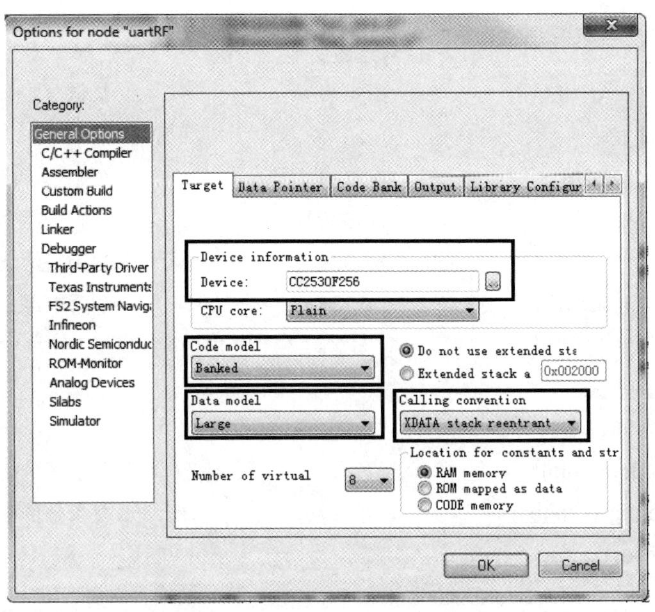

图3-6　General Options配置

3）Debugger配置。切换至Step选项卡，在Driver选项组内选择Texas Instruments；在Device Description file栏内，选中Overide default复选框，并在该栏内选择io8051.ddf配置文件，其路径为“C：\…\8051\config\devices_generic”，如图3-7所示。

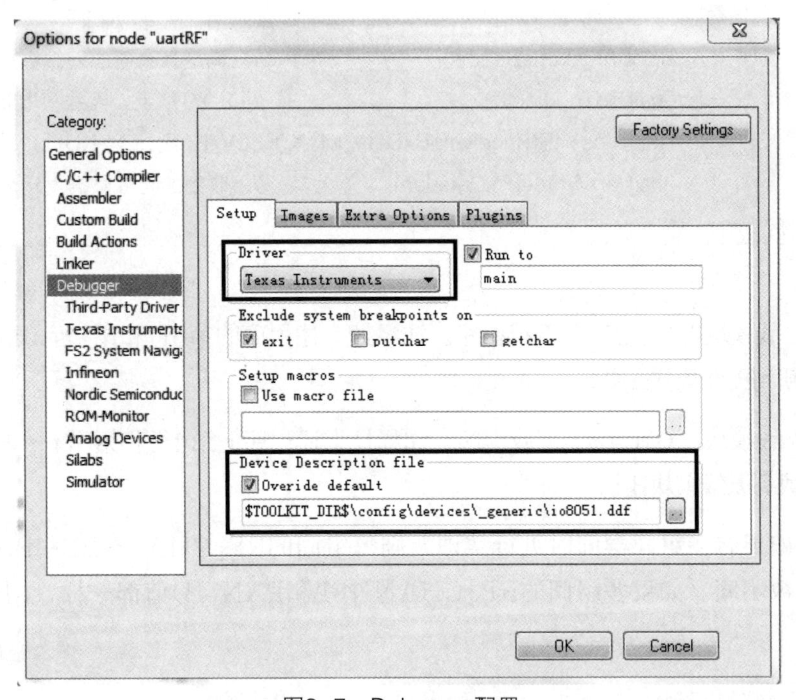

图3-7　Debugger配置

第三步，编写程序。

由于程序很长，此处只对关键部分的程序进行分析。详细内容见uartRF.c文件。

```
1.  /***************************点对点通信地址设置**********************************/
2.  #define RF_CHANNEL          20                  // 频道 11~26
3.  #define PAN_ID              0x1379              //网络ID
4.  //#define MY_ADDR           0x1234              //模块A的地址
5.  //#define SEND_ADDR         0x5678              //模块A发送模块B的地址
6.  #define MY_ADDR             0x5678              //模块B的地址
7.  #define SEND_ADDR           0x1234              //模块B发送模块A的地址
8.  /*****************************************************************************/
9.  void main(void)
10. {       uint16 len = 0;
11.         halBoardInit();                         //模块相关资源的初始化
12.         ConfigRf_Init();                        //无线收发参数的配置初始化
13.         while(1)
14.         {   len = RecvUartData();               // 接收串口数据
15.             if(len > 0)
16.             {   halLedToggle(3);                // LED灯取反，无线发送指示
17.                 basicRfSendPacket(SEND_ADDR, uRxData,len);
18.                                                 //把串口收到的数据，通过ZigBee发送出去
19.             }
20.             if(basicRfPacketIsReady())          //查询是否有新的无线数据
21.             {   halLedToggle(4);                // LED灯取反，无线接收指示
22.                 len = basicRfReceive(pRxData, MAX_RECV_BUF_LEN, NULL); //接收无线数据
23.                 halUartWrite(pRxData,len);      //接收到的无线数据发送到串口
24.  } } }
```

第四步，下载程序。

1）为无线模块A（节点1）下载程序。注释掉上述程序的第6行和第7行，重新编译程序无误后，下载到无线模块A中。

2）为无线模块B（节点2）下载程序。注释掉上述程序的第4行和第5行，重新编译程序无误后，下载到无线模块B中。

注意：如果有多组同学同时进行实训，则每组间的RF_CHANNEL和PAN_ID至少要有一个参数不同。如果多组间的RF_CHANNEL和PAN_ID值都一样，则会造成信号串扰。

第五步，运行程序。

1）分别把NEWLab平台和节点2连接到PC的串口，打开两个串口调试软件，把串口的波特率设置为38 400，再给两个模块通电。

2）在两个串口调试软件上，发送不同的信息，并能显示对方发送的信息，如图3-8和图3-9所示。

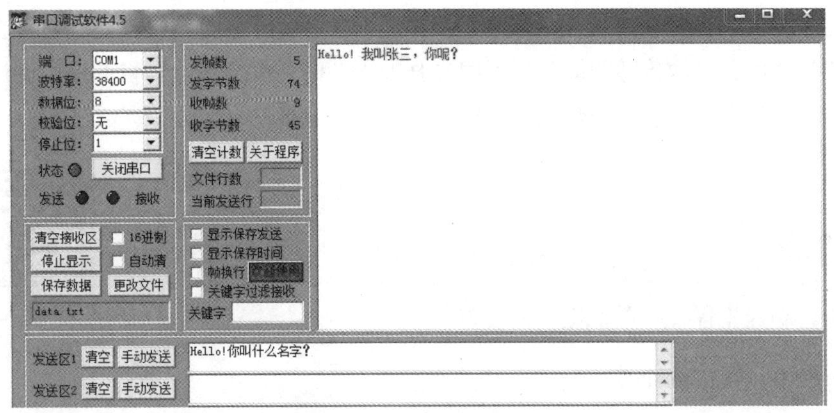

图3-8　串口调试窗口1

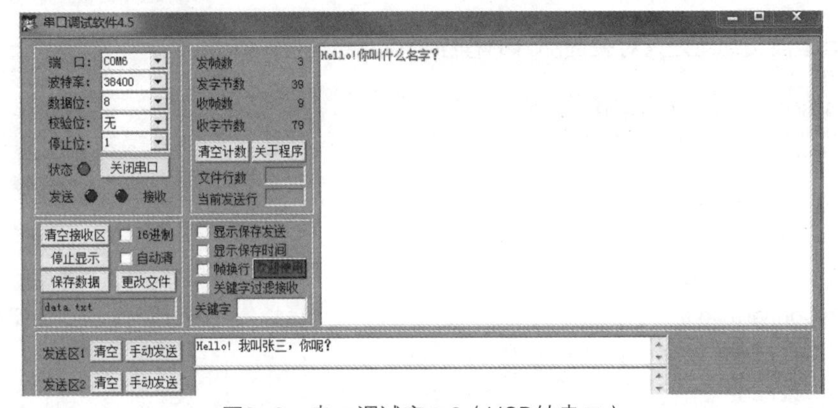

图3-9　串口调试窗口2（USB转串口）

技能拓展

1）在本任务中，两个串口的波特率相同，如果两个串口的波特率不相同，那么能进行通信吗？如果能，那么该如何实现？

2）如果数据在无线发送时要进行加密，接收到无线数据后进行相应的解密，那么在软件上该如何实现？

任务3　模拟量传感器采集

任务要求

采用气体传感器、光敏/温度传感器模块以及ZigBee模块组成一个模拟量传感器采集系统，将各模块固定在NEWLab平台上，并用导线将一块ZigBee模块连接气体传感器模块，另一块ZigBee模块连接光敏/温度传感器模块，将协调器模块通过串口连接到计算机。把带酒精的棉签靠近气体传感器模块，使用手机电筒照射光敏/温度传感器模块，当气体传感器检测到不同浓度的气体时，光敏传感器检测到不同光强的光照时，都会在计算机的串口调试软件上就显示检测到的气体电压信息和光照电压信息。

扫码观看本任务操作视频

第一步，新建工程、配置工程相关设置。

具体参照本项目中的任务2。

第二步，编写程序。

由于程序很长，此处只对关键部分的程序进行分析。

1）sensor. c中的main函数如下。

```
1.  void main(void)
2.  {     uint16 sensor_val;
3.        uint16  len = 0;
4.        halBoardInit();                                          //模块相关资源的初始化
5.        ConfigRf_Init();                                         //无线收发参数的配置初始化
6.        halLedSet(1);
7.        halLedSet(2);
8.        Timer4_Init();                                           //定时器初始化
9.        Timer4_On();                                             //打开定时器
10.        while(1)
11.        {     APP_SEND_DATA_FLAG = GetSendDataFlag();
12.              if(APP_SEND_DATA_FLAG == 1)                       //定时时间到
13.              {     /*【传感器采集、处理】开始*/
14.     #if defined (GM_SENSOR)                                    //光敏传感器
15.                    sensor_val=get_adc();                       //取模拟电压
16.        //把采集数据转化成字符串，以便在串口上显示观察
17.        printf_str(pTxData,"光照传感器电压：%d.%02dV\r\n",
                        sensor_val/100,sensor_val%100);
18.     #endif
19.     #if defined (QT_SENSOR)                                    //气体传感器
20.                    sensor_val=get_adc();                       //取模拟电压
21.        //把采集数据转化成字符串，以便在串口上显示观察
22.        printf_str(pTxData,"气体传感器电压：%d.%02dV\r\n",
                        sensor_val/100, sensor_val%100);
```

```
23.         #endif
24.             halLedToggle(3);                         // 绿灯取反，无线发送指示
25.             //把数据通过ZigBee发送出去
26.             basicRfSendPacket(SEND_ADDR, pTxData,strlen(pTxData ));
27            Timer4_On();                               //打开定时
28.         }  /*【传感器采集、处理】结束*/
29.   } }
```

程序分析如下。

① 第14、19行，条件编译，用来选择光敏传感器模块功能与气体传感器模块功能。

② 第15、20行，get_adc ()函数用来读取A-D转换电压值。

③ 第17、22行，把采集数据按格式连接成字符串写入pTxData中。

④ 第26行，把采集数据通过ZigBee发送出去，在PC串口调试终端显示出来。

2）collect. c中的关键代码如下。

```
1.  void main(void)
2.  {    uint16 len = 0;
3.       halBoardInit();                          //模块相关资源的初始化
4.       ConfigRf_Init();                         //无线收发参数的配置初始化
5.       halLedSet(1);
6.       halLedSet(2);
7.       while(1)
8.       {    if(basicRfPacketIsReady())          //查询是否接收到无线信号
9.            {    halLedToggle(4);               // 红灯取反，无线接收指示
10.                len = basicRfReceive(pRxData, MAX_RECV_BUF_LEN, NULL); //接收无线数据
11.                halUartWrite(pRxData,len);      //把接收到的无线数据发送到串口
12.        } } }
```

程序分析如下。

① 第10行，接收无线数据，并得到无线数据的长度。

② 第11行，把接收到的无线数据发送到串口。

第三步，建立与配置模块设备。

1）建立与配置光敏传感器模块设备。

① 建立模块设备。选择Project→Edit Configurations命令，弹出项目配置对话框，如图3-10所示，系统会检测出项目中存在的模块设备。

单击New按钮，在弹出的对话框（见图3-11）中输入模块名称为“gm_sensor”，基于Deubg模块进行配置，然后单击OK按钮完成模块设备的建立。然后在项目配置对话框中就可

以自动检测出刚才建立的模块设备gm_sensor。

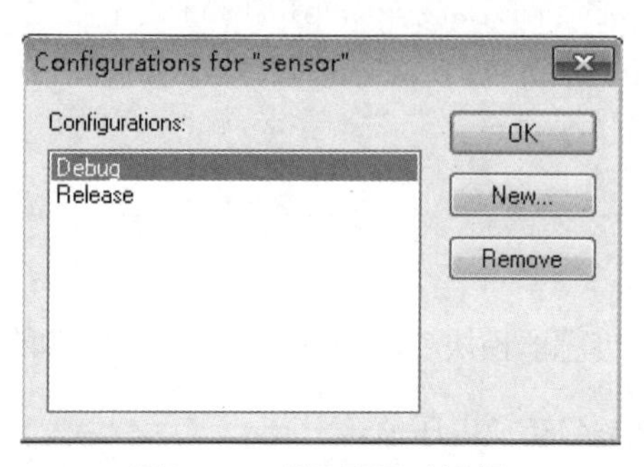

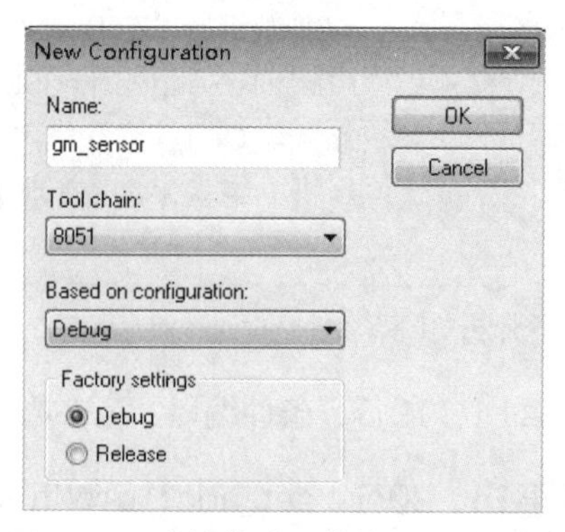

图3-10　项目配置对话框　　　　图3-11　光敏传感器模块配置对话框

② 模块Options设置。为了给模块设备设置对应的条件编译参数，此处需要进行如下设置：

在项目工作组中选择gm_sensor模块，单击右键，从弹出的快捷菜单中选择Options命令，在弹出的对话框中选择C/C++ Compile类别，在右边的窗口中切换至Preprocessor选项卡，在Defined symbols：选择组中输入“GM_SENSOR”，具体设置如图3-12所示。

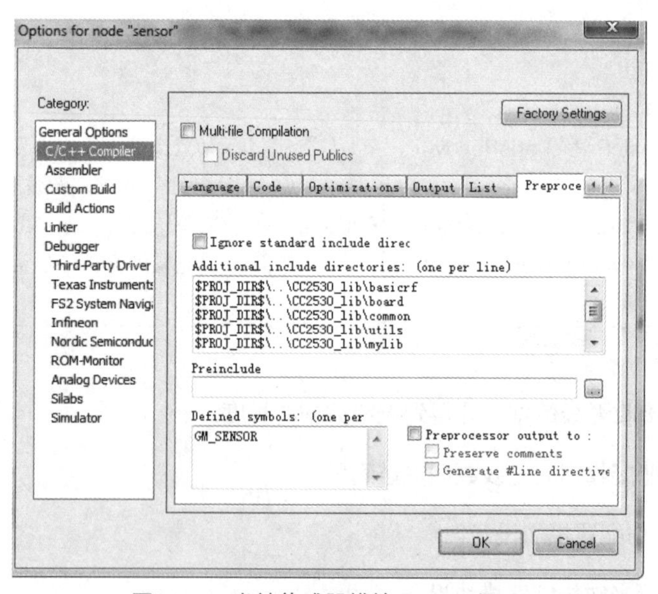

图3-12　光敏传感器模块Options设置

2）建立与配置气体传感器模块设备。操作步骤与建立光敏传感器模块设备一样，只需要将模块设备名称与模块Options设置分别设置为qt_sensor与QT_SENSOR。

3）建立与配置协调器模块设备。操作步骤与建立光敏传感器模块设备一样，需要将模块设备名称设置为collect。

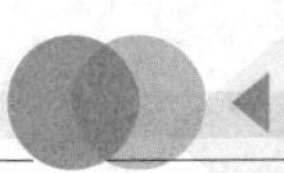

第四步，模块连接，下载程序。

1）组成光敏传感器采集系统（光敏传感器模块设备）。把ZigBee模块和光敏传感器模块固定在NEWLab平台，将光敏传感器模块的模拟量输出接口与ZigBee模块的ADC0（P0_0）接口连接起来。在IAR软件的workspace栏内，选择gm_sensor模块，选中collect. c单击右键，从弹出的快捷菜单中选择Options命令，在弹出的对话框中选中Exclude from build复选框，然后单击OK按钮。重新编译程序无误后，给NEWLab平台上电，下载程序到ZigBee模块中。

2）组成气体传感器采集系统（气体传感器模块设备）。把ZigBee模块和气体传感器模块固定在NEWLab平台，将气体传感器模块的模拟量输出接口与ZigBee模块的ADC0接口连接起来。在IAR软件的workspace栏内，选择qt_sensor模块，选中collect. c单击右键，从弹出的快捷菜单中选择Options命令，在弹出的对话框中选中"Exclude from build"复选框，然后单击OK按钮。重新编译程序无误后，给NEWLab平台上电，下载程序到ZigBee模块中。

3）组成模拟量集中采集系统（协调器模块设备）。在IAR软件的workspace栏内，选择collect模块，选中sensor. c单击右键，从弹出的快捷菜单中选择Options命令，在弹出的对话框中选中Exclude from build复选框，然后单击OK按钮。重新编译程序无误后，将协调器模块通过串口线连接到PC串口或者通过USB转串口线连接到计算机，给协调器通电，下载程序到协调器模块中。各模块连接效果如图3-13所示。

图3-13　各模块连接图

第五步，运行程序。

1）将NEWLab平台的通信模块开关旋转到通信模式，给NEWLab平台通电。

2）打开串口调试软件，把串口的波特率设置为"38400"。根据照度及气体浓度的不同，在PC的串口调试终端上显示不同的照度传感器电压与气体传感器电压信息，如图3-14所示。

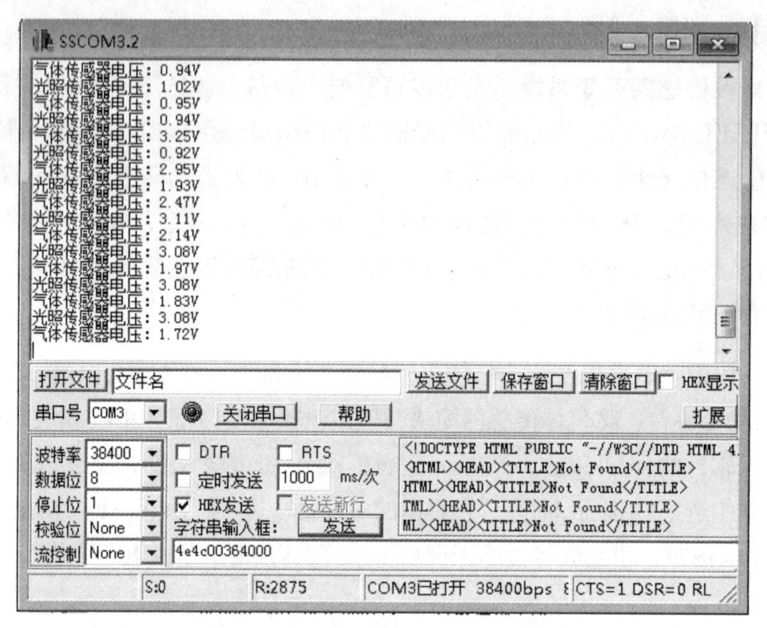

图3-14　串口调试窗口

技能拓展

在上述任务的基础上，增加称重传感器模块，运行后观察串口调试窗口显示的数据。

任务4　开关量传感器采集

任务要求

采用声音传感器、红外传感器等模块以及ZigBee模块组成一个开关量传感器采集系统，当声音传感器检测到有声音时，系统会点亮ZigBee模块上的LED1，并延时30s，若没有再检测到声音，则熄灭LED1。当红外传感器检测到红外信号时，系统立即使ZigBee模块上的LED2点亮；反之，则使LED2熄灭。

扫码观看本任务操作视频

任务实施

第一步，在NEWLab平台上，连接各模块。

开关量传感器采集系统连线图如图3-15所示。

1）把ZigBee模块、声音传感器模块和红外传感器模块装入NEWLab平台上。

2）把声音传感器模块的比较输出端（J3）与ZigBee模块的IN0（J13/P13）相连。

3）把红外传感器模块的对射输出1（J5）与ZigBee模块的IN1（J12/P1_4）相连。

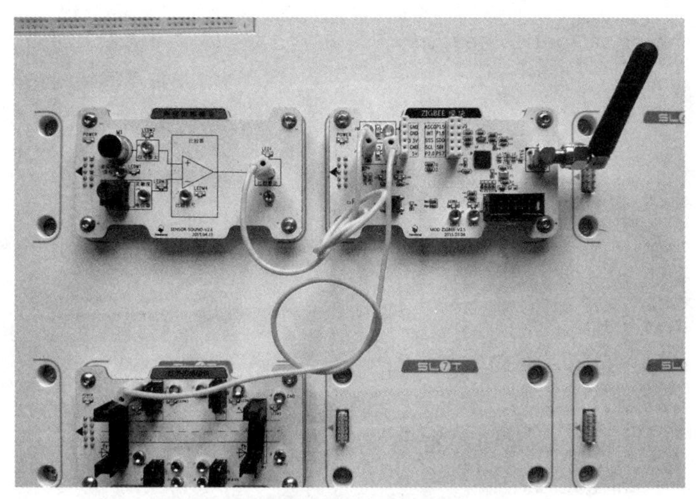

图3-15　开关量传感器采集系统

第二步，新建工程、配置工程相关设置。

具体参照本项目中的任务2。

第三步，编写程序。

KaiGuan_Sensor.c中的关键代码如下：

```
1.  uint8 get_swsensor(void)
2.  {    P1SEL &= ~( 1 <<4);  //设置P1_4为普通I/O口
3.         P1DIR &= ~( 1 <<4);  //设置P1_4为输入方向
4.         return P1_4;               //返回P1_4电平
5.  }
6.  //*********************************************************************
7.  void port13Int(void)          //连接P1_3端口中断函数，被中断函数调用
8.  {    SY_flag = 0x01;
9.  }
10.  //********************************************************************
11.  void main(void)
12.  {    uint8 sensor_val;
13.         halBoardInit();                                    //模块相关资源的初始化
14.         port1->port = 1;                                 //采用P1端口
15.         port1->pin = 0x03;                               //采用P1_3引脚
16.         port1->pin_bm = 0x08;                            //P1_3引脚在第3位，所以为0x08
```

```
17.     port1->dir = 0;                                   //P1_3为输入方向
18.     halDigioConfig(port1);                            //配置P1_3引脚
19.     halDigioIntEnable(port1);                         //使能P1_3引脚的外部中断功能
20.     halDigioIntConnect(port1, port13Int);             //配置连接P1_3端口中断函数
21.     while(1)
22.     {    sensor_val=get_swsensor();                   //读取开关量，即P1_4引脚状态
23.          if(sensor_val)                               //红外传感器模块
24.          {              halLedSet(2);                 //点亮LED2
25.          }
26.          else
27.          {              halLedClear(2);               //熄灭LED2
28.          }
29.          if(SY_flag)                                  //声音传感器模块
30.          {    SY_flag = 0x00;
31.               halLedSet(1);                           //点亮LED1
32.               halMcuWaitMs(30000);                    //延时30s
33.               halLedClear(1);                         //熄灭LED1
34.     } } }
```

程序分析如下。

红外传感器模块采用非中断方式触发，声音传感器模块采用中断方式触发。

① 第14～20行，配置声音传感器模块的中断。

② 第22～28行，查询红外传感器触发电平，对LED2进行亮、灭控制。

③ 第29～33行，声音传感器控制代码。其中第29行是判断P1_3端口的中断是否有效，若有效，则控制LED1亮或灭。

第四步，下载程序、运行。

编译无误后，把程序下载到ZigBee模块中。

1）将一个物体放到“红外对射1”元件的槽中，发现ZigBee模块中的LED2被立刻点亮，当物体离开槽时，LED2立刻熄灭。

2）再拍手制造响声，ZigBee模块中的LED1立刻亮起来，并且维持30s亮的状态，30s后LED1自动熄灭。注意：可以调节电位器，设置触发阀点电压。

在上述任务的基础上，增加霍尔传感器模块、人体感应传感器模块，运行后观察串口调试窗口显示的数据。

任务5 逻辑量传感器采集

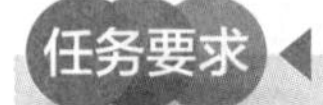

任务要求

采用温湿度传感器模块和ZigBee模块组成一个逻辑量传感器采集系统，实现温湿度传感器的采集和无线传输，并在计算机串口上显示。

任务实施

扫码观看本任务操作视频

第一步，新建工程、配置工程相关设置。

具体参照本项目中的任务2。

第二步，编写程序。

由于程序很长，此处仅对关键部分的程序进行分析。

1）sensor. c中的main函数如下。

```
1.  void main(void)
2.  {    uint16 sensor_val ,sensor_tem;
3.       uint16  len = 0;
4.       halBoardInit();                        //模块相关资源的初始化
5.       ConfigRf_Init();                       //无线收发参数的配置初始化
6.       halLedSet(1);
7.       halLedSet(2);
8.       Timer4_Init();                         //定时器初始化
9.       Timer4_On();                           //打开定时器
10.       while(1)
11.       {    APP_SEND_DATA_FLAG = GetSendDataFlag();
12.            if(APP_SEND_DATA_FLAG == 1)                     //定时时间到
13.            {    /*【传感器采集、处理】开始*/
14.          #if defined (TEM_SENSOR)                          //温湿度传感器
15.                 call_sht11(&sensor_tem,&sensor_val);       //取温湿度数据
16.                 //把采集数据转化成字符串，以便在串口上显示观察
17.                  printf_str(pTxData,"温湿度传感器，温度：%d.%d, 湿度：%d.%d\r\n",
18.                           sensor_tem/10,sensor_tem%10,sensor_val/10,sensor_val%10);
```

```
19.         #endif
20.         halLedToggle(3);                                    // 绿灯取反，无线发送指示
21.             //把数据通过ZigBee发送出去
22.             basicRfSendPacket(SEND_ADDR, pTxData,strlen(pTxData ));
23.             Timer4_On();                                    //打开定时
24.         }  /*【传感器采集、处理】结束*/
25.     } }
```

程序分析如下。

① 第14行，条件编译，用来选择温湿度传感器传感器模块功能。

② 第15行，call_sht11()函数用来读取温湿度数据。

③ 第17行，把采集的数据按格式连接成字符串写入pTxData中。

④ 第22行，把采集的数据通过ZigBee发送出去，在PC串口调试终端显示出来。

第三步，建立模块设备。

参考本项目中的任务3建立tem_sensor与collect模块。

第四步，模块连接及下载程序。

1）温湿度传感器模块。参考本项目中的任务3将温湿度传感器模块固定在NEWLab平台，选择tem_sensor模块，选择collect. c单击右键，从弹出的快捷菜单中选择Options命令，在弹出的对话框中选中Exclude from build复选框，然后单击OK按钮。重新编译程序无误后，给NEWLab平台通电，下载程序到温湿度传感器模块中。

2）协调器模块。选择collect模块，选择sensor. c单击右键，从弹出的快捷菜单中选择Options命令，在弹出的对话框中选中Exclude from build复选框，然后单击OK按钮。重新编译程序无误后，将协调器模块通过串口线连接到PC串口或者通过USB转串口线连接到PC，给协调器通电，下载程序到协调器模块中。

温湿度传感器模块与协调器模块连接图如图3-16所示。

图3-16　模块连接图

第五步，运行程序。

1）将温湿度传感器模块上电。

2）打开串口调试软件，把串口的波特率设置为38 400。根据温湿度的变化，在PC的串口调试终端上显示不同的温湿度数据，如图3-17所示。

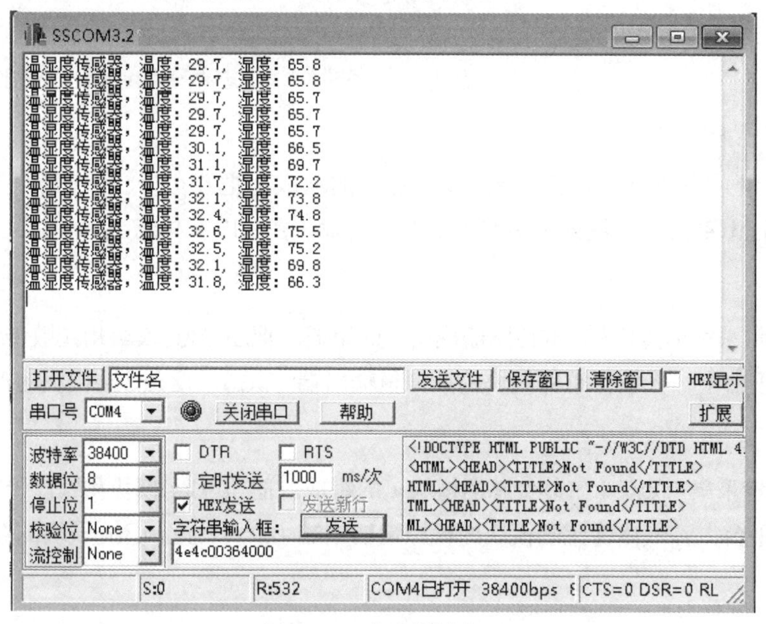

图3-17　串口调试窗口

在任务5的基础上，将温湿度传感器改为温度传感器模块，运行后观察串口调试窗口显示的数据。

任务6　基于Basic RF的无线传感网络应用

在NEWLab实训平台上，采用红外传感器模块和ZigBee模块组成开关量采集节点A；采用光敏传感器模块和ZigBee模块组成模拟量采集节点B；采用气体传感器模块和ZigBee模块组成模拟量采集节点C；采用温湿度传感器模块和ZigBee模块组成逻辑量采集节点D。A、B、C、D这4个节点实时采集传感器的信号，每隔2s将采集的传感器信号通过无线网络传给ZigBee网关模块（网关模块通过串口与PC相连），并在PC串口调试软件上显示。

扫码观看本任务操作视频

第一步，在NEWLab实验/实训平台上连接各模块，组成基于BasicRF的无线传感网络应用系统，如图3-18所示。

1）开关量采集节点A（红外传感器节点）的组成。把ZigBee模块和红外传感器模块固定到NEWLab平台上，红外传感器模块的对射输出2（J6）与ZigBee模块的IN0（J13/P1_3）相连。

2）模拟量采集节点B（光敏传感器模块）的组成。把ZigBee模块和光敏传感器模块固定到NEWLab平台上，光敏传感器模块的模拟量输出端（J6）与ZigBee模块的ADC0（J10/P1_0）相连。

3）模拟量采集节点C（气体传感器模块）的组成。把ZigBee模块和气体传感器模块固定到NEWLab平台上，气体传感器模块的模拟量输出端（J6）与ZigBee模块的ADC0（J10/P1_0）相连。

4）逻辑量采集节点D的组成。把温湿度传感器模块插入ZigBee模块的U5端口。

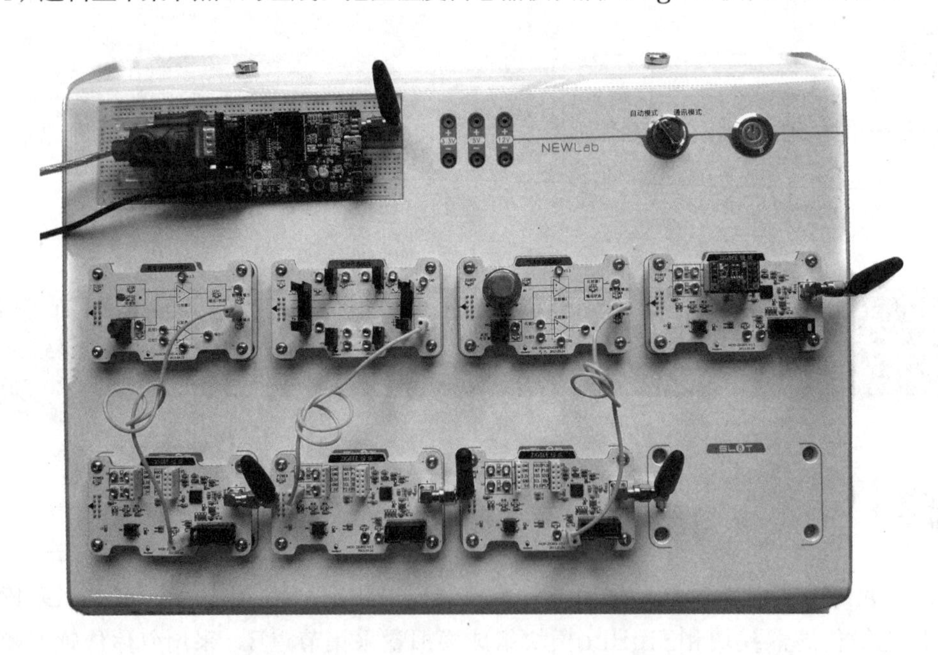

图3-18　基于BasicRF的无线传感网络应用系统

第二步，新建各传感器节点工程、配置工程相关设置。

1）选择菜单栏中的Project→Edit Configuration命令，新建gm_sensor、qt_sensor、hw_sensor、tem_sensor和collect共5个工程，如图3-19所示。

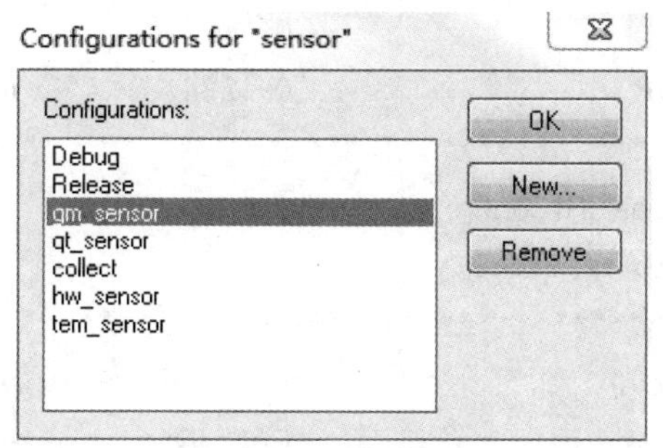

图3-19　新建工程

2）各传感器节点工程配置，具体参照本项目中的任务2。

第三步，编写各传感器节点程序。

sensor. c文件代码如下。

```
1.  #include "hal_defs.h"
2.  #include "hal_cc8051.h"
3.  #include "hal_int.h"
4.  #include "hal_mcu.h"
5.  #include "hal_board.h"
6.  #include "hal_led.h"
7.  #include "hal_rf.h"
8.  #include "basic_rf.h"
9.  #include "hal_uart.h"
10. #include "UART_PRINT.h"
11. #include "TIMER.h"
12. #include "get_adc.h"
13. #include "sh10.h"
14. #include <string.h>
15. #define MAX_SEND_BUF_LEN  128
16. #define MAX_RECV_BUF_LEN  128
17. static uint8 pTxData[MAX_SEND_BUF_LEN];          //定义无线发送缓冲区的大小
18. static uint8 pRxData[MAX_RECV_BUF_LEN];          //定义无线接收缓冲区的大小
19. #define MAX_UART_SEND_BUF_LEN  128
20. #define MAX_UART_RECV_BUF_LEN  128
21. uint8 uTxData[MAX_UART_SEND_BUF_LEN];            //定义串口发送缓冲区的大小
22. uint8 uRxData[MAX_UART_RECV_BUF_LEN];            //定义串口接收缓冲区的大小
23. uint16 uTxlen = 0;
24. uint16 uRxlen = 0;
25. /*********************点对点通信地址设置**************************************/
26. #define RF_CHANNEL                20           // 频道 11~26
27. #define PAN_ID                    0x1379       //网络ID
```

```
28. #define MY_ADDR                          0xacef          // 本机模块地址
29. #define SEND_ADDR                        0x1234          //发送地址
30. /**************************************************************************/
31. static basicRfCfg_t basicRfConfig;
32. uint8   APP_SEND_DATA_FLAG;
33. /**************************************************************************/
34. void ConfigRf_Init(void)                                 // 无线RF初始化
35. {   basicRfConfig.panId          =      PAN_ID;          //ZigBee的ID号设置
36.     basicRfConfig.channel        =      RF_CHANNEL;      //ZigBee的频道设置
37.     basicRfConfig.myAddr         =      MY_ADDR;         //设置本机地址
38.     basicRfConfig.ackRequest     =      TRUE;            //应答信号
39.     while(basicRfInit(&basicRfConfig) == FAILED);        //检测ZigBee的参数是否配置成功
40.     basicRfReceiveOn();                                  // 打开RF
41. }
42. /************************************MAIN*********************************/
43. void main(void)
44. {   uint16 sensor_val,sensor_tem;
45.     uint16  len = 0;
46.     halBoardInit();                  //模块相关资源的初始化
47.     ConfigRf_Init();                 //无线收发参数的配置初始化
48.     halLedSet(1);
49.     halLedSet(2);
50.     Timer4_Init();                   //定时器初始化
51.     Timer4_On();                     //打开定时器
52.     while(1)
53.     {   APP_SEND_DATA_FLAG = GetSendDataFlag();
54.         if(APP_SEND_DATA_FLAG == 1)              //定时时间到
55.         {
56.     #if defined (GM_SENSOR)                      //光敏传感器
57.             sensor_val=get_adc();                //取模拟电压
58.    //把采集的数据转化成字符串，以便在串口上显示观察
59.    printf_str(pTxData,"光照传感器电压：%d.%02dV\r\n",sensor_val/100,sensor_val%100);
60.     #endif
61.     #if defined (QT_SENSOR)                      //气体传感器
62.               sensor_val=get_adc();              //取模拟电压
63.     //把采集的数据转化成字符串，以便在串口上显示观察
64.     printf_str(pTxData,"气体传感器电压：%d.%02dV\r\n",sensor_val/100,sensor_val%100);
65.     #endif
66.     #if defined (HW_SENSOR)                      //红外传感器
67.               sensor_val=get_swsensor();         //取红外传感器检测结果
```

```
68.                //把采集的数据转化成字符串，以便在串口上显示观察
69.                if(sensor_val)
70.                { printf_str(pTxData,"红外传感器电平：%d\r\n",sensor_val);
71.                }
72.                else
73.                { printf_str(pTxData,"红外传感器电平：%d\r\n",sensor_val);
74.                }
75.        #endif
76.        #if defined (TEM_SENSOR)  //温湿度传感器
77.                call_sht11(&sensor_tem,&sensor_val);     //取温湿度数据
78.                //把采集的数据转化成字符串，以便在串口上显示观察
79.                printf_str(pTxData,"温湿度传感器，温度：%d.%d, 湿度：%d.%d\r\n",
80.                sensor_tem/10,sensor_tem%10,sensor_val/10,sensor_val%10);
81.       #endif
82.                halLedToggle(3);          // 绿灯取反，无线发送指示
83.                //把数据通过ZigBee发送出去
84.                basicRfSendPacket(SEND_ADDR, pTxData,strlen(pTxData ));
85.                Timer4_On();  //打开定时
86.            }  /*【传感器采集、处理】结束*/        }}
```

第四步，编写协调器程序。

```
1. #include "hal_defs.h"
2. #include "hal_cc8051.h"
3. #include "hal_int.h"
4. #include "hal_mcu.h"
5. #include "hal_board.h"
6. #include "hal_led.h"
7. #include "hal_rf.h"
8. #include "basic_rf.h"
9. #include "hal_uart.h"
10. #define MAX_SEND_BUF_LEN  128
11. #define MAX_RECV_BUF_LEN  128
12. static uint8 pTxData[MAX_SEND_BUF_LEN];          //定义无线发送缓冲区的大小
13. static uint8 pRxData[MAX_RECV_BUF_LEN];          //定义无线接收缓冲区的大小
14. #define MAX_UART_SEND_BUF_LEN  128
15. #define MAX_UART_RECV_BUF_LEN  128
16. uint8 uTxData[MAX_UART_SEND_BUF_LEN];          //定义串口发送缓冲区的大小
17. uint8 uRxData[MAX_UART_RECV_BUF_LEN];          //定义串口接收缓冲区的大小
18. uint16 uTxlen = 0;
19. uint16 uRxlen = 0;
```

```
20. /*****点对点通信地址设置******/
21. #define RF_CHANNEL          20              // 频道 11~26
22. #define PAN_ID              0x1379          //网络ID
23. #define MY_ADDR             0x1234          // 本机模块地址
24. #define SEND_ADDR           0x55aa          //发送地址
25. /**********************************************************************/
26. static basicRfCfg_t basicRfConfig;
27. /**********************************************************************/
28. void MyByteCopy(uint8 *dst, int dststart, uint8 *src, int srcstart, int len)
29. {    int i;
30.      for(i=0; i<len; i++)
31.      {    *(dst+dststart+i)=*(src+srcstart+i);    } }
32. /***********************************************************************/
33. uint16 RecvUartData(void)
34. {    uint16 r_UartLen = 0;
35.      uint8 r_UartBuf[128];
36.      uRxlen=0;
37.      r_UartLen = halUartRxLen();
38.      while(r_UartLen > 0)
39.      {    r_UartLen = halUartRead(r_UartBuf, sizeof(r_UartBuf));
40.           MyByteCopy(uRxData, uRxlen, r_UartBuf, 0, r_UartLen);
41.           uRxlen += r_UartLen;
42.           halMcuWaitMs(5); //延迟非常重要，因为串口连续读取数据时需要有一定的时间间隔
43.           r_UartLen = halUartRxLen();
44.      } return uRxlen;    }
45. /****************************无线RF初始化*********************************/
46. void ConfigRf_Init(void)
47. {    basicRfConfig.panId         =    PAN_ID;             //ZigBee的ID号设置
48.      basicRfConfig.channel       =    RF_CHANNEL;         //ZigBee的频道设置
49.      basicRfConfig.myAddr        =    MY_ADDR;            //设置本机地址
50.      basicRfConfig.ackRequest    =    TRUE;               //应答信号
51.      while(basicRfInit(&basicRfConfig) == FAILED);        //检测ZigBee的参数是否配置成功
52.      basicRfReceiveOn();                                  // 打开RF
53. }
54. /*************************MAIN START*************************************/
55. void main(void)
56. {    uint16 len = 0;
57.      halBoardInit();                      //模块相关资源的初始化
58.      ConfigRf_Init();                     //无线收发参数的配置初始化
59.      halLedSet(1);
```

```
60.        halLedSet(2);
61.        while(1)
62.        { if(basicRfPacketIsReady())                //查询有没收到无线信号
63.            {      halLedToggle(4);                  // 红灯取反，无线接收指示
64.                   //接收无线数据
65.                   len = basicRfReceive(pRxData, MAX_RECV_BUF_LEN, NULL);
66.                   //把接收到的无线发送到串口
67.                   halUartWrite(pRxData,len);
68.   }}}
```

第五步，编译、烧录程序，测试系统功能。

1）为传感器节点编译、烧录程序。

① 在Workspace栏下选择 gm_sensor，然后在预定义栏输入“GM_SENSOR”，再编译程序，无误后烧录到该模块中。

② 在Workspace栏下选择 qt_sensor，然后在预定义栏输入“QT_SENSOR”，再编译程序，无误后烧录到该模块中。

③ 在Workspace栏下选择 hw_sensor，然后在预定义栏输入“HW_SENSOR”，再编译程序，无误后烧录到该模块中。

④ 在Workspace栏下选择 tem_sensor，然后在预定义栏输入“TEM_SENSOR”，再编译程序，无误后烧录到该模块中。

2）为协调器编译、烧录程序。

3）测试系统功能，如图3-20所示。

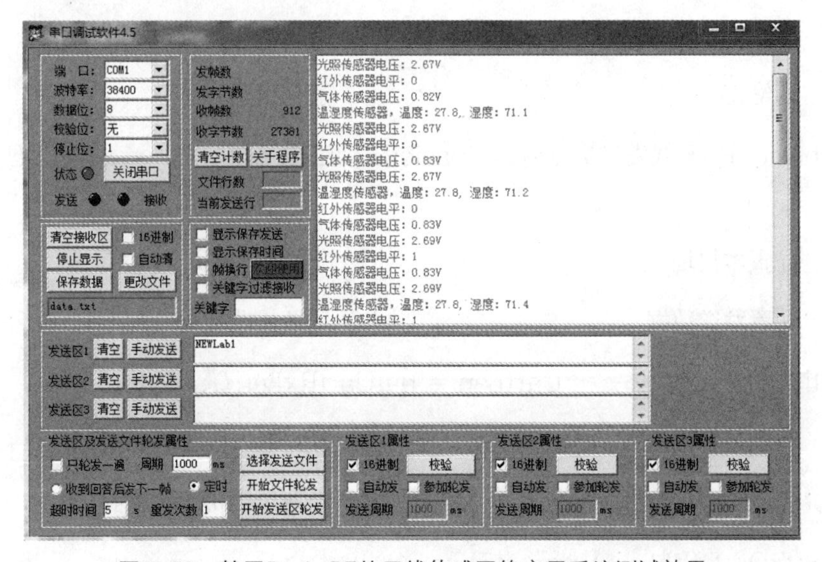

图3-20　基于Basic RF的无线传感网络应用系统测试效果

技能拓展

本任务把传感器的采集数值设置为字符串格式，以便在串口调试软件上显示，但是这不便于主控器与上位机提取传感器的采集数值，请自定义相对完整的数据协议来解决这个问题。

习题 3

一、选择题

1．下列对Basic RF描述的选项中，正确的是（　　）。

A．Basic RF软件结构包括硬件层、硬件抽象层、基本无线传输层和应用层

B．Basic RF提供协调器、路由器、终端等多种网络设备

C．Basic RF具备“多跳”“设备扫描”功能

D．Basic RF包含IEEE 802.15.4标准数据包的发送和接收，等同于Z-Stack协议栈

2．basicRfCfg_t数据结构中的panId成员是（　　）。

A．发送模块地址　　B．接收模块地址

C．网络ID　　D．通信信道

3．basicRfCfg_t数据结构中的channel成员是（　　）。

A．发送模块地址　　B．接收模块地址

C．网络ID　　D．通信信道

4．在basic RF无线发送数据时，“basicRfConfig.myAddr = SWITCH_ADDR;”的作用是（　　）。

A．配置本机地址　　B．配置发送地址

C．配置发送数据　　D．配置接收数据

5．在串口接收函数中，“r_UartLen = halUartRxLen();”的作用是（　　）。

A．得到串口接收数据的长度　　B．得到串口接收的数据

C．配置串口接收的长度　　D．配置串口接收的模式

6．“$PROJ_DIR$\ ..\inc”表示（　　）。

A．表示Workspace目录上一层的INC目录

B．表示Workspace目录下一层的INC目录

C．表示Workspace目录的INC目录

D．表示$PROJ_DIR$目录的INC目录

7．下列关于条件编译“#if defined (GM_SENSOR)……#endif”的说法中，正确的是（　　）。

A．要使条件编译有效，只有在Preprocessor选项中的Defined symbols中输入“GM_SENSOR”。

B．在程序运行时进行判断

C．在对源程序中其他语句正式编译之前进行的

D．和C程序中的其他语句同时进行编译的

8．下列说法中，正确的是（　　）。

A．#define和printf都是C语句　　B．#define是C语句，而printf不是

C．printf是C语句，但#define不是　　D．#define和printf都不是C语句

9．下列说法中，不正确的是（　　）。

A．气体传感器既可作为模拟量传感器，也可作为开关量传感器

B．光敏传感器既可作为模拟量传感器，也可作为开关量传感器

C．声音传感器只能作为开关量传感器

D．红外传感器既可作为模拟量传感器，也可作为开关量传感器

10．下列关于发送函数uint8 basicRfSendPacket(uint16 destAddr, uint8* pPayload, uint8 length)说法中，不正确的是（　　）。

A．destAddr 发送模块短地址

B．pPayload 指向发送缓冲区的指针

C．length 发送数据长度

D．发送成功则返回 SUCCESS，失败则返回 FAILED

二、问答题

1．分析basic rf、hal、utilities等文件夹中的文件的作用。

2．分析Basic RF的启动、发射、接收过程。

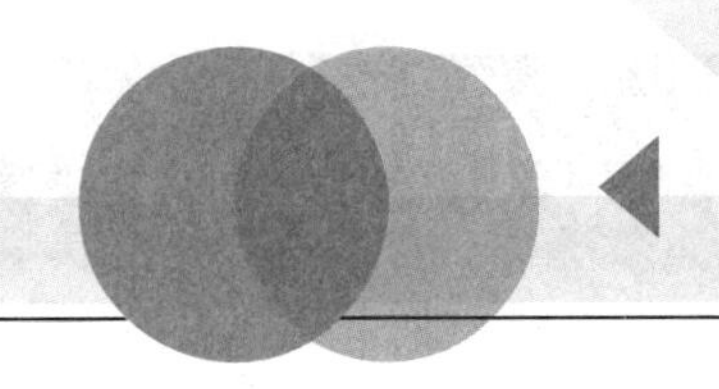

Project 4

项目4 ZigBee协议栈应用与组网

本项目通过6个由简到繁的训练任务，深入浅出地介绍了ZigBee协议栈的结构、OSAL操作系统、网络管理等内容。采用理论与实践相结合的方式，让读者灵活掌握ZigBee协议栈的点对点通信、串口透传、无线绑定、网络拓扑结构获取等方法，逐步能组建ZigBee无线传感器网络，实现无线传感器数据采集、远程监控等功能。

教学目标

知识目标	1. 掌握Z-Stack协议栈的结构、基本概念
	2. 掌握协调器、路由器、终端节点的基本概念
	3. 掌握Z-Stack协议栈实时操作系统，理解OSAL运行机理、任务调试、API函数等
	4. 掌握Z-Stack协议栈的串口、中断等接口函数
	5. 掌握单播、组播和广播基本原理与基本概念
	6. 掌握Z-Stack协议栈的LED和KEY驱动函数的工作原理
	7. 掌握Z-Stack协议栈的绑定工作原理
	8. 了解Z-Stack协议栈的网络地址分配机制，掌握Z-Stack协议栈的网络管理
技能目标	1. 能熟练使用IAR软件、NEWLab平台
	2. 能熟练安装与使用Z-Stack、Z-Sensor Mintor、Packet Sniffer等软件
	3. 在Z-Stack协议栈中，能熟练添加新事件、新任务
	4. 能熟练实现ZigBee无线网络的点对点通信、串口通信、串口透传、绑定等
	5. 能获取网络拓扑结构、ZigBee无线网络的传感器数据采集与远程监控
	6. 能采用周期事件循环采集、发送数据
	7. 熟练Z-Stack协议栈的各层文件，尤其是应用与驱动层的文件
素质目标	1. 逐步掌握软件编程规范、项目文件管理方法
	2. 逐步掌握结构体、共用体类型，习惯采用这些类型封装数据包
	3. 逐步养成项目组员之间的沟通、讨论习惯

任务1　基于Z-Stack的点对点通信

任务要求

采用两个ZigBee模块，一个作为协调器（ZigBee节点1），另一个作为终端节点或路由器（ZigBee节点2）。ZigBee节点2发送“NEWLab”这6个字符，ZigBee节点1收到数据后，对接收到的数据进行判断，如果收到的数据正确，则使ZigBee节点1的LED2闪烁；如果不正确，则点亮ZigBee节点1的LED2。数据传输模型如图4-1所示。

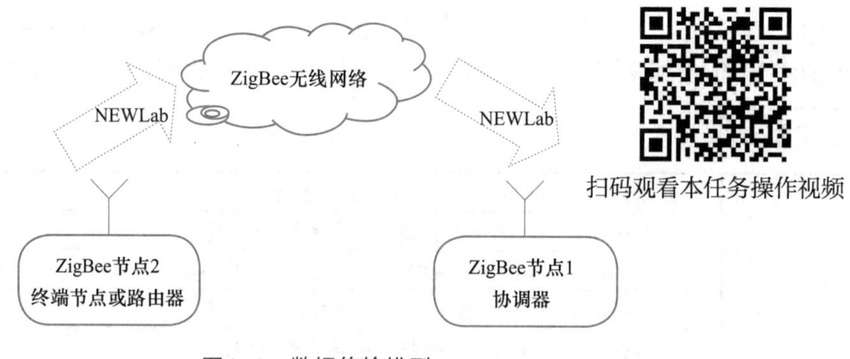

图4-1　数据传输模型

知识链接

Z-Stack协议栈

TI公司推出CC253×射频芯片的同时，还向用户提供了ZigBee的Z-Stack协议栈，这是经过ZigBee联盟认可，并被全球很多企业广泛采用的一种商业级协议栈。Z-Stack协议栈中包括一个小型操作系统（抽象层OSAL），该操作系统负责系统的调度，其中大部分代码被封装在库代码中，对用户不可见。对于用户来说，只能使用API来调用相关库函数。IAR公司开发的IAR Embedded Workbench for 8051软件可以作为Z-Stack协议栈的开发环境。

1．Z-Stack协议栈结构

Z-Stack协议栈由物理层（PHY）、介质访问控制层（MAC）、网络层（NWK）和应用层（APS）组成，如图4-2所示。其中应用层包括应用程序支持子层、应用程序框架和ZigBee设备对象（ZDO）。在协议栈中，上层实现的功能对下层来说是未知的，上层可以调用下层提供的函数来实现某些功能。

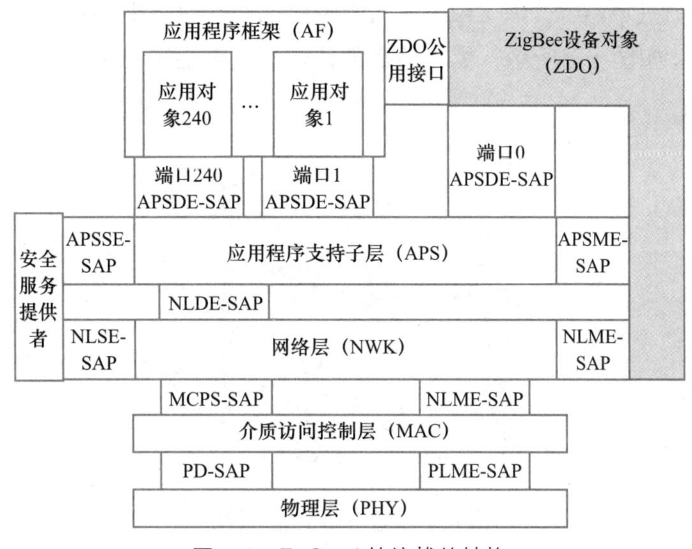

图4-2　Z-Stack协议栈的结构

（1）物理层（PHY）

物理层负责将数据通过天线发送出去，以及从天线上接收数据。

（2）介质访问控制层（MAC）

介质访问控制层提供点对点通信的数据确认，以及一些用于网络发现和网络形成的命令，但是介质访问控制层不支持多跳、网形网络等拓扑结构。

（3）网络层（NWK）

网络层主要是对网形网络提供支持，如在全网范围内发送广播包，为单播数据包选择路由，确保数据包能够可靠地从一个节点发送到另一个节点。此外，网络层还具有安全特性——用户可以自行选择所需要的安全策略。

（4）应用层（APS）

1）应用程序支持子层主要提供一些API函数供用户调用。此外，绑定表也是存储在应用程序支持子层。

2）应用程序框架最多包括240个应用程序对象，每个应用程序对象运行在不同的端口上。因此，端口的作用是区分不同的应用程序对象。

3）ZigBee设备对象是运行在端口0的应用程序，用于实现对整个ZigBee设备的配置和管理，用户应用程序可以通过端口0与ZigBee协议栈的应用程序支持子层、网络层进行通信，从而实现对这些层的初始化工作。

2．Z-Stack协议栈的基本概念

（1）设备类型

在ZigBee网络中存在3种设备类型：协调器（Coordinator）、路由器（Router）

和终端设备（End-Device）。ZigBee网络中只能有一个协调器，但可以有多个路由器和多个终端设备。如图4-3所示，黑色节点为协调器，灰色节点路由器，白色节点为终端设备。

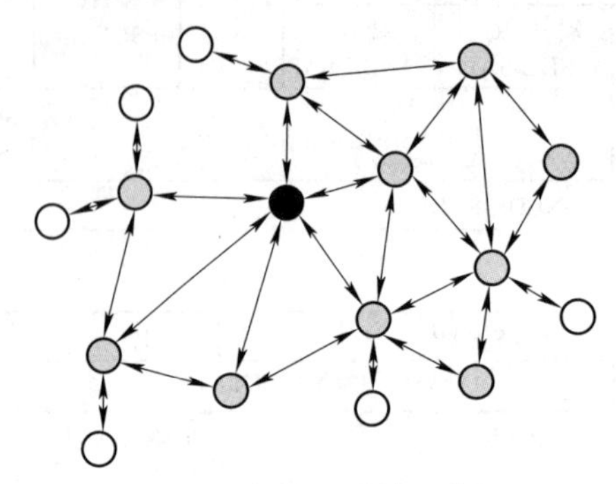

图4-3　ZigBee网络示意图

1）协调器的作用。

① 协调器是每个独立的ZigBee网络中的核心设备，负责选择一个信道和一个网络ID（也称PAN ID），启动整个ZigBee网络。

② 协调器的主要作用是负责建立和配置网络。由于ZigBee网络本身的分布特性，一旦ZigBee网络建立完成，整个网络的操作就不再依赖协调器，与普通的路由器没有什么区别。

2）路由器的作用。

① 允许其他设备加入网络，多跳路由协助终端设备通信。

② 一般情况下，路由器需要一直处于工作状态，必须使用电力电源供电。但是当使用树形网络拓扑结构时，允许路由器间隔一定的周期操作一次，故此时路由器可以使用电池供电。

【例4-1】试举例分析协调器与路由器在ZigBee网络中的关系。

解：在协调器完成网络组建之后，再为一个路由器通电（该路由器的ZDAPP_CONFIG_PAN_ID被配置为0x1235），在这种情况下，该路由只能加入NETWORK ID为0x1235的网络中。即使该网络中只存在NETWORK ID为0x1234的A网络的设备，该路由器也不会加入A网络中，它将一直处于网络搜寻状态，直至找到NETWORK ID为0x1235的路由设备，并将其加入该网络中。

若网络B中有NETWORK ID为0x1235的一个路由和一个协调器，则它们必定是可以直接通信的。如果把协调器关闭再打开（复位），则待协调器再次组建好网络之后却发现协调器和路由不能通信了，这是为什么？—— 我们知道，协调器再次上电之后还是要组建网络的，当它搜寻周围网络环境发现了NETWORK ID为0x1235的路由，那么它“意识”到存在

NETWORK ID为0x1235的网络，那么它将不会使用0x1235作为NETWORK ID，很可能它组建了NETWORK ID为0x1236的新网络C，因此也就不能和NETWORK ID为0x1235的路由通信了。

3）终端设备（终端节点）的作用。

① 终端设备是ZigBee实现低功耗的核心，它的入网过程和路由器是一样的。终端设备没有维持网络结构的职责，所以它并不是时刻都处在接收状态（大部分情况下它都将处于IDLE或者低功耗休眠模式），因此，它可以由电池供电。

② 终端设备会定时同自己的父节点进行通信，“询问”是否有发给自己的消息，这个过程被形象地称为“心跳”。心跳周期也是在f8wConfig. cfg里配置的，即-DPOLL_RATE=1000。Zstack默认的心跳周期为1000ms，终端节点每1s会同自己的父节点进行一次通信，处理属于自己的信息。因此，终端的无线传输是有一定延迟的。对于终端节点来说，它在网络中的生命依赖于父节点，当终端的父节点由于某种原因失效时，终端能够“感知”并脱离网络，然后开始搜索周围NETWORK ID相同的路由器或协调器，重新加入网络，并将该设备认作为新的父节点，保证自身无线数据收发的正常进行。

（2）信道

ZigBee采用的是免执照的工业科学医疗（Industrial Seientific and Medieal，ISM）频段，所以ZigBee使用了3个频段，它们分别为868MHz（欧洲）、915MHz（美国）和2. 4GHz（全球）。

因此，ZigBee共定义了27个物理信道。其中，868MHz频段定义了一个信道；915MHz频段附近定义了10个信道，信道间隔为2MHz；2. 4GHz频段定义了16个信道，信道间隔为5MHz。具体信道分配见表4-1。

表4-1 ZigBee信道分配

信道编号	中心频率/MHz	信道间隔/MHz	频率上限/MHz	频率下限/MHz
k=0	868.3		868.6	868.0
k=1,2,3⋯，10	906+2×（k−1）	2	928.0	902.0
k=11,12,13⋯，26	2401+5×（k−11）	5	2483.5	2400.0

理论上，在868MHz的物理层，数据传输速率为20Kbit/s；在915MHz的物理层，数据传输速率为40Kbit/s；在2. 4GHz的物理层，数据传输速率为250Kbit/s。实际上，除去信道竞争应答和重传等消耗，真正能被应用所利用的速率可能不足100Kbit/s，且余下的速率可能要被临近多个节点和同一个节点的应用瓜分。

注意：ZigBee工作在2. 4GHz频段时，与其他通信协议的信道有冲突—— 15、20、25、

26信道与Wi-Fi信道冲突较小；蓝牙基本不会冲突；无绳电话尽量不与ZigBee同时使用。

（3）PAN ID

PAN ID的全称是Personal Area Network ID，一个网络只有一个PAN ID，主要用于区分不同的网络，从而允许同一地区可以同时存在多个不同PAN ID的ZigBee网络。

3. 下载并安装Z-Stack协议栈

ZigBee协议栈有很多版本，不同厂商提供的ZigBee协议栈有一定的区别，本书选用TI公司推出的ZStack-CC2530-2.5.1a版本。用户可登录TI公司的官方网站下载，然后安装使用。另外，Z-Stack需要在IAR Assembler for 8051 8.10.1版本上运行。

双击ZStack-CC2530-2.5.1a.exe文件，即可进行协议栈的安装，如图4-4所示，默认安装到C盘根目录下。

图4-4 Z-Stack安装

安装完成后，C:\Texas Instruments\ZStack-CC2530-2.5.1a目录出现4个文件夹，分别是Documents、Projects、Tools和Components。

1）Documents文件夹。该文件夹内有很多PDF文档，主要是对整个协议栈的说明。用户可以根据需要进行查阅。

2）Projects文件夹。该文件夹内有用于Z-Stack功能演示的各个项目的例程，可供用户在这些例程的基础上进行开发。

3）Tools文件夹。该文件夹内有TI公司提供的一些工具。

4）Components文件夹。Components是一个非常重要的文件夹，其中包括多个子文件夹，内含Z-Stack协议栈的各个功能函数，具体如下。

①hal文件夹。为硬件平台的抽象层。

② mac文件夹。其中包括IEEE 802.15.4物理协议所需要的头文件（TI公司没有给出这部分的具体源代码，而是以库文件的形式存在）。

③ mt文件夹。其中包括Z-tools调试功能所需要的源文件。

④ osal文件夹。其中包括操作系统抽象层所需要的文件。

⑤ services文件夹。其中包括Z-Stack提供的两种服务所需要的文件，即寻址服务和数据服务。

⑥ stack文件夹。这是Components文件夹最核心的部分，是ZigBee协议栈的具体实现部分，该文件夹，包括7个文件夹，分别是“af”（应用框架）、“nwk”（网络层）、“sapi”（简单应用接口）、“sec”（安全）、“sys”（系统头文件）、“zcl”（ZigBee簇库）和“zdo”（ZigBee设备对象）。

⑦ zmac文件夹。其中包括Z-Stack MAC导出层文件。

Z-Stack中核心部分的代码都是编译好的，以库文件的形式给出，如安全模块、路由模块、Mesh自组网模块等。若要获得这部分的源代码，可以向TI公司购买。TI公司提供的Z-Stack代码并非人们理解的“开源”，而是仅仅提供了Z-Stack开发平台。用户可以在Z-Stack的基础上进行项目开发，根本无法看到有些函数的源代码。

第一步，打开Z-Stack的SampleApp.eww工程。

在“C:\Texas Instruments\ZStack-CC2530-2.5.1a\Projects\zstack\Samples\SampleApp\CC2530DB”目录下找到SampleApp.eww工程，如图4-5所示。

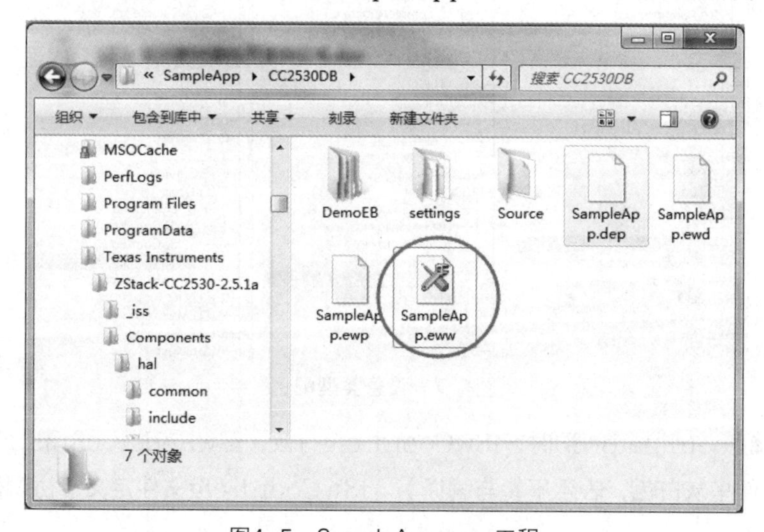

图4-5 SampleApp.eww工程

打开该工程后，可以看到SampleApp. eww工程的文件布局，如图4-6所示。

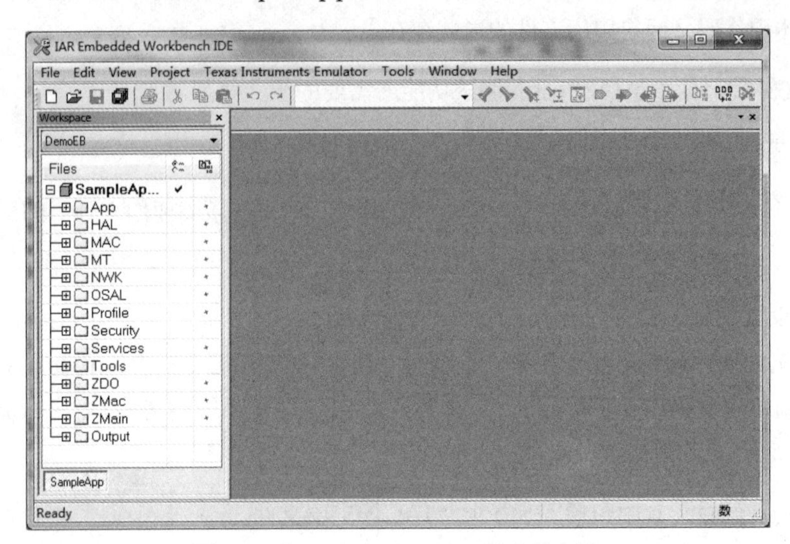

图4-6 SampleApp.eww工程文件布局

第二步，分析设备类型和基本配置。

在Workspace栏中，有DemoEB（表示测试项目）、CoordinatorEB（表示协调器）、RouterEB（表示路由器）和EndDeviceEB（表示终端节点）4个选项，此处主要分析后三者。

1）Z-Stack协议栈如何配置设备类型。在Workspace栏中，分别选择CoordinatorEB、RouterEB和EndDeviceEB，可以发现Tool文件夹的变化，如图4-7所示。

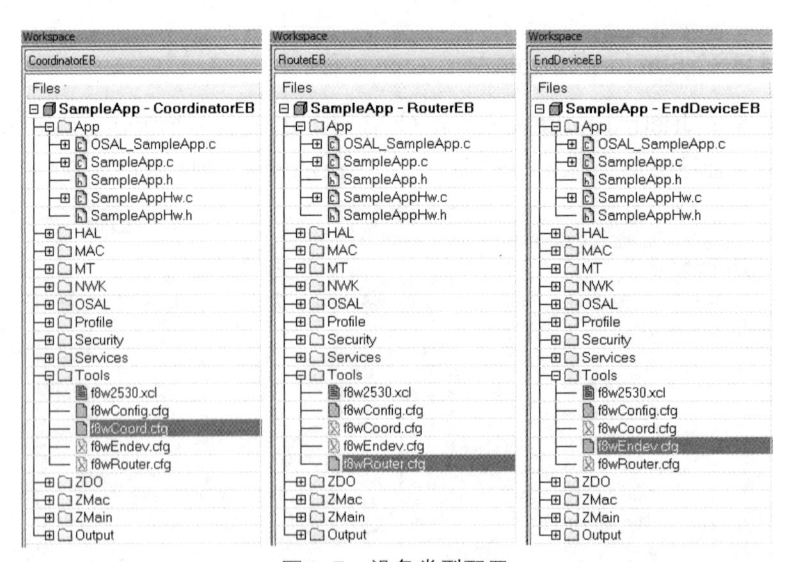

图4-7 设备类型配置

① 当选择CoordinatorEB时，f8wCoord. cfg有效，f8wEndev. cfg和f8wRouter. cfg文件无效（文件呈灰白色，表示不参与编译）。f8wCoord. cfg文件定义了协调器设备类型，具体代码如下:

```
1.  /* Coordinator Settings */
2.  -DZDO_COORDINATOR                    // Coordinator Functions
3.  -DRTR_NWK                            // Router Functions
```

程序分析：协调器首先负责建立一个新的网络，一旦网络建立，该设备的作用就等同于一个路由器，所以协调器有双重功能。

② 当选择RouterEB时，f8wRouter. cfg有效，f8wEndev. cfg和f8wCoord. cfg文件无效。f8wRouter. cfg文件定义了路由器设备类型，具体代码如下：

```
1.  /* Router Settings */
2.  -DRTR_NWK                 // Router Functions
```

③ 当选择EndDeviceEB时，f8wEndev. cfg有效，f8wRouter. cfg和f8wCoord. cfg文件无效。f8wEndev. cfg文件默认配置终端节点设备类型。

2）硬件和相关网络配置。

① f8w2530. xcl文件对CC2530单片机的堆栈、内存进行分配了，一般不需要修改。

② f8wConfig. cfg文件对信道选择、网络号ID等有关的链接命令进行配置。例如，

```
1.      /* Default channel is Channel 11 - 0x0B */
2.      // Channels are defined in the following:
3.      //          0       : 868 MHz       0x00000001
4.      //          1 - 10  : 915 MHz       0x000007FE
5.      //         11 - 26  : 2.4 GHz       0x07FFF800
6.      //-DMAX_CHANNELS_868MHZ     0x00000001
7.      //-DMAX_CHANNELS_915MHZ     0x000007FE
8.      //-DMAX_CHANNELS_24GHZ      0x07FFF800
9.      -DDEFAULT_CHANLIST=0x00000800   // 11 - 0x0B
10.      /* Define the default PAN ID.*/
11.      -DZDAPP_CONFIG_PAN_ID=0xFFFF
```

程序分析：上述代码定义了建立网络的信道为11（默认），即从11信道上建立ZigBee网络。第11行代码定义了ZigBee网络的网络ID号。因此，如果要建立其他信道或网络ID号，那么就可以在此修改。

第三步，编写协调器程序。

1）移除SampleApp工程中的文件。将SampleApp工程中的SampleApp. h移除，移除方法为：选择SampleApp. h，单击鼠标右键，在弹出的快捷菜单中选择Remove命令，如图4-8所示。

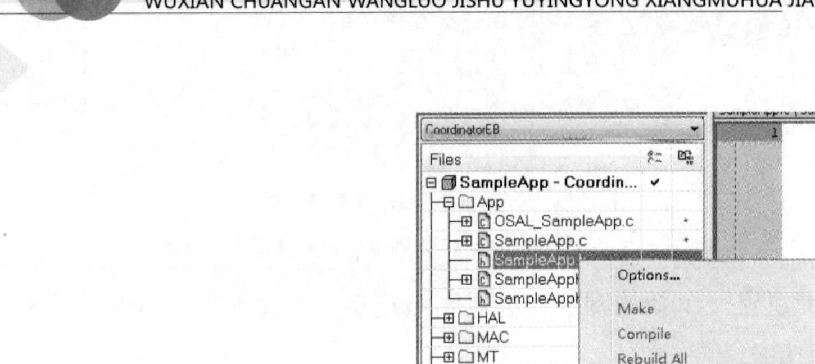

图4-8　移除SampleApp.h

按照上面的方法移除SampleApp. c、SampleAppHw. c及SampleApphw. h。

2）添加源文件。单击Files，在弹出的下拉菜单中依次选择New→File命令，将文件保存为Coordinator. h，然后以同样的方法新建Coordinator. c和Enddevice. c文件，文件的保存路径为“C:\Texas Instruments\ZStack-CC2530-2. 5. 1a\Projects\zstack\Samples\SampleApp\Source”。

选择SampleApp工程中的App，单击鼠标右键，在弹出的快捷菜单中依次选择Add命令→Add Files命令，选择刚才新建的3个文件（Coordinator. h、Coordinator. c及Enddevice. c）即可。

3）编写Coordinator. h程序。在Coordinator. h文件中输入以下代码：

```
1.  #ifndef  SAMPLEAPP_H
2.  #define  SAMPLEAPP_H
3.  #include "ZComDef.h"
4.  #define  SAMPLEAPP_ENDPOINT            20
5.  #define  SAMPLEAPP_PROFID              0x0F08
6.  #define  SAMPLEAPP_DEVICEID            0x0001
7.  #define  SAMPLEAPP_DEVICE_VERSION      0
8.  #define  SAMPLEAPP_FLAGS               0
9.  #define  SAMPLEAPP_MAX_CLUSTERS        2
10. #define  SAMPLEAPP_PERIODIC_CLUSTERID 1
11. extern void SampleApp_Init( uint8 task_id );
12. extern UINT16 SampleApp_ProcessEvent( uint8 task_id, uint16 events );
13. #endif
```

程序分析：Coordinator. h文件中的代码都是从SampleApp. h文件复制得到的。

4）编写Coordinator. c程序。在Coordinator. c中输入以下代码：

```
1.  #include "OSAL.h"
2.  #include "ZGlobals.h"
3.  #include "AF.h"
4.  #include "ZDApp.h"
5.  #include "Coordinator.h"
6.  #include "OnBoard.h"
7.  #include "hal_lcd.h"
8.  #include "hal_led.h"
9.  #include "hal_key.h"
10. const cId_t SampleApp_ClusterList[SAMPLEAPP_MAX_CLUSTERS] =
11. {  SAMPLEAPP_PERIODIC_CLUSTERID
12. };
13. //用来描述一个ZigBee设备节点，称为简单设备描述符
14. const SimpleDescriptionFormat_t SampleApp_SimpleDesc =
15. { SAMPLEAPP_ENDPOINT,
16.   SAMPLEAPP_PROFID,
17.   SAMPLEAPP_DEVICEID,
18.   SAMPLEAPP_DEVICE_VERSION,
19.   SAMPLEAPP_FLAGS,
20.   SAMPLEAPP_MAX_CLUSTERS,
21.   (cId_t *)SampleApp_ClusterList,
22.   0,
23.   (cId_t *)NULL
24. };
25. endPointDesc_t SampleApp_epDesc;          //节点描述符
26. uint8 SampleApp_TaskID;                    //任务优先级
27. uint8 SampleApp_TransID;                   //数据发送序列号
28. void SampleApp_MessageMSGCB( afIncomingMSGPacket_t *pckt );//声明消息处理函数
29. /*******************************任务初始化函数*******************************/
30. void SampleApp_Init( uint8 task_id )
31. { SampleApp_TaskID = task_id;
32.   SampleApp_TransID = 0;
33.   SampleApp_epDesc.endPoint = SAMPLEAPP_ENDPOINT;
34.   SampleApp_epDesc.task_id = &SampleApp_TaskID;
35.   SampleApp_epDesc.simpleDesc = (SimpleDescriptionFormat_t *)&SampleApp_SimpleDesc;
36.   SampleApp_epDesc.latencyReq = noLatencyReqs;
37.   afRegister( &SampleApp_epDesc );
38. }
39. /*********************Sample Application工程事件处理函数*********************/
40. uint16 SampleApp_ProcessEvent( uint8 task_id, uint16 events )
41. { afIncomingMSGPacket_t *MSGpkt;    //定义了一个指向接收消息结构体的指针MSGpkt
```

```
42.   if ( events & SYS_EVENT_MSG )
43.   { MSGpkt = (afIncomingMSGPacket_t *)osal_msg_receive( SampleApp_TaskID );
44.     while ( MSGpkt )
45.     { switch ( MSGpkt->hdr.event )
46.       {    case AF_INCOMING_MSG_CMD:
47.                SampleApp_MessageMSGCB( MSGpkt );
48.                break;
49.            default:
50.                break;
51.       }
52.       osal_msg_deallocate( (uint8 *)MSGpkt );
53.       MSGpkt = (afIncomingMSGPacket_t *)osal_msg_receive( SampleApp_TaskID );
54.     }
55.     return (events ^ SYS_EVENT_MSG);        //返回未处理的事件
56.   }
57.   return 0;                                 //丢弃未知的事件
58. }
59. /****************** AF_INCOMING_MSG_CMD事件处理函数**********************/
60. void SampleApp_MessageMSGCB( afIncomingMSGPacket_t *pkt )
61. { unsigned char buffer[6]=" ";
62.   switch ( pkt->clusterId )
63.   {    case SAMPLEAPP_PERIODIC_CLUSTERID:
64.        osal_memcpy(buffer,pkt->cmd.Data,6); //将接收到的数据复制到缓冲区buffer中
65.   //判断接收到的数据是不是“NEWLab”这6个字符
66. if((buffer[0]=='N')||(buffer[1]=='E')||(buffer[2]=='W')||(buffer[3]=='L')||(buffer[4]=='a')||(buffer[5]=='b'))
67.       { HalLedBlink( HAL_LED_2, 0, 50, 500 ); //若是“NEWLab”这6个字符，则使LED2闪烁
68.       }
69.       else
70.       { HalLedSet( HAL_LED_2,HAL_LED_MODE_ON);
                                        //若不是“NEWLab”这6个字符，则点亮LED2
71.       }
72.       break;
73.   }
74. }
```

程序分析：Coordinator.c文件中的大部分代码是从SampleApp.c文件复制得到的，头文件需要将#include "SampleApp.h"与#include "SampleAppHw.h"替换为#include "Coordinator.h"，即上述代码的第5行。

① 第10～13行，SAMPLEAPP_MAX_CLUSTERS是在SampleApp.h文件中定义的宏，这主要是为了与协议栈里数据的定义格式保持一致，下面代码中的常量都是以宏定义的形

式实现的。

② 第31行，初始化了任务优先级（任务优先级由协议栈的操作系统OSAL分配）。

③ 第32行，将发送数据包的序号初始化为0，在ZigBee协议栈中，每发送一个数据包，该发送序号自动加1（协议栈里面的数据发送函数会自动完成该功能），因此，在接收端可以通过查看接收数据包的序号来计算丢包率。

④ 第33～36行，对节点描述符进行初始化。初始化格式较为固定，一般不需要修改。

⑤ 第37行，使用afRegister函数对节点描述符进行注册，只有注册以后，才可以使用OSAL提供的系统服务。

⑥ 第43行，使用osal_msg_receive函数从消息队列上接收消息，该消息中包含了指向接收到的无线数据包的指针。

⑦ 第46行，对接收到的消息进行判断，如果接收到了无线数据，则调用第47行的函数对数据进行相应的处理。

⑧ 第52行，处理完接收到的消息后，就需要释放消息所占据的存储空间，因为在ZigBee协议栈中，接收到的消息是存放在堆上的，所以需要调用osal_msg_deallocate函数将其占据的堆内存释放，否则容易引起“内存泄漏”。

⑨ 第53行，处理完一个消息后，再从消息队列时接收消息，然后对其进行相应的处理，直到所有消息都处理完为止。

5）修改OSAL_SampleApp. c文件。将#include "SampleApp. h"注释掉，然后添加#include "Coordinator. h"即可。

6）设置Enddevice. c文件不参与编译。在Workspace下面的下拉列表框中选择CoordinatorEB，然后选择Enddevice. c文件单击鼠标右键，在弹出的快捷菜单中选择Options命令，在弹出的对话框中选择Exclude from build，使得Enddevice. c文件呈灰白显示状态。文件呈灰白显示状态说明该文件不参与编译，ZigBee协议栈正是使用这种方式控制源文件是否参与编译。

第四步，编写终端节点程序。

在Workspace下面的下拉列表框中选择EndDeviceEB，设置Coordinator. c文件不参与编译。在Enddevice. c文件中输入如下代码：

```
1.  #include "OSAL.h"
2.  #include "ZGlobals.h"
3.  #include "AF.h"
4.  #include "ZDApp.h"
5.  #include "Coordinator.h"
```

```
6.  #include "OnBoard.h"
7.  #include "hal_lcd.h"
8.  #include "hal_led.h"
9.  #include "hal_key.h"
10. const cId_t SampleApp_ClusterList[SAMPLEAPP_MAX_CLUSTERS] =
11. {   SAMPLEAPP_PERIODIC_CLUSTERID
12. };
13. //用来描述一个ZigBee设备节点，与Coordinator.c文件中的定义格式一致
14. const SimpleDescriptionFormat_t SampleApp_SimpleDesc =
15. {   SAMPLEAPP_ENDPOINT,
16.   SAMPLEAPP_PROFID,
17.   SAMPLEAPP_DEVICEID,
18.   SAMPLEAPP_DEVICE_VERSION,
19.   SAMPLEAPP_FLAGS,
20.   0,
21.   (cId_t *)NULL,
22.   SAMPLEAPP_MAX_CLUSTERS,
23.   (cId_t *)SampleApp_ClusterList
24. };
25. endPointDesc_t SampleApp_epDesc;  //节点描述符
26. uint8 SampleApp_TaskID;                //任务优先级
27. uint8 SampleApp_TransID;               //数据发送序列号
28. devStates_t SampleApp_NwkState;    //保存节点状态
29. void SampleApp_SendPeriodicMessage( void );   //声明数据发送函数
30. /******************************任务初始化函数*******************************/
31. void SampleApp_Init( uint8 task_id )
32. {  SampleApp_TaskID = task_id;                    //初始化任务优先级
33.   SampleApp_NwkState = DEV_INIT;                  //设备状态初始化
34.   SampleApp_TransID = 0;                          //将发送数据包的序列号初始化为0
35.   //对节点描述符进行初始化
36.   SampleApp_epDesc.endPoint = SAMPLEAPP_ENDPOINT;
37.   SampleApp_epDesc.task_id = &SampleApp_TaskID;
38.   SampleApp_epDesc.simpleDesc = (SimpleDescriptionFormat_t *)
                                  &SampleApp_SimpleDesc;
39.   SampleApp_epDesc.latencyReq = noLatencyReqs;
40.   afRegister( &SampleApp_epDesc );//使用afRegister函数将节点描述符进行注册
41. }
42. /**************************Sample Application工程事件处理函数*****************/
43. uint16 SampleApp_ProcessEvent( uint8 task_id, uint16 events )
44. { afIncomingMSGPacket_t *MSGpkt;
45.   if ( events & SYS_EVENT_MSG )
```

```
46.   { MSGpkt = (afIncomingMSGPacket_t *)osal_msg_receive( SampleApp_TaskID );
47.     while ( MSGpkt )
48.     { switch ( MSGpkt->hdr.event )
49.       { //收到网络中设备状态有变化时
50.         case ZDO_STATE_CHANGE:
51.           SampleApp_NwkState = (devStates_t)(MSGpkt->hdr.status); //读取节点的设备类型
52.           if ( (SampleApp_NwkState == DEV_END_DEVICE) )
53.           {  SampleApp_SendPeriodicMessage();
54.           }
55.           break;
56.         default:
57.           break;
58.       }
59.       osal_msg_deallocate( (uint8 *)MSGpkt );
60.       MSGpkt = (afIncomingMSGPacket_t *)osal_msg_receive( SampleApp_TaskID );
61.     }
62.     return (events ^ SYS_EVENT_MSG);
43.   }
64.   return 0;
65. }
66. /*************************发送信息函数***********************************/
67. void SampleApp_SendPeriodicMessage( void )
68. { unsigned char theMessageData[6] = "NEWLab";
69.   afAddrType_t  my_DstAddr;
70.   my_DstAddr.addrMode=(afAddrMode_t)Addr16Bit;
71.   my_DstAddr.endPoint=SAMPLEAPP_ENDPOINT; //初始化端口号
72.   my_DstAddr.addr.shortAddr=0x0000;
73.   AF_DataRequest(&my_DstAddr,&SampleApp_epDesc,SAMPLEAPP_PERIODIC_CLUSTERID
,6,theMessageData,&SampleApp_TransID,AF_DISCV_ROUTE, AF_DEFAULT_RADIUS);
74.   HalLedBlink(HAL_LED_2,0,50,500);
75. }
```

程序分析：Enddevice. c文件中的大部分代码是从SampleApp. c文件复制得到的，头文件与Coordinator. c一致。

① 第33行，将设备状态初始化为DEV_INIT，表示该节点没有连接到ZigBee网络。

② 第52行，对节点设备类型进行判断，如果是终端节点（设备类型码为DEV_END_DEVICE），则再执行53行代码，实现无线数据发送。

③ 第68行，定义了一个数组theMessageData，用于存放要发送的数据。

④ 第69行，定义了一个afAddrType_t类型的变量my_DstAddr，因为数据发送函数

AF_DataRequest的第一个参数就是这种类型的变量。

⑤ 第70行，将发送地址模式设置为单播（Addr16Bit表示单播）。

⑥ 第72行，在ZigBee网络中，协调器的网络地址是固定的，为0×0000，因此，向协调器发送时，可以直接指定协调器的网络地址。

⑦ 第73行，调用数据发送函数AF_DataRequest进行无线数据的发送。

⑧ 第74行，调用HalLedBlink函数，使终端节点的LED2闪烁。

第五步，修改hal_board_cfg. h。

当协调器建立网络后，有终端节点加入网络，Z-Stack协议栈默认设置ZigBee模块的第三个灯会点亮，但ZigBee模块只有LED1和LED2灯，连接灯对应的是LED1灯（P1_0），通信灯对应的是LED2灯（P1_1），此处需要根据ZigBee模块修改hal_board_cfg. h文件。

在HAL目录下的“Target\CC2530EB\Config”中打开hal_board_cfg. h文件，找到以下代码：

```
1.  /* 1 – Green */
2.  #define LED1_BV           BV(2)          //BV(0)
3.  #define LED1_SBIT         P1_2           //P1_0
4.  #define LED1_DDR          P1DIR
5.  #define LED1_POLARITY     ACTIVE_HIGH
6.  #if defined (HAL_BOARD_CC2530EB_REV17)
7.    /* 2 – Red */
8.    #define LED2_BV         BV(1)
9.    #define LED2_SBIT       P1_1
10.   #define LED2_DDR        P1DIR
11.   #define LED2_POLARITY   ACTIVE_HIGH
12.   /* 3 – Yellow */
13.   #define LED3_BV         BV(0)          //BV(4)
14.   #define LED3_SBIT       P1_0           //P1_4
15.   #define LED3_DDR        P1DIR
16.   #define LED3_POLARITY   ACTIVE_HIGH
17. #endif
```

程序分析：将第2行代码的BV (0) 改为BV (2)，第3行的P1_0改为P1_2，第13行的BV (4) 改为BV (0)，第14行的P1_4改为P1_0，后面的实训做相同的修改。

第六步，下载程序、运行。

1）在NEWLab平台上搭建点对点通信系统。将两块ZigBee模块放置在NEWLab平台，然后上电。

2）编译、下载程序。在Workspace下面的下拉列表框中选择CoordinatorEB，把协调器程序下载到ZigBee模块1中；再在Workspace下面的下拉列表框中选择EndDeviceEB，把终端节点程序分别下载到另一个ZigBee模块2中。几秒钟后，会发现终端节点与协调器的LED1连接灯点亮，LED2灯闪烁，这说明协调器已经收到终端节点发送的数据。

技能拓展

在该任务的基础上增加功能，具体要求是：当协调器（ZigBee节点1）收到终端节点或路由器（ZigBee节点2）发送的信息时，反馈一个信息给ZigBee节点2，若信息正确，则使ZigBee节点2的LED2闪烁；若不正确，则点亮LED2。

任务2 基于Z-Stack的串口通信

任务要求

搭建ZigBee模块与PC的串口通信系统，要求ZigBee模块每隔5s向串口发送“Hello NEWLab!”，并在PC上的串口调试软件上实时显示相应信息。另外，增加一个应用层新任务——由PC端发送字符“1”和“2”，进而控制ZigBee模块中LED2灯的开与关。

知识链接

扫码观看本任务操作视频

Z-Stack协议栈实时操作系统

Z-Stack协议栈是基于一个轮转查询式操作系统，该操作系统名为“操作系统抽象层（Operating System Abstraction Layer，OSAL）。Z-Stack协议栈将底层、网络层等复杂部分屏蔽掉，让程序员通过API函数就可以轻松地开发一套ZigBee系统。

1．OSAL术语介绍

操作系统（Operating System，OS）看似很复杂，其实只要做几个实训项目，就会很快掌握整个OSAL的工作原理，下面先了解几个关键的操作系统术语。

（1）资源（Resource）

任务所占用的实体都可以称为资源，如一个变量、数组、结构体等。

（2）共享资源（Shared Resource）

至少可以被两个任务使用的资源称为共享资源，为了防止共享资源被破坏，每个任务在操作共享资源时，必须保证是独占该资源。

（3）任务（Task）

任务又称线程，是一个简单程序的执行过程。在任务设计时，需要将问题尽可能地分为多个任务，每个任务独立完成某种功能，同时被赋予一定的优先级，拥有自己的CPU寄存器和堆栈空间。一般将任务设计为一个无限循环。

（4）多任务运行（Muti-task Running）

CPU采用任务调度的方法运行多个任务，例如，有10个任务需要运行，每隔10ms运行一个任务，由于每个任务运行的时间很短，任务切换很频繁，这就造成了多任务同时运行的"假象"。实际上，一个时间点只有一个任务在运行。

（5）内核（Kernel）

在多任务系统中，内核负责为每个任务分配CPU时间、切换任务、任务间的通信等。内核可以大大简化应用系统的程序设计，可以将应用程序分为若干个任务，通过任务切换来实现程序运行。

（6）互斥（Mutual Exclusion）

多任务间通信最简单的方法是使用共享数据结构，对于单片机系统来说，所有任务共用同一地址的数据，具体表现为全局变量、指针、缓冲区等数据结构。虽然共享数据结构的方法简单，但是必须保证对共享数据结构的写操作具有唯一性。

保护共享资源最常用的方法是：关中断、使用测试并置位指令（T&S指令）、禁止任务切换和使用信号量。其中，在ZigBee协议栈操作系统中，经常使用的方法是关中断。

（7）消息队列（Message Queue）

消息是收到的事件和数据的封装，比如发生了一个事件（收到别的节点发来的消息），这时就会把这个事件所对应的事件号及收到的数据封装成消息，放入消息队列中。

（8）事件（Events）

ZigBee协议栈是由各个层组成的，每一层都要处理各种事件，所以就为每一层定义了一个事件处理函数，可以把这个处理函数理解为任务，任务从消息队列中提取消息，从消息中提取所发生的具体事件，调用相应的具体事件处理函数，比如按键处理函数等。

2．OSAL运行机制

OSAL就是以实现多任务为核心的系统资源分配机制，主要提供任务注册、初始化和启动，任务间的同步、互斥，中断处理，存储器分配与管理等功能。

在ZigBee协议栈中，OSAL负责调度各个任务运行，如果有事件发生，则会调用相应的事件处理函数进行处理。OSAL运行机制如图4-9所示。

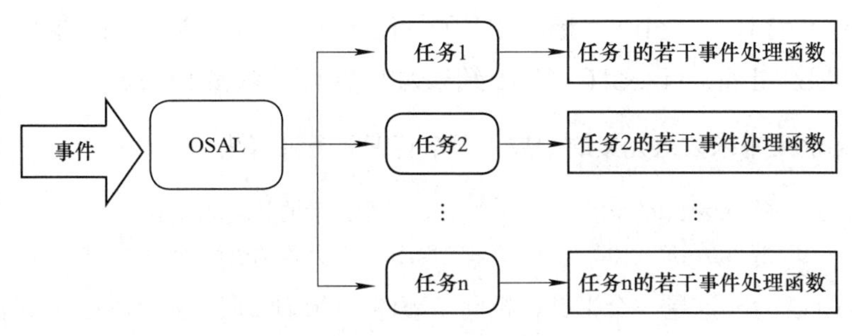

图4-9　OSAL运行机制

那么，事件和任务的事件处理函数是如何建立关系呢?

首先，建立一个事件表，保存各个任务对应的事件。

其次，建立一个函数表，保存各个任务事件处理函数的地址。

最后，将这两个表建立某种对应关系，当某一事件发生时，查找函数表找到对应的事件处理函数。事件表与函数的关系如图4-10所示。

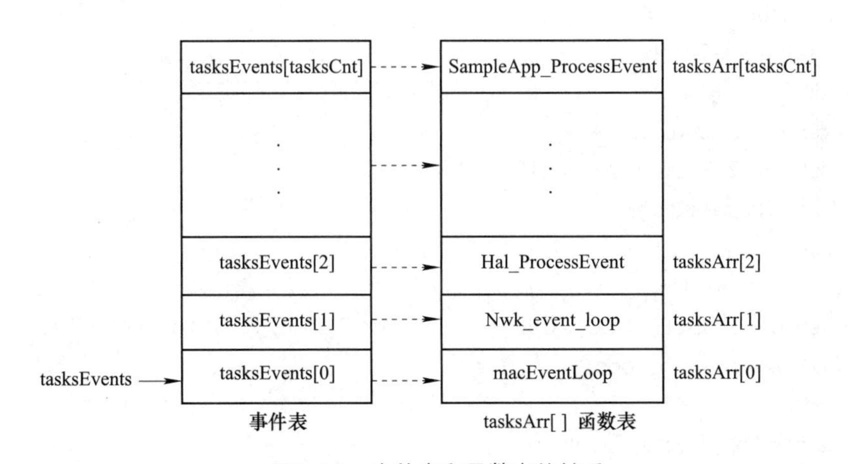

图4-10　事件表和函数表的关系

在ZigBee协议栈中，tasksCnt、tasksEvents和tasksArr这3个变量非常重要，读者必须明确它们的作用。

1）tasksCnt：该变量保存了任务的总数量。在OSAL_SampleApp. c中定义为

```
const uint8 tasksCnt = sizeof( tasksArr ) / sizeof( tasksArr[0] );
```

说明：

① const是一个C语言的关键字，它限定一个变量不允许被改变，产生静态作用。使用

const在一定程度上可以提高程序的安全性和可靠性。

② sizeof(tasksArr) / sizeof(tasksArr[0])用于计算数组tasksArr[ ]的长度，即任务总个数。

例如，char a1[] = "abc"; int a2[3]; sizeof(a1); 结果为4，这是因为字符末尾还存在一个NULL终止符。sizeof(a2); 结果为3×4=12（依赖于int）。

所以，用sizeof来求数组元素的个数，通常有下面两种写法：

```
int c1 = sizeof(a1) / sizeof(char);          //总长度/单个元素的长度char型
int c2 = sizeof(a2) / sizeof(a2[0]);         //总长度/第一个元素的长度int型
```

2）tasksEvents：这是一个指针，指向了事件表的首地址。在OSAL_SampleApp. c中声明为“uint16 *tasksEvents;”。

3）tasksArr：这是一个数组，该数组的每个元素都是一个函数指针（函数的地址），指向事件函数。该数组在OSAL_SampleApp. c中的定义为：

```
1.   const pTaskEventHandlerFn tasksArr[] = {
2.     macEventLoop,
3.     nwk_event_loop,
4.     Hal_ProcessEvent,
5.   #if defined( MT_TASK )
6.     MT_ProcessEvent,
7.   #endif
8.     APS_event_loop,
9.   #if defined ( ZIGBEE_FRAGMENTATION )
10.    APSF_ProcessEvent,
11.  #endif
12.    ZDApp_event_loop,
13.  #if defined ( ZIGBEE_FREQ_AGILITY ) || defined ( ZIGBEE_PANID_CONFLICT )
14.    ZDNwkMgr_event_loop,
15.  #endif
16.    SampleApp_ProcessEvent
17.  };
```

程序分析：在OSAL_Tasks. h文件中对pTaskEventHandlerFn类型进行如下声明。

```
typedef unsigned short (*pTaskEventHandlerFn)( unsigned char task_id, unsigned short event );
```

数组tasksArr[ ]的每个元素都是函数的地址（用函数名表示函数的地址），即该数组的元素都是事件处理函数的函数名，如第16行，SampleApp_ProcessEvent就是“通用应用任务事件处理函数名”，该函数在SampleApp. c文件中被定义了。

至此，读者可能对OSAL有了一种大概的认识，但是要彻底理解OSAL的运行机理，就必须深入探究osal_run_system()和SampleApp_ProcessEvent( )函数是如何被调动起来的。

(1) 分析osal_run_system()函数

在main()函数中，可以找到void osal_start_system(void)函数，进入该函数，可以发现osal_run_system()函数，其定义如下（去掉了部分条件编译代码，但工作原理没有变化）：

```
1.  void osal_run_system( void )
2.  {     uint8 idx = 0;                          //定义任务索引（任务编号）
3.        osalTimeUpdate();                       //更新系统时钟
4.        Hal_ProcessPoll();                      //查看硬件是否有事件发生，如串口、SPI接口
5.        do {
6.            if (tasksEvents[idx])  //判断某一任务的事件是否发生，即循环查看事件表
7.            {   break;
8.            }
9.        } while (++idx < tasksCnt);//从第0个任务到第tasksCnt个任务循环判断每个任务的事件
10.       if (idx < tasksCnt)
11.       {   uint16 events;
12.           halIntState_t intState;                     //中断状态
13.           HAL_ENTER_CRITICAL_SECTION(intState);//中断临界：保存先前中断状态，然后关中断
14.           events = tasksEvents[idx];                  //读取事件
15.           tasksEvents[idx] = 0;                       //对该任务的事件清零
16.           HAL_EXIT_CRITICAL_SECTION(intState);        //跳出中断临界状态：恢复先前中断状态
17.           activeTaskID = idx;
18.           events = (tasksArr[idx])( idx, events );    //调用相对应的任务事件处理函数
19.           activeTaskID = TASK_NO_TASK;
20.           HAL_ENTER_CRITICAL_SECTION(intState);
21.           tasksEvents[idx] |= events; //把返回未处理的任务事件添加到当前任务中再进行处理
22.           HAL_EXIT_CRITICAL_SECTION(intState);
23.   }
```

程序分析如下。

① 分析第13行和第20行HAL_ENTER_CRITICAL_SECTION(intState)函数，以及第16行和第22行HAL_EXIT_CRITICAL_SECTION(intState)函数。在hal_mcu.h中定义：

```
1.  #define HAL_ENABLE_INTERRUPTS()           st( EA = 1; )
2.  #define HAL_DISABLE_INTERRUPTS()          st( EA = 0; )
3.  #define HAL_INTERRUPTS_ARE_ENABLED()      (EA)
4.  typedef unsigned char halIntState_t;
5.  #define HAL_ENTER_CRITICAL_SECTION(x)     st( x = EA;  HAL_DISABLE_INTERRUPTS(); )
6.  #define HAL_EXIT_CRITICAL_SECTION(x)      st( EA = x; )
```

- 第5行代码HAL_ENTER_CRITICAL_SECTION(intState)函数的作用是把原来中断状态EA赋给X，然后关中断，以便后面可以恢复原来的中断状态。目的是为了在

访问共享变量时，保证变量不被其他任务同时访问。

- 第6行代码HAL_EXIT_CRITICAL_SECTION(intState)函数的作用是跳出上面的中断临界状态，恢复先前的中断状态，相当于开中断。

② 第14行代码events = tasksEvents[idx]。在OSAL_SampleApp.c文件中进行了声明uint16 *tasksEvents。一定要明确"*tasksEvents"与tasksEvents[idx]之间的关系，在C语言中，指向数组的指针变量可以带下标，所以tasksEvents[idx]等价于*(tasksEvents + idex)。因此，tasksEvents[idx]中存的是数据而不是地址（指针）。

那么，如何表示一个事件呢?

第11行代码uint16 events定义了事件变量，该变量是16位的二进制变量（uint16占2个字节）。如，在ZComDef.h文件中，定义无线新数据接收事件（AF_INCOMING_MSG_CMD为0x1A；），在MT.h文件中，定义串口接收事件（CMD_SERIAL_MSG为0x01；）。

不同的任务，事件值可以相同，例如，tasksEvents[0]=0x01，tasksEvents[1]=0x01，这是可行的，但表示的意义不同，前者表示第1个任务的事件为0x01，后者表示第2个任务的事件为0x01。

在初始化时，系统将所有任务的事件初始化为0。第6行通过tasksEvents[idx]是否为0来判断是否有事件发生，若有事件发生，则跳出循环。

③ 第15行代码tasksEvents[idx] = 0用于清除任务idx的事件指针变量值为NULL。

④ 第18行代码events = (tasksArr[idx])(idx, events)，调用相对应的任务事件处理函数。每个任务都有一个事件处理函数，该函数需要处理若干个事件。

⑤ 第21行代码tasksEvents[idx] |= events。每次调用18行代码，只处理一个事件，若一个任务有多个事件响应，则把返回未处理的任务事件添加到当前任务中再进行处理。

（2）分析SampleApp_ProcessEvent( )函数

通过分析osal_run_system()函数可知，events = (tasksArr[idx])(idx, events)代码用于调用相对应的任务事件处理函数，并返回未处理的事件给变量events。那么，究竟怎样返回未处理的事件？下面深入分析SampleApp_ProcessEvent( )函数，其定义如下（去掉了部分代码，但工作原理没有变化）：

```
1. uint16 SampleApp_ProcessEvent( uint8 task_id, uint16 events )
2. {     afIncomingMSGPacket_t *MSGpkt;
3.       if ( events & SYS_EVENT_MSG )
4.       {   MSGpkt = (afIncomingMSGPacket_t *)osal_msg_receive( SampleApp_TaskID );
5.             while ( MSGpkt )
```

```
6.          {      switch ( MSGpkt->hdr.event )
7.                 {      case AF_INCOMING_MSG_CMD:
8.                              SampleApp_MessageMSGCB( MSGpkt );
9.                              break;
10.                       default:
11.                             break;
12.                }
13.                osal_msg_deallocate( (uint8 *)MSGpkt ); // 释放消息内存
14.                MSGpkt = (afIncomingMSGPacket_t *)osal_msg_receive( SampleApp_TaskID );
15.          }
16.          return (events ^ SYS_EVENT_MSG);  // 返回未处理的事件
17.      }
18.      if ( events & SAMPLEAPP_SEND_PERIODIC_MSG_EVT )
19.      {   SampleApp_SendPeriodicMessage();
20.          return (events ^ SAMPLEAPP_SEND_PERIODIC_MSG_EVT); // 返回未处理的事件
21.      }
22.   return 0;
23. }
```

程序分析如下。

① 函数的总体功能是：使用osal_msg_receive(SampleApp_TaskID)函数从消息队列中接收一个消息（消息包括事件和相关数据的），然后使用switch-case语句或if语句来判断事件类型，然后调用相应的事件处理函数。

② 第3行和第18行两个if语句用于判断事件类型，其中SYS_EVENT_MSG包含了很多事件，所以采用switch-case语句再次判断不同的事件。

③ 第7行判断事件是否为接收到新数据事件AF_INCOMING_MSG_CMD，如果是，则调用SampleApp_MessageMSGCB(MSGpkt)事件处理函数。

④ 第14行，再从消息队列中接收有效消息（与第4行代码功能相同），然后再返回while(MSGpkt)重新处理事件，直到没有等待消息为止。

⑤ 第16行和20行都是使用异或运算，返回未处理的事件。例如，此时events=0x0005，则进入SampleApp_ProcessEvent ( ) 函数后，第3行if语句无效，则会跳到第18行if语句，SAMPLEAPP_SEND_PERIODIC_MSG_EVT的值为0x0001，则events^0x0001=0x0004，即第20行会返回0x0004。可见异或运算可以将处理完的事件清除掉，仅留下未处理的事件。

⑥ SYS_EVENT_MSG与AF_INCOMING_MSG_CMD有什么内在关系?

在ZigBee协议栈中，事件既可以是用户定义的事件，也可以是协议栈内部已经定义的事件。SYS_EVENT_MSG就是协议栈内部定义的事件之一，其定义如下：

```
#define   SYS_EVENT_MSG   0x8000
```

由于协议栈定义的事件为系统强制事件（Mandatory Events），因此SYS_EVENT_MSG是一个事件集合，主要包括以下几个事件。

- AF_INCOMING_MSG_CMD：表示收到了一个新的无线数据事件。
- ZDO_STATE_CHANGE：表示当网络状态发生变化时，会产生该事件。如节点加入网络时，该事件就有效，还可以进一步判断加入的设备是协调器、路由器或终端。
- KEY_CHANGE：表示按键事件。
- ZDO_CB_MSG：表示每一个注册的ZDO响应消息。
- AF_DATA_CONFIRM_CMD：调用AF_DataRequest( )发送数据时，有时需要确认信息，该事件与此有关。

至此，可将OSAL的运行机制总结如下几点：

- OSAL是一种基于事件驱动的任务轮询式操作系统，只有事件有效，才调用相应任务的事件处理函数。
- 通过不断地查询事件表（tasksEvents[idx]）来判断是否有事件发生，如果有，则查找函数表（tasksArr[idx]），调用相应的事件处理函数。
- 事件表用数组来表示，数组的每个元素对应一个任务的事件，一般用户定义的事件最好是每一位二进制数表示一个事件，那么一个任务最多可以有16个事件（因为events是uint16类型）。例如，0x01表示串口接收新数据，0x02表示读取温度数据，0x04表示读取湿度数据等，但是不用0x03、0xFE等数值表示事件。
- 函数表用指针数组来表示，数组的每个元素是相应任务的事件处理函数的首地址（函数指针）。

3．OSAL消息队列

通常某些事件的发生，又伴随着一些附加数据的产生，这就需要将事件和数据封装成一个消息，将消息发送到消息队列中，然后使用osal_msg_receive(SampleApp_TaskID)函数从消息队列中得到消息。

OSAL维护一个消息队列，每个消息都会被放入该消息队列中，每个消息都包括一个消息头osal_msg_hdr_t和用户自定义的消息。在OSAL. h中，osal_msg_hdr_t结构体的定义为：

```
1.  typedef struct
2.  {     void   *next;
3.        uint16 len;
4.        uint8  dest_id;
5.  } osal_msg_hdr_t;
```

4．OSAL添加新任务和事件

在ZigBee协议栈应用程序开发时，经常添加新的任务及其对应的事件，方法如下：

- 在任务的函数表中添加新任务。
- 编写新任务的初始化函数。
- 定义新任务全局变量和事件。
- 编写新任务的事件处理函数。

（1）在任务的函数表中添加新任务

在OSAL_SampleApp.c文件中，找到任务的函数表代码：

```
1.  const pTaskEventHandlerFn tasksArr[] = {
2.    macEventLoop,
3.    nwk_event_loop,
4.    Hal_ProcessEvent,
5.  #if defined( MT_TASK )
6.    MT_ProcessEvent,
7.  #endif
8.    APS_event_loop,
9.  #if defined ( ZIGBEE_FRAGMENTATION )
10.   APSF_ProcessEvent,
11. #endif
12.   ZDApp_event_loop,
13. #if defined ( ZIGBEE_FREQ_AGILITY ) || defined ( ZIGBEE_PANID_CONFLICT )
14.   ZDNwkMgr_event_loop,
15. #endif
16.   SampleApp_ProcessEvent
17. };
```

程序分析：在数组tasksArr[]的最后添加第16行代码，这是新任务的事件处理函数名。

（2）编写新任务的初始化函数

在OSAL_SampleApp.c文件中，找到任务初始化函数，其代码如下：

```
1.  void osalInitTasks( void )
2.  {     uint8 taskID = 0;
3.        tasksEvents = (uint16 *)osal_mem_alloc( sizeof( uint16 ) * tasksCnt);
4.        osal_memset( tasksEvents, 0, (sizeof( uint16 ) * tasksCnt));
5.          macTaskInit( taskID++ );
6.       nwk_init( taskID++ );
7.       Hal_Init( taskID++ );
```

```
8.  #if defined( MT_TASK )
9.        MT_TaskInit( taskID++ );
10. #endif
11.       APS_Init( taskID++ );
12. #if defined ( ZIGBEE_FRAGMENTATION )
13.       APSF_Init( taskID++ );
14. #endif
15.       ZDApp_Init( taskID++ );
16. #if defined ( ZIGBEE_FREQ_AGILITY ) || defined ( ZIGBEE_PANID_CONFLICT )
17.       ZDNwkMgr_Init( taskID++ );
18. #endif
19.       SampleApp_Init( taskID );
20. }
```

程序分析：将新任务的初始化函数添加在osalInitTasks（ void ）函数的最后，如第19行代码。值得注意的是，任务的函数表tasksArr[]中的元素（事件处理函数名）排列顺序与任务的初始化函数osalInitTasks（ void ）中的任务初始化子函数排列顺序是一一对应的，不允许错位。变量taskID是任务编号，有非常严格的自上到下的递增，最后一个任务的taskID值不需要递增，因为接下来没有任务。

（3）定义新任务全局变量和事件

为了保证osalInitTasks（ void ）函数能分配到任务ID，必须给每个任务定义一个全局变量。所以在SampleApp. c文件中，定义了uint8 SampleApp_TaskID变量，并在void SampleApp_Init（ taskID ）函数中被赋值，即SampleApp_TaskID = task_id。

在SampleApp. h文件中定义事件，格式如下：

```
#define     SAMPLEAPP_SEND_PERIODIC_MSG_EVT   0x0001
```

（4）编写新任务的事件处理函数

在SampleApp_ProcessEvent（ ）函数中编写事件处理代码，详见之前对该函数的分析。

第一步，打开Z-Stack的SampleApp. eww工程。

具体参考本项目中的任务1。

第二步，编写协调器程序。

复制本项目任务1中的协调器程序，在此基础上进行修改，由于代码较多，此处只对关键部分代码进行分析。

1）向串口发送“Hello NEWLab!”。在void SampleApp_Init(uint8 task_id)函数中增加以下代码：

```
1. halUARTCfg_t uartConfig;
2. uartConfig.configured=TRUE;
3. uartConfig.baudRate=HAL_UART_BR_115200;
4. uartConfig.flowControl=FALSE;
5. uartConfig.callBackFunc=NULL;
6. HalUARTOpen(HAL_UART_PORT_0,&uartConfig);
```

程序分析如下。

① 第1行，ZigBee协议栈中对串口的配置是使用halUARTCfg_t结构体来实现的，在此定义halUARTCfg_t结构体类型变量uartConfig。

② 第2～5行，对串口初始化有关的参数进行设置，如波特率、是否打开串口、是否使用流控、设置回调函数等。

③ 第6行，使用HalUARTOpen()函数对串口行初始化。

在程序中定义设备的网络状态变量：devStates_t SampleApp_NwkState，在SampleApp_Init()函数中增加设置网络状态初始化为无连接状态：SampleApp_NwkState = DEV_INIT，然后通过应用层任务处理函数SampleApp_ProcessEvent实现向串口发送数据，关键代码如下：

```
1.  case ZDO_STATE_CHANGE://ZDO状态改变事件
2.            SampleApp_NwkState = (devStates_t)(MSGpkt->hdr.status);//读取设备状态
3.            //若设备是协调器、路由器或终端节点
4.            if ((SampleApp_NwkState == DEV_ZB_COORD)
5.               || (SampleApp_NwkState == DEV_ROUTER)
6.                 || (SampleApp_NwkState == DEV_END_DEVICE) )
7.            { //触发发送“Hello NEWLab!”信息的事件SAMPLEAPP_SEND_PERIODIC_MSG_EVT
8.              osal_start_timerEx( SampleApp_TaskID,
9.                                  SAMPLEAPP_SEND_PERIODIC_MSG_EVT,
10.                                 SAMPLEAPP_SEND_PERIODIC_MSG_TIMEOUT ); }
11.  //发送“Hello NEWLab!”信息的事件SAMPLEAPP_SEND_PERIODIC_MSG_EVT
12.  if ( events & SAMPLEAPP_SEND_PERIODIC_MSG_EVT )
13.    { // 发送数据到串口
14.     HalUARTWrite(HAL_UART_PORT_0,"Hello NEWLab!\r\n",15);
15.     //再次触发发送“Hello NEWLab!”信息的事件SAMPLEAPP_SEND_PERIODIC_MSG_EVT
16.     osal_start_timerEx( SampleApp_TaskID, SAMPLEAPP_SEND_PERIODIC_MSG_EVT,
17.                         (SAMPLEAPP_SEND_PERIODIC_MSG_TIMEOUT + (osal_rand() & 0x00FF)) );
```

```
18.     return (events ^ SAMPLEAPP_SEND_PERIODIC_MSG_EVT); // 返回未处理的事件
19.   }
```

程序分析：第8～10行，此函数用于开启一个定时器。当定时器到了5s时，SAMPLEAPP_SEND_PERIODIC_MSG_EVT事件将在SampleApp_TaskID任务中设置。

2）添加应用层新任务，控制LED2。打开OSAL_SampleApp. c文件，在任务数组const pTaskEventHandlerFn tasksArr[]中增加应用层任务处理函数AddTask_Event，在任务初始化函数void osalInitTasks(void)中增加新增任务的初始化AddTask_Init(taskID)，同时需要在预编译里添加“ADDTASK”。在Coordinator. c中增加以下关键代码：

```
1.   unsigned char buf[10];                          //存放从串口读取的数据
2.   byte AddTask_ID;                                //任务ID
3.   #define AddTask_ev1   0x0001                    //事件1
4.   void AddTask_Init(byte task_id)
5.   {AddTask_ID=task_id;
6.    osal_set_event(AddTask_ID,AddTask_ev1);//设置任务的事件标志1
7.   }
8.   UINT16 AddTask_Event(byte task_id,UINT16 events)
9.   { (void)task_id;
10.   HalUARTRead(0,buf,1);
11.   if ( events & AddTask_ev1 )          //事件1
12.   { if(buf[0]=='1')
13.     {  HalLedSet( HAL_LED_2,HAL_LED_MODE_ON);
14.     }
15.     else if(buf[0]=='2')
16.     {  HalLedSet( HAL_LED_2,HAL_LED_MODE_OFF); }
17.     //调用系统延时，1s后再设置任务的事件标志1
18.     osal_start_timerEx(task_id, AddTask_ev1,1000);
19.     return (events ^ AddTask_ev1);   // 清任务标志
20. }
21. /* 丢弃未知事件 */
22. return 0; }
```

第三步，下载程序、运行。

编译无误后，将一个ZigBee模块放置在NEWLab平台，然后上电，把协调器程序下载到ZigBee模块中。然后，打开串口调试助手，打开串口，设置波特率为115 200，会看到在串口调试窗口不断换行显示字符串“Hello NEWLab!”；在串口调试窗口中输入字符“1”，单击“发送”按钮，ZigBee模块的LED2会点亮；在串口调试窗口中输入字符“2”，单击“发送”按钮，ZigBee模块的LED2会熄灭。串口调试窗口的显示效果如图4-11所示。

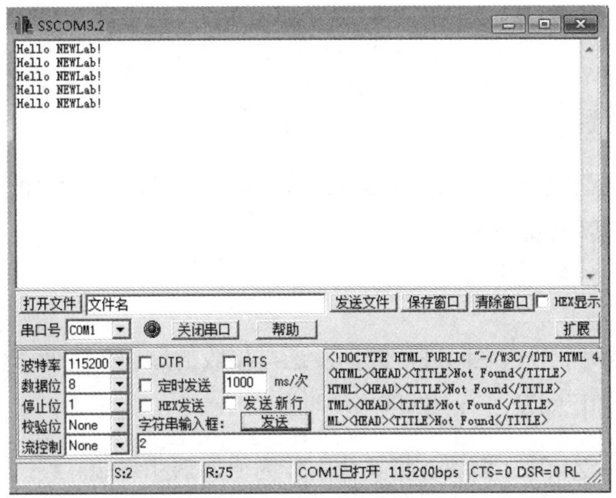

图4-11　串口调试窗口

分析SerialApp.eww工程（路径为“…\Projects\zstack\Utilities\SerialApp\CC2530DB”），并采用该工程完成本任务。

任务3　基于Z-Stack的串口透传

任务要求

采用两个ZigBee模块，一个作为协调器（ZigBee模块1），另一个作为终端节点（ZigBee模块2），分别与计算机A和计算机B的串口相连（如果没有两台计算机，也可以接到同一台计算机的不同串口上）。在一台计算机的串口调试软件上输入“NEWLab1”，单击“发送”按钮，则在另一台计算机的串口调试软件上就显示“NEWLab1”信息，同时要求在该台计算机上回复“NEWLab2”。回复的信息要求在对方的计算机上能显示，实现无线串口透传效果。串口透传模型如图4-12所示。

扫码观看本任务操作视频

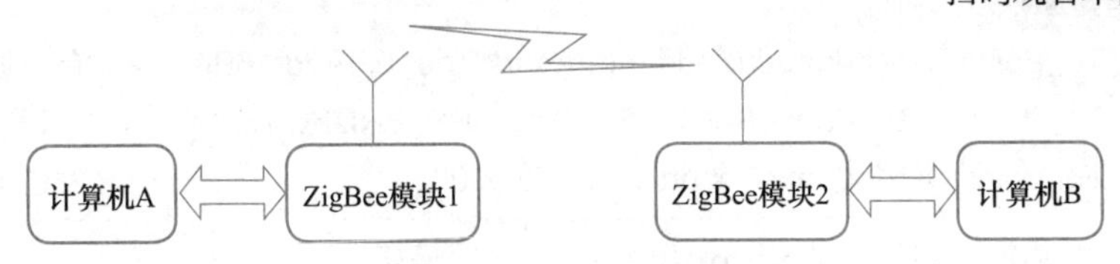

图4-12　串口透传模型

知识链接

单播、组播和广播

在ZigBee无线传感网络中，数据通信主要有单播、组播和广播3种类型，用户可以根据通信的需要灵活采用某种通信方式。

1．单播

单播表示网络中两个节点之间进行数据发送与接收的过程，类似于任意两位与会者之间的交流。这种方式必须已知发送节点的网络地址。

【例4-2】采用2个ZigBee模块，将其分别作为协调器和终端。终端采用单播的方式向协调器发送数据。

解：此题与本项目中的任务1相似，已知协调器的网络地址为0x0000。

第一步，打开SampleApp工程，完成发送部分代码。

1）打开SampleApp.c文件，添加粗体部分代码：

```
1. afAddrType_t SampleApp_Periodic_DstAddr;          //系统已定义的广播方式
2. afAddrType_t SampleApp_Flash_DstAddr;             //系统已定义的组播方式
3. afAddrType_t Point_To_Point_DstAddr;              //自定义点对点通信（单播方式）
```

程序分析：第3行afAddrType_t类型结构体定义可以在AF.h文件中找到：

```
1. typedef enum
2. { afAddrNotPresent = AddrNotPresent,
3.   afAddr16Bit       = Addr16Bit,          //单播方式
4.   afAddr64Bit       = Addr64Bit,
5.   afAddrGroup       = AddrGroup,          //组播方式
6.   afAddrBroadcast   = AddrBroadcast       //广播方式
7. } afAddrMode_t;
```

2）继续在SampleApp.c文件中添加代码，如粗体部分代码：

```
1.  SampleApp_Flash_DstAddr.addrMode = (afAddrMode_t)afAddrGroup;
2.  SampleApp_Flash_DstAddr.endPoint = SAMPLEAPP_ENDPOINT;
3.  SampleApp_Flash_DstAddr.addr.shortAddr = SAMPLEAPP_FLASH_GROUP;
4.     //自定义点对点通信
5.  Point_To_Point_DstAddr.addrMode = (afAddrMode_t)afAddr16Bit;     //单播通信模式
6.  Point_To_Point_DstAddr.endPoint = SAMPLEAPP_ENDPOINT;            //端口
7.  Point_To_Point_DstAddr.addr.shortAddr = 0x0000;                  //发送地址
```

3）编写发送函数，可以放在SampleApp.c文件最后。

```
1.  void SampleApp_SendPointToPointMessage( void )
2.  { uint8 data[6]="NEWLab";
3.    if ( AF_DataRequest( &Point_To_Point_DstAddr,
4.                &SampleApp_epDesc,
5.                SAMPLEAPP_POINT_TO_POINT_CLUSTERID,       //数据传输簇（命令）
6.                6,
7.                data,                                     //发送数据的指针
8.                &SampleApp_TransID,
9.                AF_DISCV_ROUTE,
10.               AF_DEFAULT_RADIUS ) == afStatus_SUCCESS )
11.    { ;
12.    }else { ; } }
```

程序分析：第5行使用了SAMPLEAPP_POINT_TO_POINT_CLUSTERID簇（命令），所以在SampleApp. h中对其进行定义，并修改SAMPLEAPP_MAX_CLUSTERS的值，如粗体部分代码：

```
1.  #define SAMPLEAPP_MAX_CLUSTERS              3        //原来为2，现修改为3
2.  #define SAMPLEAPP_PERIODIC_CLUSTERID        1
3.  #define SAMPLEAPP_FLASH_CLUSTERID           2
4.  #define SAMPLEAPP_POINT_TO_POINT_CLUSTERID3          //定义点对点数据传输命令
```

4）在SampleApp. c文件中，对函数进行声明和添加簇（命令），如粗体部分代码：

```
1.  const cId_t SampleApp_ClusterList[SAMPLEAPP_MAX_CLUSTERS] =
2.  {    SAMPLEAPP_PERIODIC_CLUSTERID, SAMPLEAPP_FLASH_CLUSTERID,
3.       SAMPLEAPP_POINT_TO_POINT_CLUSTERID   //在该数组中添加这个命令
4.  };
5.  void SampleApp_SendPeriodicMessage( void );
6.  void SampleApp_SendFlashMessage( uint16 flashTime );
7.  void SampleApp_SendPointToPointMessage( void );  //函数声明
```

5）使终端周期性地向协调器发送数据。仅需在SampleApp. c文件中，修改如下代码：

```
1.  uint16 SampleApp_ProcessEvent( uint8 task_id, uint16 events )
2.  {    …
3.      if ( events & SAMPLEAPP_SEND_PERIODIC_MSG_EVT ) {
4.   //      SampleApp_SendPeriodicMessage();        //注释掉这个函数
5.           SampleApp_SendPointToPointMessage();   //周期性发送点对点通信函数
6.           osal_start_timerEx( SampleApp_TaskID, SAMPLEAPP_SEND_PERIODIC_MSG_EVT,
7.                (SAMPLEAPP_SEND_PERIODIC_MSG_TIMEOUT + (osal_rand() & 0x00FF)) );
8.           return (events ^ SAMPLEAPP_SEND_PERIODIC_MSG_EVT);
9.      }
10.  … }
```

第二步，完成接收部分代码编写。

1）修改消息处理函数，如粗体部分代码：

```
1.  void SampleApp_MessageMSGCB( afIncomingMSGPacket_t *pkt )
2.  { uint16 flashTime;
3.    switch ( pkt->clusterId )
4.    { case SAMPLEAPP_PERIODIC_CLUSTERID:
5.          break;
6.      case SAMPLEAPP_FLASH_CLUSTERID:
7.          flashTime = BUILD_UINT16(pkt->cmd.Data[1], pkt->cmd.Data[2] );
8.          HalLedBlink( HAL_LED_4, 4, 50, (flashTime / 4) );
9.          break;
10.       case SAMPLEAPP_POINT_TO_POINT_CLUSTERID:
11.         if(osal_memcmp(&pkt->cmd.Data[0],"NEWLab",6))  //接收到的数据是否为“NEWLab”
12.           HAL_TOGGLE_LED2();                          //每收到一次正确数据，LED2取反一次
13.         ibreak;
14.     } }
```

2）由于TI提供的SampleApp.c源代码就有周期性发送功能，为了避免协调器不停地给自己发送数据（因为上述代码已修改为向协调器发送数据），在网络状态事件有效时，协调器不能启动时间事件，具体如下：

```
1.  uint16 SampleApp_ProcessEvent( uint8 task_id, uint16 events )
2.  {     …
3.          case ZDO_STATE_CHANGE:
4.                SampleApp_NwkState = (devStates_t)(MSGpkt->hdr.status);
5.                if ( //(SampleApp_NwkState == DEV_ZB_COORD)       //注释掉协调器建网络状态判断
6.                    (SampleApp_NwkState == DEV_ROUTER)
7.                    || (SampleApp_NwkState == DEV_END_DEVICE) )
8.                {   osal_start_timerEx( SampleApp_TaskID,
9.                                    SAMPLEAPP_SEND_PERIODIC_MSG_EVT,
10.                                   SAMPLEAPP_SEND_PERIODIC_MSG_TIMEOUT );
11.               }
12.         … }
```

第三步，编译、下载程序，测试系统功能。

1）给协调器和终端下载程序。在Workspace栏中选择CoordinatorEB，编译无误后，给协调器下载程序；在Workspace栏中选择EndDeviceEB，编译无误后，给终端下载程序。

2）可以在协调器上看到，每隔5s，LED2状态翻转一次。

2．组播

组播，又称多播，表示网络中一个节点发送的数据包，只有与该节点属于同一组的节点，才能收到该数据包。类似于领导讲完后，各小组进行讨论，只有本小组的成员才能听到相关的讨论内容，不属于本小组的成员听不到相关讨论内容。这种方式必须确定节点的组号。

【例4-3】采用3个ZigBee模块，分别作为协调器、路由器1和路由器2，其协调器和路由器的组号设置为0x0001，路由器2的组号设置为0x0003，测试组播通信。

解：TI公司提供的SampleApp.c源代码中，已有组播相关代码，下面进行详细分析。

第一步，完成发送部分代码。打开SampleApp工程，分析部分代码。

```
1.  afAddrType_t SampleApp_Flash_DstAddr;  //组播方式定义
2.  aps_Group_t SampleApp_Group;            //定义组内容
3.    // Setup for the flash command's destination address – Group 1 第4～6行组播参数配置
4.  SampleApp_Flash_DstAddr.addrMode = (afAddrMode_t)afAddrGroup;
5.  SampleApp_Flash_DstAddr.endPoint = SAMPLEAPP_ENDPOINT;
6.  SampleApp_Flash_DstAddr.addr.shortAddr = SAMPLEAPP_FLASH_GROUP;
                                                        //可以根据需要修改组号
7.  // By default, all devices start out in Group 1    默认情况，所有设备在组 1 开始
8.  SampleApp_Group.ID = SAMPLEAPP_FLASH_GROUP;       //0x0001,为了便于修改组号
9.  osal_memcpy( SampleApp_Group.name, "Group 1", 7  );
10. aps_AddGroup( SAMPLEAPP_ENDPOINT, &SampleApp_Group );
```

1）编写组播发送函数，可以放在SampleApp.c文件最后。

```
1.  void SampleApp_SendGropMessage( void )
2.  { uint8 data[6]="NEWLab";
3.   if ( AF_DataRequest( &SampleApp_Flash_DstAddr,        //组播方式
4.                        &SampleApp_epDesc,
5.                        SAMPLEAPP_FLASH_CLUSTERID,       //组播的数据发送命令
6.                        6,
7.                        data,
8.                        &SampleApp_TransID,
9.                        AF_DISCV_ROUTE,
10.                       AF_DEFAULT_RADIUS ) == afStatus_SUCCESS ) { ; }
11.  else {;}}
```

2）在SampleApp.c文件中，对组播函数进行声明。

```
1.  void SampleApp_SendPeriodicMessage( void );
2.  void SampleApp_SendFlashMessage( uint16 flashTime );
3.  void SampleApp_SendGroupMessage(void);               //组播函数声明
```

3）使设备周期性地向组号相同的节点发送数据。仅需在SampleApp. c文件中，修改如下代码：

```
1.  uint16 SampleApp_ProcessEvent( uint8 task_id, uint16 events )
2.  {      …
3.        if ( events & SAMPLEAPP_SEND_PERIODIC_MSG_EVT ) {
4.   //       SampleApp_SendPeriodicMessage();      //注释掉这个函数
5.            SampleApp_SendGroupMessage();        //周期性地向组号相同的节点发送数据
6.            osal_start_timerEx( SampleApp_TaskID, SAMPLEAPP_SEND_PERIODIC_MSG_EVT,
7.                  (SAMPLEAPP_SEND_PERIODIC_MSG_TIMEOUT + (osal_rand() & 0x00FF)) );
8.            return (events ^ SAMPLEAPP_SEND_PERIODIC_MSG_EVT);  }
9.       …  }
```

第二步，完成接收部分代码。修改消息处理函数，如粗体部分代码：

```
1.  void SampleApp_MessageMSGCB( afIncomingMSGPacket_t *pkt )
2.  { uint16 flashTime;
3.    switch ( pkt->clusterId )
4.    { case SAMPLEAPP_PERIODIC_CLUSTERID:
5.         break;
6.      case SAMPLEAPP_FLASH_CLUSTERID:
7.         if(osal_memcmp(&pkt->cmd.Data[0],"NEWLab",6)) //接收到的数据是否为"NEWLab"
8.           HAL_TOGGLE_LED2();       //每收到一次正确数据，LED2取反一次
9.          break;
10.   } }
```

第三步，编译、下载程序，测试系统功能。

1）给协调器和路由器1下载程序（组号为0x0001）。在Workspace栏中选择CoordinatorEB，编译无误后，给协调器下载程序；在Workspace栏中选择RouterEB，编译无误后，给路由器1下载程序。

2）给路由器2下载程序（组号为0x0003）。在SampleApp. h中找到组号定义代码，并将其修改为“#define SAMPLEAPP_FLASH_GROUP 0x0003”。重新编译，无误后，给路由器2下载程序。

3）依次给协调器、路由器1和路由器2上电，可以发现，每隔5s，协调器和路由器1上的LED2状态翻转一次，但是路由器2上的LED2状态无变化。可见，同一组中的协调器和路由器1发送的数据彼此都可以收到，但是隶属于不同组号的路由器2收不到其他组设备的信号。另外，自己发送的数据，本身是收不到的。

值得注意的是，若终端节点要参与组播通信，还需要进行修改，即在f8config. cfg配置文件中，将-RFD_RCVC_ALWAYS_ON=FALSE改为-RFD_RCVC_ALWAYS_ON=TRUE。

3．广播

广播表示一个节点发送的数据包，网络中所有节点都可以收到。类似于开会时，领导讲话，每位与会者都可以听到。

【例4-4】采用3个ZigBee模块，分别作为协调器、路由器和终端，协调器向外周期性地发送数据，路由器和终端接收数据，测试广播通信。

解：TI公司提供的SampleApp.c源代码中已有广播相关代码，下面进行详细分析。

第一步，完成发送部分代码。打开SampleApp工程，分析部分代码。

```
1.  afAddrType_t SampleApp_Periodic_DstAddr;   //广播方式定义
2.  // Setup for the periodic message's destination address.//Broadcast to everyone
3.  SampleApp_Periodic_DstAddr.addrMode = (afAddrMode_t)AddrBroadcast; //广播方式
4.  SampleApp_Periodic_DstAddr.endPoint = SAMPLEAPP_ENDPOINT;
5.  SampleApp_Periodic_DstAddr.addr.shortAddr = 0xFFFF;            // 0xFFFF 是广播地址
```

1）编写广播发送函数，修改SampleApp.c中的SampleApp_SendPeriodicMessage()函数，具体如下：

```
1.  void SampleApp_SendPeriodicMessage( void )
2.  { uint8 data[6]="NEWLab";
3.      if ( AF_DataRequest( &SampleApp_Periodic_DstAddr, &SampleApp_epDesc,
4.                           SAMPLEAPP_PERIODIC_CLUSTERID,
5.                           6,
6.                           data,
7.                           &SampleApp_TransID,
8.                           AF_DISCV_ROUTE,
9.                           AF_DEFAULT_RADIUS ) == afStatus_SUCCESS )
10.     { ; }
11.     else { ; }}
```

2）采用SampleApp.c默认代码，协调器周期性地向其他设备发送数据，代码如下：

```
1.  uint16 SampleApp_ProcessEvent( uint8 task_id, uint16 events )
2.  {          …
3.      if ( events & SAMPLEAPP_SEND_PERIODIC_MSG_EVT )
4.      {
5.          SampleApp_SendPeriodicMessage(); //周期性地发送数据函数
6.          osal_start_timerEx( SampleApp_TaskID, SAMPLEAPP_SEND_PERIODIC_MSG_EVT,
7.              (SAMPLEAPP_SEND_PERIODIC_MSG_TIMEOUT + (osal_rand() & 0x00FF)) );
8.          return (events ^ SAMPLEAPP_SEND_PERIODIC_MSG_EVT); }
9.      … }
```

3）由于只要求协调器发送数据，因此要禁止路由器和终端向外发送数据。故在网络状态事件有效时，路由器和终端不能启动时间事件，具体如下：

```
1.  uint16 SampleApp_ProcessEvent( uint8 task_id, uint16 events )
2.  {    …
3.      case ZDO_STATE_CHANGE:
4.              SampleApp_NwkState = (devStates_t)(MSGpkt->hdr.status);
5.              if ( (SampleApp_NwkState == DEV_ZB_COORD)  //仅允许协调器建网络状态判断
6.                //   (SampleApp_NwkState == DEV_ROUTER)   //注释掉路由器加入网络状态判断
7.                // || (SampleApp_NwkState == DEV_END_DEVICE) //注释掉终端加入网络状态判断
8.                ) {
9.                osal_start_timerEx( SampleApp_TaskID,
10.                                   SAMPLEAPP_SEND_PERIODIC_MSG_EVT,
11.                                   SAMPLEAPP_SEND_PERIODIC_MSG_TIMEOUT ); }
12.   … }
```

第二步，完成接收部分代码。修改消息处理函数，如粗体部分代码：

```
1.  void SampleApp_MessageMSGCB( afIncomingMSGPacket_t *pkt )
2.  { uint16 flashTime;
3.    switch ( pkt->clusterId )
4.     {  case SAMPLEAPP_PERIODIC_CLUSTERID:
5.          if(osal_memcmp(&pkt->cmd.Data[0],"NEWLab",6)) //接收到的数据是否为"NEWLab"
6.            HAL_TOGGLE_LED2();               //每收到一次正确数据，LED2取反一次
7.          break;
8.        case SAMPLEAPP_FLASH_CLUSTERID:
9.           break;
10.    } }
```

第三步，编译、下载程序，测试系统功能。

1）给协调器、路由器和终端下载程序。在Workspace栏中选择CoordinatorEB，编译无误后，给协调器下载程序；在Workspace栏中选择RouterEB，编译无误后，给路由器下载程序；在Workspace栏中选择EndDeviceEB，编译无误后，给路由器下载程序。

2）依次给协调器、路由器和终端上电，可以发现，每隔5s，路由器和终端上的LED2状态翻转一次，但是协调器上的LED2状态无变化。可见，协调器广播时，收不到自己发送的数据。

第一步，打开Z-Stack的SampleApp.eww工程。

在“C:\Texas Instruments\ZStack-CC2530-2.5.1a\Projects\zstack\Samples\SampleApp\CC2530DB”目录下找到SampleApp.eww工程，双击SampleApp.eww

文件，打开工程。

第二步，协调器通过串口向PC发送数据。

1）通过串口线，把协调器模块与PC连接起来。

2）编写协调器的程序。采用MT层配置串口，简化操作流程，因此协调器程序主要包括串口初始化、任务注册和串口数据发送三个部分。

① 串口初始化。串口初始化，就是配置串口号、波特率、流控、校验位等，在hal_uart.c文件中可以找到串口初始化、发送、接收等函数。此处采用更为简单的串口通信方法，即利用ZigBee协议栈的MT层来配置串口。具体初始化方法如下：

- 在SampleApp.c文件中，添加#include "MT_UART.h"头文件。
- 在SampleApp.c文件中，找到void SampleApp_Init(uint8 task_id)函数，并在该函数中输入“MT_UartInit( );”代码，如图4-13所示。

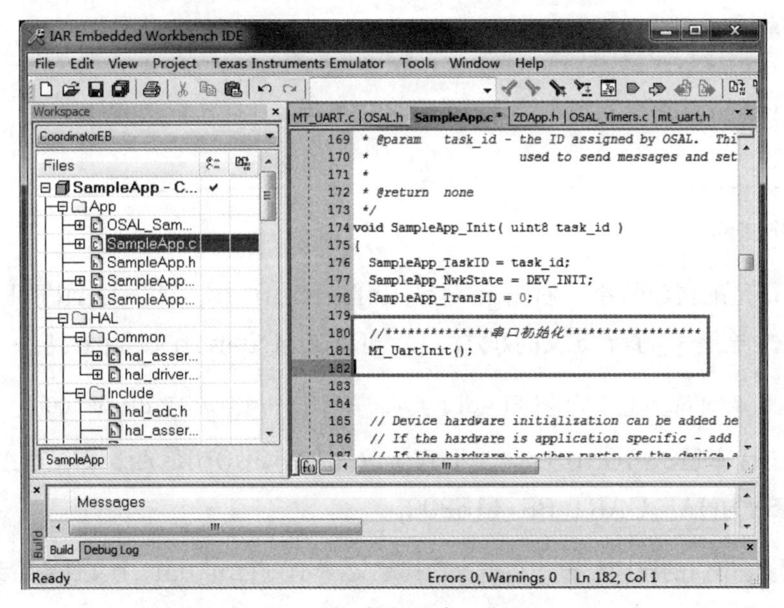

图4-13　初始化串口代码

- 进入 MT_UartInit()函数，进行相应的串口配置。MT_UartInit()函数的关键代码如下：

```
1.  void MT_UartInit ()
2.  {       halUARTCfg_t uartConfig;
3.          App_TaskID = 0;                         /* Initialize APP ID */
4.          /* UART Configuration */
5.          uartConfig.configured                   = TRUE;
6.          uartConfig.baudRate                     = MT_UART_DEFAULT_BAUDRATE;
7.          uartConfig.flowControl                  = MT_UART_DEFAULT_OVERFLOW;
```

```
8.         uartConfig.flowControlThreshold = MT_UART_DEFAULT_THRESHOLD;
9.         uartConfig.rx.maxBufSize        = MT_UART_DEFAULT_MAX_RX_BUFF;
10.        uartConfig.tx.maxBufSize        = MT_UART_DEFAULT_MAX_TX_BUFF;
11.        uartConfig.idleTimeout          = MT_UART_DEFAULT_IDLE_TIMEOUT;
12.        uartConfig.intEnable            = TRUE;
13.  #if defined (ZTOOL_P1) || defined (ZTOOL_P2)
14.        uartConfig.callBackFunc         = MT_UartProcessZToolData;
15.  #elif defined (ZAPP_P1) || defined (ZAPP_P2)
16.        uartConfig.callBackFunc         = MT_UartProcessZAppData;
17.  #else
18.        uartConfig.callBackFunc         = NULL;
19.  #endif
20.        /* Start UART */
21.  #if defined (MT_UART_DEFAULT_PORT)
22.        HalUARTOpen (MT_UART_DEFAULT_PORT, &uartConfig);
23.  #else
24.        /* Silence IAR compiler warning */
25.        (void)uartConfig;
26.  #endif
```

程序分析如下。

a）第6行是配置波特率，右击go to definition of MT_UART_DEFAULT_BAUDRATE（这是一种查看定义的好方法），可以在mt_uart.h文件中看到：

```
#define MT_UART_DEFAULT_BAUDRATE   HAL_UART_BR_38400
```

默认的波特率是38400bits/s，把它修改为115200bits/s，即把HAL_UART_BR_38400修改为HAL_UART_BR_115200。

b）第7行是串口的流控配置，右击查看其定义，可以在mt_uart.h文件中看到：

```
#define MT_UART_DEFAULT_OVERFLOW       TRUE
```

默认是采用流控，本实训任务不采用流控，所以将TRUE修改为FALSE。

c）第13～26行，是条件编译代码，根据预先定义的ZTOOL或者ZAPP选择不同的函数。其中ZTOOL和ZAPP后面的P1和P2表示串口0和串口1。在Option→C/C++的CompilerPreprocessor中，可以看到默认添加了ZTOOL_P1预编译，即表示采用ZTOOL和串口0。把其他不需要的MT和LCD预编译项注释掉，如图4-14所示，即在预编译项前面加一个“x”，如xMT_TASK、xMT_SYS_FUNS、xMT_ZDO_FUNC、xLCD_SUPPORTED=DEBUG等。

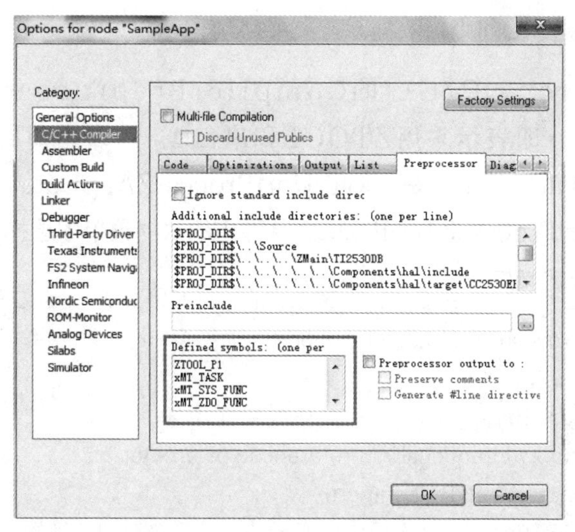

图4-14　预编译设置

② 串口任务注册与数据发送。在SampleApp.c文件的void SampleApp_Init(uint8 task_id)函数中，再输入“MT_UartRegisterTaskID(task_id)”和“HalUARTWrite(0,” NEWLab\n” ,7)”两行代码，如图4-15所示。

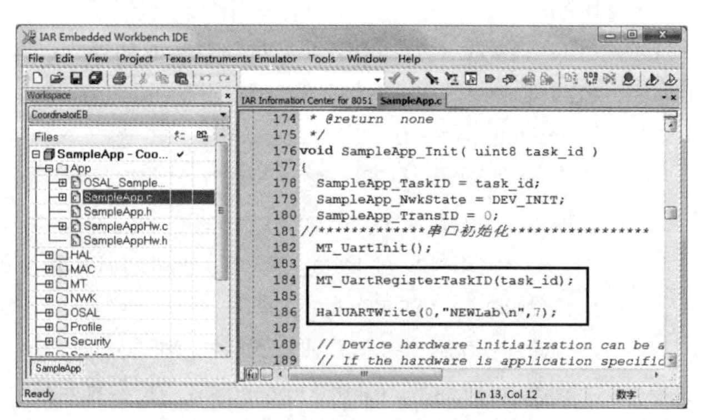

图4-15　串口任务注册与数据发送

3）向协调器烧录程序。每复位一次协调器，都会向PC发送一次数据，则在串口调试软件上显示一行“NEWLab”字符，如图4-16所示。注意：要记得在IAR的Workspace栏选择CoordinatorEB（协调器），再编辑，烧录。

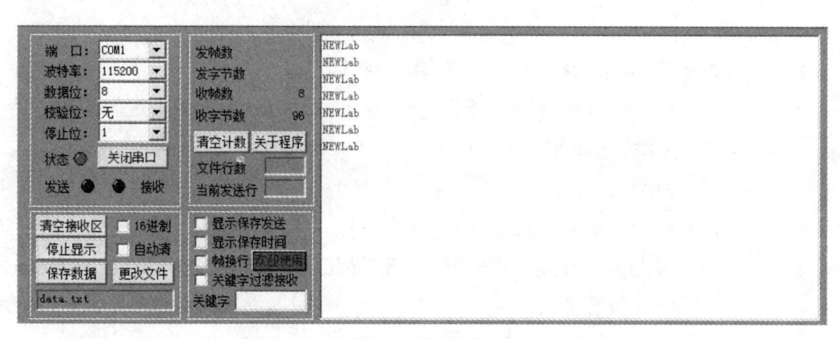

图4-16　协调器向PC发送串口数据

第三步，协调器接收PC的串口数据。

1）由于在Option→C/C++的CompilerPreprocessor中，默认添加了ZTOOL_P1预编译，即表示采用ZTOOL和串口0，所以串口的回调函数是“MT_UartProcessZToolData”，而不是“MT_UartProcessZAppData”。在MT_UartInit()函数中，右击MT_UartProcessZToolData。从弹出的快捷菜单中选择go to definition of命令。串口的回调函数定义如下：

```
1.  void MT_UartProcessZToolData ( uint8 port, uint8 event )
2.  {       uint8 ch;
3.          uint8  bytesInRxBuffer;
4.          (void)event;  // Intentionally unreferenced parameter
5.          while (Hal_UART_RxBufLen(port))
6.          {     HalUARTRead (port, &ch, 1);                    //读取1个数据
7.                switch (state)
8.                {        case SOP_STATE:                        //收到第1个数据，sop_STATE为0x00，
9.                                if (ch == MT_UART_SOF)          //判断数据帧头是不是为0xfe
10.                                  state = LEN_STATE;
11.                              break;
12.                        case LEN_STATE:  //收到第2个数据，若接收的帧头正确，则跳到这个状态
13.                              LEN_Token = ch; //并将第2个数据赋给LEN_Token，表示数据长度
14.                              tempDataLen = 0;
15.                              /* 为数据分配内存空间 */
16.                             pMsg = (mtOSALSerialData_t *)osal_msg_allocate( sizeof
17.                                       ( mtOSALSerialData_t ) +   MT_RPC_FRAME_HDR_SZ + LEN_Token );
18.                             if (pMsg)        //如果分配成功
19.                             {   pMsg->hdr.event = CMD_SERIAL_MSG; //注册事件号CMD_SERIAL_MSG
20.                                 pMsg->msg = (uint8*)(pMsg+1); //把数据定位到结构体数据部分
21.                                 pMsg->msg[MT_RPC_POS_LEN] = LEN_Token; //存数据长度，第1位数据
22.                                 state = CMD_STATE1;
23.                           }else{
24.                                 state = SOP_STATE;
25.                                 return; }
26.                           break;
27.                     case CMD_STATE1: //接收第3个数据
28.                           pMsg->msg[MT_RPC_POS_CMD0] = ch; //在指定的数据中存放第2位数据
29.                           state = CMD_STATE2;
30.                           break;
31.                     case CMD_STATE2: //接收第4个数据
32.                           pMsg->msg[MT_RPC_POS_CMD1] = ch; //在指定的数据中存放第3位数据
33.                          if (LEN_Token)                         //如果有数据，则跳到DATA_STATE状态
34.                           {    state = DATA_STATE; }
```

```
35.             else                                    //如果没有数据，则跳到FCS状态
36.             {   state = FCS_STATE; }
37.             break;
38.        case DATA_STATE: //接收第5个数据（从第5个数据开始是真正的数据）
39.             pMsg->msg[MT_RPC_FRAME_HDR_SZ + tempDataLen++] = ch; //存第4位数据
40.             bytesInRxBuffer = Hal_UART_RxBufLen(port); //检查剩下的数据字节数
41.             if (bytesInRxBuffer <= LEN_Token - tempDataLen)
42.             {  HalUARTRead (port, &pMsg->msg[MT_RPC_FRAME_HDR_SZ +
43.                             tempDataLen],bytesInRxBuffer);
44.               tempDataLen += bytesInRxBuffer;
45.             } else {
46.                  HalUARTRead (port, &pMsg->msg[MT_RPC_FRAME_HDR_SZ +
47.                                  tempDataLen], LEN_Token - tempDataLen);
48.                  tempDataLen += (LEN_Token - tempDataLen); }
49.             if ( tempDataLen == LEN_Token )
50.                 state = FCS_STATE;
51.             break;
52.        case FCS_STATE:                //校验数据
53.             FSC_Token = ch;
54.             if ((MT_UartCalcFCS ((uint8*)&pMsg->msg[0], MT_RPC_FRAME_HDR_SZ +
55.                LEN_Token) == FSC_Token)) //校验的总数据长度“3+串口数据长度”
56.             { osal_msg_send( App_TaskID, (byte *)pMsg ); } //把数据包发送到OSAL
57.             else
58.             { osal_msg_deallocate ( (uint8 *)pMsg ); }//清申请的内存空间
59.             state = SOP_STATE;             //清状态机
60.             break;
61.        default:
62.             break;
63.   } } }
```

程序分析如下。

① 串口回调函数的原理：串口接收的数据先被装入缓冲区，再从缓冲器中读取、校验，封装成一个消息发给OSAL层，该消息包括串口数据接收事件、数据长度和数据。

② 回调函数的串口数据结构见表4-2。

表4-2　回调函数的串口数据结构

第1个字节	第2个字节	第3个字节	第4字节	第5～Len+4字节	第n+1字节
数据帧头	数据长度（Len）	命令低字节	命令高字节	数据（Len字节）	校验码
0xFE					

③ 封装成消息发给OSAL层的数据包结构见表4-3。

表4-3 封装成消息发给OSAL层的数据包结构

第1个字节	第2个字节	第3个字节	第4～Len+3字节
数据长度（Len）	命令低字节	命令高字节	数据（Len字节）

④ 第5行中的Hal_UART_RxBufLen(port)表示接收缓冲区数据长度。

⑤ 第7行，采用状态机，switch...case语句判断第6行接收的每一个字节数据—— 共有6种状态，即数据帧头（SOP_STATE）、数据长度（LEN_STATE）、命令低字节（CMD_STATE1）、命令高字节（CMD_STATE2）、数据（DATA_STATE）和校验码（FCS_STATE）

⑥ 第16行，第pMsg串口数据消息分配空间，空间大小为mtOSALSerialData_t结构体自身大小、MT_RPC_FRAME_HDR_SZ（3个字节，包括存数据长度的1个字节、命令低字节和命令高字节）和LEN_Token（数据占据空间的大小）的总和。

⑦ 串口从PC接收到数据的处理过程如下：

- 接收串数据，判断起始码是不是0xFE，第9行代码。
- 读取数据长度后，给串口数据消息pMsg分配内存。
- 给pMsg封装数据。
- 把pMsg打包成消息发给OSAL层处理。
- 释放数据消息内存。

2）根据串口回调函数可知，PC必须按照固定的格式发送数据，包括数据帧头、校验码等，可是本任务要像聊天软件一样发送字符、文字等内容，很难参照该串口数据结构发送数据，所以此处要简化串口回调函数。具体函数如下：

```
1.  void MT_UartProcessZToolData ( uint8 port, uint8 event )
2.  {  uint8 flag=0,i=0,DataLen=0;  //定义flag为收到数据标志位，DataLen为数据长度
3.     uint8 DataBuf[128];          //串口缓冲区默认最大为128个字节，这里用最大值
4.     (void)event;               // Intentionally unreferenced parameter
5.     while(Hal_UART_RxBufLen(port))   //读到接收缓冲区数据长度，检查是否收到数据
6.     {  HalUARTRead(port,&DataBuf[DataLen],1);   //一个一个地读取，存入DataBuf中
7.        DataLen++;
8.        flag=1;
9.     }
10.     if(flag)      //收到数据，并将全部数据存入DataBuf中
11.     {  pMsg = (mtOSALSerialData_t *)osal_msg_allocate( sizeof ( mtOSALSerialData_t ) +
12.              1 + DataLen );                                        //分配内存空间
```

```
13.        pMsg->hdr.event = CMD_SERIAL_MSG;         //注册事件号CMD_SERIAL_MSG
14.        pMsg->msg = (uint8*)(pMsg+1);       //定位数据位置，把数据定位到结构体数据部分
15.        pMsg->msg[0] = DataLen;             //给OSAL层的数据包第1个字节为数据的长度
16.        for(i=0;i<DataLen;i++)
17.        {  pMsg->msg[i+1] = DataBuf[i]; }
18.        osal_msg_send(App_TaskID,(byte *)pMsg);  //把数据包发送到OSAL层
19.        osal_msg_deallocate ( (uint8 *)pMsg );      //清申请的内存空间
20.     } }
```

程序分析如下。

① 发给OSAL层的串口数据包仅包括数据长度和数据内容。

② 第11行，第pMsg串口数据消息分配空间，内存大小为：mtOSALSerialData_t结构体自身大小+1（用于记录长度的数据）+数据内容长度。

3）在SampleApp. c文件中，修改、增加如下代码。

① 在SampleApp. c中，增加#include "MT_UART. h"和#include "MT. h"两个头文件。

② 在事件处理函数SampleApp_ProcessEvent中增加第11～13行粗体代码：

```
1.  uint16 SampleApp_ProcessEvent( uint8 task_id, uint16 events )
2.  {          afIncomingMSGPacket_t *MSGpkt;
3.             if ( events & SYS_EVENT_MSG )
4.             {   MSGpkt = (afIncomingMSGPacket_t *)osal_msg_receive( SampleApp_TaskID );
5.                 while ( MSGpkt )
6.                 {      switch ( MSGpkt->hdr.event )
7.                        {     case AF_INCOMING_MSG_CMD:
8.                                     SampleApp_MessageMSGCB( MSGpkt );
9.                                     break;
10.                             ……
11.                             case CMD_SERIAL_MSG:
12.                                    SampleApp_SerialMSG((mtOSALSerialData_t *)MSGpkt);
13.                                    break;
14.                       ……   }
```

程序分析如下。

- 第11行，CMD_SERIAL_MSG是串口接收数据事件，由MT_UART层传给OSAL层的事件。
- 第12行，SampleApp_SerialMSG((mtOSALSerialData_t *)MSGpkt)是串口接收事件处理函数，并将afIncomingMSGPacket_t结构体类型“消息”转化为

mtOSALSerialData_t结构体类型。

③在SampleApp. c中，对SampleApp_SerialMSG((mtOSALSerialData_t *) MSGpkt)函数进行声明，如粗体代码：

```
1. void SampleApp_HandleKeys( uint8 shift, uint8 keys );
2. void SampleApp_MessageMSGCB( afIncomingMSGPacket_t *pckt );
3. void SampleApp_SendPeriodicMessage( void );
4. void SampleApp_SendFlashMessage( uint16 flashTime );
5. void SampleApp_SerialMSG(mtOSALSerialData_t *SeMsg) ;
```

④ 在SampleApp. c中，对SampleApp_SerialMSG((mtOSALSerialData_t *) MSGpkt)函数进行定义，代码如下：

```
1. void SampleApp_SerialMSG(mtOSALSerialData_t *SeMsg)
2. {    HalUARTWrite(0,&SeMsg->msg[1],SeMsg->msg[0]); //发送数据
3.      HalUARTWrite(0,"\n",1); //发送换行符
4. }
```

程序分析：第2行，将串口接收到的数据发回PC，以验证协调器接收到PC的数据。因为在SeMsg->msg中的数据格式是“第0位为数据长度，第1位以后为数据内容”，所以数据的首地址为&SeMsg->msg[1]，数据的长度为SeMsg->msg[0]。

4）编译、下载程序，在串口调试软件中输入字符、汉字等内容，单击“发送”按钮，发送指令，则可以在串口调试软件的接收窗口看到同样的字符、汉字等内容，如图4-17所示。

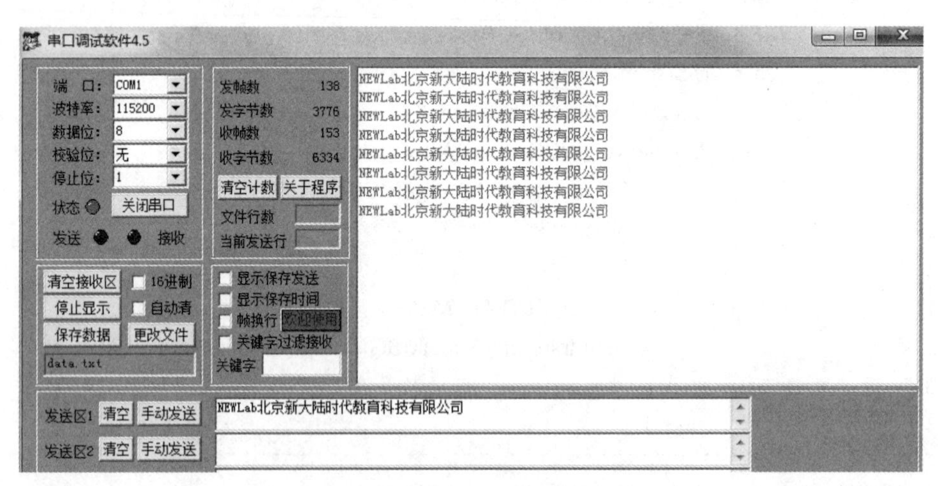

图4-17 将串口接收到的数据发回PC

第四步，协调器与终端之间无线数据透传，并在PC显示对方的信息。

1）将协调器模块和终端节点模块分别通过串口线与PC相连，可以用USB转串口线把两个模块都与一台PC相连。若采用NEWLab平台，终端节点放到平台，并把NEWLab平台的串口与PC串口相连，然后把平台旋转到“通信模式”，再用串口线把协调器与PC连接起来。

2）在第三步的基础上，编写协调器代码。

① 在SampleApp. c文件中，把不需要的功能代码注释掉，具体如下：

```
1.  //HalUARTWrite(0,"NEWLab\n",12); //串口初始时，发送数据到PC端
2.           case ZDO_STATE_CHANGE:         //有设备加入网络
3.             SampleApp_NwkState = (devStates_t)(MSGpkt->hdr.status);
4.             if ( (SampleApp_NwkState == DEV_ZB_COORD) //判断是协调器、路由器，还是终端
5.                 || (SampleApp_NwkState == DEV_ROUTER)
6.                 || (SampleApp_NwkState == DEV_END_DEVICE) )
7.             {
8.  //             osal_start_timerEx( SampleApp_TaskID,
9.  //                               SAMPLEAPP_SEND_PERIODIC_MSG_EVT,
10. //                               SAMPLEAPP_SEND_PERIODIC_MSG_TIMEOUT );   }
```

程序分析如下。

- 第1行代码在void SampleApp_Init(uint8 task_id)函数中，由于上电后，PC不会显示"NEWLab"信息。
- 由于注释了第8～10行，因此协调器建立网络或终端加入网络，都不会启动SAMPLEAPP_SEND_PERIODIC_MSG_EVT事件。

② 在SampleApp. c文件中，void SampleApp_SerialMSG(mtOSALSerialData_t *SeMsg)函数功能是：协调器（终端）把接收的串口数据通过无线方式发送给终端（协调器），具体代码修改如下：

```
1.  void SampleApp_SerialMSG(mtOSALSerialData_t *SeMsg)
2.  { //  HalUARTWrite(0,&SeMsg->msg[1],SeMsg->msg[0]);      //发送数据，在此注释掉
3.   //  HalUARTWrite(0,"\n",1);                            //发送换行符，在此注释掉
4.    if ( AF_DataRequest( &SampleApp_Periodic_DstAddr, &SampleApp_epDesc,
5.                        SAMPLEAPP_SERIAL_CLUSTERID, //定义ID号，用于接收方判断，值为4
6.                        SeMsg->msg[0],              //无线发送数据长度
7.                        &SeMsg->msg[1],             //待发送数据的首地址
8.                        &SampleApp_TransID,
9.                        AF_DISCV_ROUTE,
10.                        AF_DEFAULT_RADIUS ) == afStatus_SUCCESS )
11.   { }
12.   else
13.   { }// Error occurred in request to send.
14. }
```

程序分析如下。

- 第4～10行，用于无线发送串口接收到数据。

- 第5行，定义ID号，在SampleApp.h文件中，具体如下：

```
#define  SAMPLEAPP_SERIAL_CLUSTERID  4    //自定义无线串口数据接收ID
```

③ 在SampleApp.c文件中，SampleApp_MessageMSGCB(afIncomingMSGPacket_t *pkt)函数的功能是：协调器（终端）把无线接收的数据上传给PC显示。

```
1.  void SampleApp_MessageMSGCB( afIncomingMSGPacket_t *pkt )
2.  {     uint16 flashTime;
3.        switch ( pkt->clusterId )
4.        {     case SAMPLEAPP_PERIODIC_CLUSTERID:
5.                    HalUARTWrite(0,"I get data\n",11);
6.                    HalUARTWrite(0, &pkt->cmd.Data[0],pkt->cmd.DataLength);
7.                    break;
8.              case SAMPLEAPP_FLASH_CLUSTERID:
9.                    flashTime = BUILD_UINT16(pkt->cmd.Data[1], pkt->cmd.Data[2] );
10.                   HalLedBlink( HAL_LED_4, 4, 50, (flashTime / 4) );
11.                   break;
12.             case SAMPLEAPP_SERIAL_CLUSTERID:                //无线串口发来的数据
13.                 HalUARTWrite(0, &pkt->cmd.Data[0],
14.                       pkt->cmd.DataLength); //把无线串口数据上传给PC显示
15.                       HalUARTWrite(0,"\n",1);  //发送换行符
16.             break;
17.             default:
18.                       break;
19.       } }
```

程序分析如下。

- SampleApp_MessageMSGCB(afIncomingMSGPacket_t *pkt)函数是在uint16 SampleApp_ProcessEvent(uint8 task_id, uint16 events)函数中被调用的，当接收无线数据事件有效时，立刻调用该函数，具体如下：

```
1）……
2）case AF_INCOMING_MSG_CMD:
3）          SampleApp_MessageMSGCB( MSGpkt );
4）          break;
5）……
```

- 无线数据包是用afIncomingMSGPacket_t结构体封装的，pkt->cmd.DataLength表示数据的长度，&pkt->cmd.Data[0]表示数据的首地址。
- switch...case语句查询pkt->clusterId的值，SAMPLEAPP_SERIAL_CLUSTERID有效，所以执行第13～16行代码。

3）修改LED驱动程序，因为NEWLab的ZigBee无线模块的连接指示灯与ZigBee协议栈的默认设置不同。选中HAL目录下的Target→Config文件夹内的hal_board_cfg. h文件，具体修改代码如下：

```
1.  /* 1 – Green */
2.  #define LED1_BV           BV(4)              //把BV(0)修改为BV(4)
3.  #define LED1_SBIT         P1_4               //把P1_0修改为P1_4
4.  #define LED1_DDR          P1DIR              //P1端口的方向寄存器
5.  #define LED1_POLARITY     ACTIVE_HIGH        //ACTIVE_HIGH定义为！！，即高电平
6.  #if defined (HAL_BOARD_CC2530EB_REV17)
7.   /* 2 – Red */
8.  #define LED2_BV           BV(1)
9.  #define LED2_SBIT         P1_1
10.  #define LED2_DDR         P1DIR
11.  #define LED2_POLARITY    ACTIVE_HIGH
12.   /* 3 – Yellow */
13.  #define LED3_BV          BV(0)              //把BV(4)修改为BV(0)
14.  #define LED3_SBIT        P1_0               //把P1_4修改为P1_0
15.  #define LED3_DDR         P1DIR              //P1端口的方向寄存器
16.  #define LED3_POLARITY    ACTIVE_HIGH        //ACTIVE_HIGH定义为！！，即高电平
```

程序分析：由于NEWLab的ZigBee无线模块的连接指示灯采用了P1_0引脚，而ZigBee协议栈的默认设置是P1_4，因此把第2～3行和第13～14行修改为上述程序。

4）为协调器编译、下载程序。

① 在Workspace栏内选择CoordinatorEB，然后编译程序，把程序下载到协调器中。

② 在Workspace栏内选择EndDeviceEB，然后编译程序，把程序下载到协调器中。

第五步，测试协调器与终端之间无线数据透传效果。

1）先给协调器上电，待协调器上的网络连接指示灯亮后，再给终端上电，等待一会儿，终端上的网络连接指示灯也会点亮。

2）在协调器连接的PC上打开串口调试软件（命名为协调器串口调试软件），选择串口通信端口COM5（该端口是USB转串口），选择波特率为115 200、数据位为8、校验位为无、停止位为1，然后打开串口。

3）在终端节点连接的PC上打开串口调软件（命名为“终端节点串口调试软件”），选择串口通信端口COM1，其他设置与第五步中步骤2相同。

4）在协调器串口调试软件的发送区中输入“NEWLab2”，单击“手动发送”按钮，则在终端节点串口调试软件的接收区显示“NEWLab1”信息，如图4-18所示。

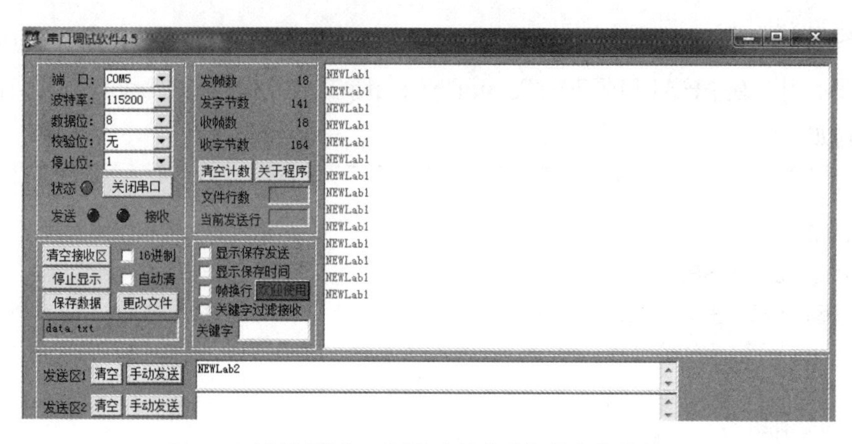

图4-18　协调器串口调试软件发送与接收信息效果

5）在终端节点串口调试软件的发送区中输入“NEWLab1”，单击“手动发送”按钮，则在协调器串口调试软件的接收区显示“NEWLab2”信息，如图4-19所示。

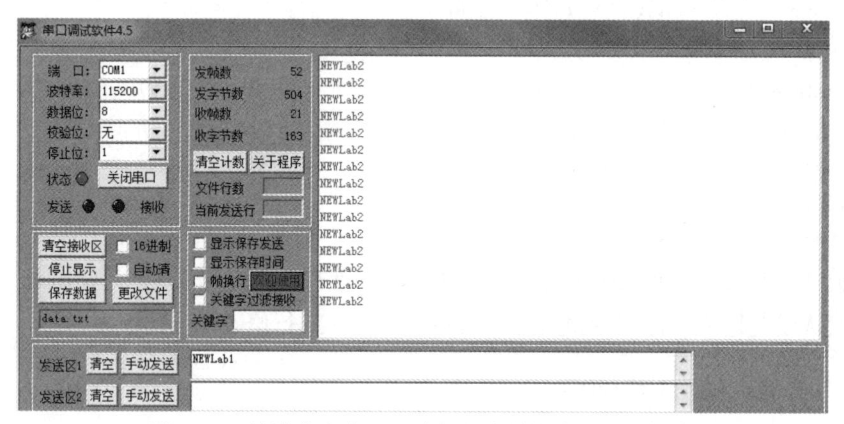

图4-19　终端节点串口调试软件发送与接收信息效果

技能拓展

在该任务的基础上增加功能，具体要求是：增加ZigBee模块和PC，形成3台以上计算机串口透传。

任务4　基于绑定的无线开关系统

任务要求

采用两个ZigBee模块，将它们固定在NEWLab实训平台上，将其中一个ZigBee模块作为控制节点（灯模块），另一个作为终端节点（开关模块）。通过编写程序实现功能——触发灯模块SW6按键，使其处于允许绑定状态；触发开关模块SW6按键，申请绑定；触发开关模块SW7按键，控制灯模块上的LED1亮或灭；触发开关模块SW3按键，取消绑定。

扫码观看本任务操作视频

1．Z-Stack的LED驱动

（1）Z-Stack的LED驱动程序概述

TI公司开发的Z-Stack协议栈中，包括LED1、LED2、LED3和LED4控制代码，但是这些代码仅适合IT公司的开发板。如果用户要满足自己项目的LED显示，那么必须修改Z-Stack协议栈中的LED驱动程序。另外，Z-Stack协议栈中对LED操作的函数的类型也有很多，主要操作函数见表4-4。

表4-4　LED的主要操作函数描述

函数名	功能
HAL_TURN_OFF_LED1 ( )	熄灭LED1，LED1可修改为LED1～LED4中的任一个
HAL_TURN_ON_LED1( )	点亮LED1，LED1可修改为LED1～LED4中的任一个
HAL_TOGGLE_LED1( )	翻转LED1，LED1可修改为LED1～LED4中的任一个
HalLedSet (uint8 leds, uint8 mode)	1. 形参leds可为HAL_LED_1\2\3\4\ALL中的任一个 2. 形参mode可为HAL_LED_MODE_BLINK\FLASH\TOGGLE\ ON\OFF中的任一个 举例，HalLedSet (HAL_LED_1, HAL_LED_MODE_ON)，点亮LED1
HalLedBlink (uint8 leds, uint8 numBlinks, uint8 percent, uint16 period)	1. 形参leds可为HAL_LED_1\2\3\4\ALL中的任一个 2. 形参numBlinks为闪烁次数，如10为闪烁10次，0为无限闪烁 3. 形参percent为每个周期的占空比，即一定时间内LED亮的时间占百分之几；形参period为周期 例如，HalLedBlink (HAL_LED_4, 0, 50, 500)，表示LED4无限闪烁；50是50%，即亮灭各一半；500是周期，即0.5s。 再如，HalLedBlink (HAL_LED_ALL,10, 50, 500)，表示使LED1、LED2、LED3和LED4全部同时闪烁10次，并且闪烁10次之后全部熄灭。

（2）Z-Stack的LED宏定义与应用

在HAL/Include目录下的hal_led. h文件中，定义了LED相关的参数，包括4个LED和LED状态参数：

```
1.  /* LEDS - The LED number is the same as the bit position */
2.  #define HAL_LED_1     0x01
3.  #define HAL_LED_2     0x02
4.  #define HAL_LED_3     0x04
5.  #define HAL_LED_4     0x08
```

```
6.  #define HAL_LED_ALL   (HAL_LED_1 | HAL_LED_2 | HAL_LED_3 | HAL_LED_4)
7.  /* Modes */
8.  #define HAL_LED_MODE_OFF            0x00
9.  #define HAL_LED_MODE_ON             0x01
10. #define HAL_LED_MODE_BLINK          0x02
11. #define HAL_LED_MODE_FLASH          0x04
12. #define HAL_LED_MODE_TOGGLE         0x08
13. /* Defaults */
14. #define HAL_LED_DEFAULT_MAX_LEDS          4
15. #define HAL_LED_DEFAULT_DUTY_CYCLE        5
16. #define HAL_LED_DEFAULT_FLASH_COUNT       50
17. #define HAL_LED_DEFAULT_FLASH_TIME        1000
```

在HAL/Target/Config目录下的hal_board_cfg.h文件中，有LED硬件相关的宏定义，这些代码都是根据TI公司自己的开发板定义的。

```
1.  /* 1 – Green */
2.  #define LED1_BV          BV(0)           //LED1位于第0位
3.  #define LED1_SBIT        P1_0            //LED1端口为P1_0
4.  #define LED1_DDR         P1DIR           //P1端口方向寄存器，设置P1_0为输出
5.  #define LED1_POLARITY ACTIVE_HIGH        //高电平有效
6.  #if defined (HAL_BOARD_CC2530EB_REV17)
7.   /* 2 – Red */
8.   #define LED2_BV          BV(1)
9.   #define LED2_SBIT        P1_1
10.  #define LED2_DDR         P1DIR
11.  #define LED2_POLARITY    ACTIVE_HIGH
12.  /* 3 – Yellow */
13.  #define LED3_BV          BV(4)
14.  #define LED3_SBIT        P1_4
15.  #define LED3_DDR         P1DIR
16.  #define LED3_POLARITY    ACTIVE_HIGH
17.  #endif
```

程序分析：TI公司的CC2530EM评估开发板主要有rev13和rev17两个版本，在硬件上稍有一点不同，默认为rev17版本，所以在程序的第6行有一个条件编译，即rev13版本只有LED1，而rev17版本有LED1～LED3。

需要注意的是，评估开发板的LCD引脚定义与LED引脚定义有冲突，在HAL/Target/Drivers目录下的hal_lcd.c文件中，定义了LCD的引脚。

```
1.  /*  LCD pins
2.   //control  P0_0 – LCD_MODE  P1_1 – LCD_FLASH_RESET  P1_2 – LCD_CS
```

```
3.    //spi  P1.5 – CLK  P1.6 – MOSI  P1.7  –  MISO                    */
4.   /* LCD Control lines */
5.   #define HAL_LCD_MODE_PORT 0
6.   #define HAL_LCD_MODE_PIN  0
7.   #define HAL_LCD_RESET_PORT 1
8.   #define HAL_LCD_RESET_PIN  1
9.   #define HAL_LCD_CS_PORT 1
10.  #define HAL_LCD_CS_PIN  2
11.  /* LCD SPI lines */
12.  ……
```

从上述程序可知，LCD与LED共用了P1_1引脚，所以同时使用LCD和LED时，需要更改P1_1引脚。若不使用LCD，可以在hal_board_cfg.h文件中，将默认的#define HAL_LCD TRUE修改为#define HAL_LCD FALSE。具体代码如下：

```
1.  /* Set to TRUE enable LCD usage, FALSE disable it */
2.  #ifndef HAL_LCD
3.  #define HAL_LCD           FALSE
4.  #endif
```

在hal_board_cfg.h文件中，定义了对LED操作的宏，虽然Z-Stack各层对LED有点亮、熄灭、翻转、闪烁等操作，但都是用这些宏来操作的，具体代码如下（部分代码）：

```
1.   #define HAL_TURN_OFF_LED1()      st( LED1_SBIT = LED1_POLARITY (0); )
2.   ……
3.   #define HAL_TURN_ON_LED1()       st( LED1_SBIT = LED1_POLARITY (1); )
4.   ……
5.   #define HAL_TOGGLE_LED1()  st( if (LED1_SBIT) { LED1_SBIT = 0; } else { LED1_SBIT = 1;} )
6.   ……
7.   #define HAL_STATE_LED1()          (LED1_POLARITY (LED1_SBIT))
8.   ……
```

2．Z-Stack的按键驱动

（1）Z-Stack的按键驱动概述

Z-Stack协议栈中提供了轮询和中断两种按键控制方式，其中轮询方式是每隔一定时间检测按键状态，并进行相应处理；中断方式是按键触发外部中断，并进行相应的处理。

Z-Stack协议栈默认使用轮询方式，如果觉得轮询方式处理按键不够灵敏，可以修改为中断方式。

（2）Z-Stack的按键驱动代码分析

Z-Stack协议栈中定义了1个Joystick游戏摇杆和2个独立按键，其中Joystick游戏摇杆方向键采用ADC接口、中心键采用TTL接口，方向键与CC2530的AN6（P0_6）相连，随着摇杆方向不同，抽头的阻值随着变化，CC2530的ADC采样的值就会发生变化，从而得知摇杆的方向；中心键与CC2530的P2_0相连。独立键仅有SW6按键宏定义，即与CC2530的P0_1相连，SW7按键需用户补充。

1）Z-Stack的按键宏定义。

① 在HAL/Include目录下的hal_key. h文件中，对按键进行基本的配置。

```
1.  #define HAL_KEY_INTERRUPT_DISABLE   0x00          //中断禁止宏定义
2.  #define HAL_KEY_INTERRUPT_ENABLE    0x01          //中断使能宏定义
3.  #define HAL_KEY_STATE_NORMAL        0x00          //按键正常状态
4.  #define HAL_KEY_STATE_SHIFT         0x01          //按键处于SHIFT状态
5.  ……
```

② 在HAL/Target/Drivers目录下的hal_key. c文件中，对按键进行具体的配置。注意：只有采用中断方式响应按键，才使用以下代码来配置按键输入端口。

```
1.   /* 配置按键和摇杆的中断状态寄存器*/
2.   #define HAL_KEY_CPU_PORT_0_IF P0IF
3.   #define HAL_KEY_CPU_PORT_2_IF P2IF
4.   /* 按键SW_6与P0_1相连，并进行端口配置 */
5.   #define HAL_KEY_SW_6_PORT     P0
6.   #define HAL_KEY_SW_6_BIT      BV(1)
7.   #define HAL_KEY_SW_6_SEL      P0SEL
8.   #define HAL_KEY_SW_6_DIR      P0DIR
9.   /*中断边沿配置 */
10.  #define HAL_KEY_SW_6_EDGEBIT  BV(0)
11.  #define HAL_KEY_SW_6_EDGE     HAL_KEY_FALLING_EDGE
12.  /* SW_6 中断配置 */
13.  #define HAL_KEY_SW_6_IEN      IEN1  /* CPU interrupt mask register */
14.  #define HAL_KEY_SW_6_IENBIT   BV(5) /* Mask bit for all of Port_0 */
15.  #define HAL_KEY_SW_6_ICTL     P0IEN /* Port Interrupt Control register */
16.  #define HAL_KEY_SW_6_ICTLBIT BV(1) /* P0IEN - P0_1 enable/disable bit */
17.  #define HAL_KEY_SW_6_PXIFG    P0IFG /* Interrupt flag at source */
18.  /* Joy stick move at P2_0 ---Joy stick中心按键（中键）与P2_0相连，并进行端口配置*/
19.  ……
```

③ 在HAL/Target/Config目录下的hal_board_cfg. h文件中，对按键进行了配置。

注意：只有采用轮询方式响应按键，才使用以下代码来配置按键输入端口。

```
1.   #define ACTIVE_LOW        !
2.   #define ACTIVE_HIGH       !!   /* double negation forces result to be '1' */
3.   /* SW6按键 */
```

```
4.  #define PUSH1_BV         BV(1)
5.  #define PUSH1_SBIT       P0_1
6.  #if defined (HAL_BOARD_CC2530EB_REV17)
7.    #define PUSH1_POLARITY        ACTIVE_HIGH
8.  #elif defined (HAL_BOARD_CC2530EB_REV13)
9.    #define PUSH1_POLARITY        ACTIVE_LOW
10. #else
11.   #error Unknown Board Indentifier
12. #endif
13. ……
```

2）Z-Stack的按键初始化代码分析。

① 分析HalDriverInit( )函数。

Z-Stack协议栈中有关硬件初始化的代码均集中在HalDriverInit( )函数中，如，定时器、ADC、DMA、KEY等硬件初始化都在该函数中。HalDriverInit( )函数是在main( )函数中被调用的，在HAL/Common目录下的hal_drivers. c中定义的。HalDriverInit( )函数的相关代码如下：

```
1.  void HalDriverInit (void)
2.  {
3.     /* ADC */
4.  #if (defined HAL_ADC) && (HAL_ADC == TRUE)
5.    HalAdcInit();
6.  #endif
7.     ……
8.    /* KEY */
9.  #if (defined HAL_KEY) && (HAL_KEY == TRUE)
10.   HalKeyInit();
11. #endif
12. …… }
```

程序分析。

a）所有初始化函数被调用之前都要进行条件判断，第9行是KEY的条件判断语句，Z-Stack协议栈默认使用KEY，初始化条件有效。因为在HAL\Target\CC2530EB\config目录下的hal_board_cfg. h文件中有如下代码：

```
1）/* Set to TRUE enable KEY usage, FALSE disable it */
2）#ifndef HAL_KEY
3）#define HAL_KEY TRUE
4）#endif
```

b）Z-Stack协议栈含有摇杆代码，使用A-D采集摇杆的输出电压，进而判断摇杆的方向。同样，在HAL\Target\CC2530EB\config目录下的hal_board_cfg.h中有A-D的预定义代码：

```
1）/* Set to TRUE enable ADC usage, FALSE disable it */
2）#ifndef HAL_ADC
3）#define HAL_ADC TRUE
4）#endif
```

因此，Z-Stack协议栈在默认条件下，既可以使用普通的独立按键，又可以使用模拟量输出的摇杆。

② 分析HalKeyInit( )函数。

```
1.   void HalKeyInit( void )
2.   { halKeySavedKeys = 0;              /* 初始化全局变量的值为0，用来保存KEY值 */
3.     HAL_KEY_SW_6_SEL &= ~(HAL_KEY_SW_6_BIT); /* 设置SW6按键端口为GPIO */
4.     HAL_KEY_SW_6_DIR &= ~(HAL_KEY_SW_6_BIT); /*设置SW6按键端口为输入方向 */
5.   …… }
```

程序分析：注意3个重要的全局变量—— 第1个是halKeySavedKeys全局变量，用来保存按键的值，初始化时将其初始化为0，如第2行代码。第2个是pHalKeyProcessFunction全局变量，它是指向按键处理函数的指针，若有按键响应，则调用按键处理函数，并对某按键进行处理，初始化时将其初始化为NULL，在按键配置函数中对其进行配置。第3个是HalKeyConfigured全局变量，用来标识按键是否被配置，初始化时没有配置按键，所以初始化时将其初始化为FALSE。

③ 分析InitBoard(uint8 level)函数。

InitBoard(uint8 level)函数为板载初始化函数，在main( )函数中被调用的，在ZMain目录中的OnBoard.c文件中定义。

```
1.  void InitBoard( uint8 level )
2.  {  if ( level == OB_COLD )
3.    { …… }
4.    else  // !OB_COLD
5.    { /* Initialize Key stuff */
6.      HalKeyConfig(HAL_KEY_INTERRUPT_DISABLE, OnBoard_KeyCallback);
7.    } }
```

程序分析：InitBoard(uint8 level)函数在main( )函数中被两次调用，第1次为InitBoard(OB_COLD)，即第2行代码if有效；第2次为InitBoard(OB_READY)，即第4行else有效，从而运行第6行代码，对按键进行配置，决定按键采用轮询还是中断方式，默认情况下为轮询方式，若要配置为中断方式，可以将HalKeyConfig( )函数的第一个参数HAL_KEY_INTERRUPT_DISABLE修改为HAL_KEY_INTERRUPT_ENABLE。

④ 分析HalKeyConfig (bool interruptEnable, halKeyCBack_t cback)函数。

该函数在HAL\Target\Drivers目录下的hal_key. c文件中定义。

```
1.  void HalKeyConfig (bool interruptEnable, halKeyCBack_t cback)
2.  { Hal_KeyIntEnable = interruptEnable;        /* Enable/Disable Interrupt or */
3.    pHalKeyProcessFunction = cback;            /* Register the callback fucntion */
4.    if (Hal_KeyIntEnable)                /* Determine if interrupt is enable or not */
5.    { ……
6.      if (HalKeyConfigured == TRUE)
7.      { osal_stop_timerEx(Hal_TaskID, HAL_KEY_EVENT);  /* Cancel polling if active */
8.      }
9.    }
10.   else   /* Interrupts NOT enabled */
11.   { HAL_KEY_SW_6_ICTL &= ~(HAL_KEY_SW_6_ICTLBIT);     /* 关闭中断 */
12.     HAL_KEY_SW_6_IEN &= ~(HAL_KEY_SW_6_IENBIT);      /* 清零中断标志 */
13.     osal_set_event(Hal_TaskID, HAL_KEY_EVENT);
14.   }
15.   /* Key now is configured */
16.   HalKeyConfigured = TRUE;
17. }
```

程序分析：

a）若采用中断方式，则第4行if语句有效；若采用轮询方式，则第10行else语句有效。第6行对HalKeyConfigured赋TRUE，表示已经进行了按键配置。

b）Z-Stack协议栈默认采用轮询方式，第13行代码触发HAL_KEY_EVENT事件，其任务ID是Hal_TaskID。若在OSAL循环运行中检测到HAL_KEY_EVENT事件发生了，则调用HAL层的事件处理函数Hal_ProcessEvent( )，该函数在HAL\Common目录下的hal_drivers. c中。触发事件HAL_KEY_EVENT标志着开始了按键的轮询工作。

c）如果采用中断方式，则需要配置中断触发方式，如上升沿有效，还是下降沿有效，以及中断使能。

d）值得注意的是，如果采用中断方式，在程序中并没有触发类似HAL_KEY_EVENT事件，那么系统是怎么知道有按键按下呢？其实，当有按键按下时，中断会响应，就会调用按键的处理函数。

3）Z-Stack轮询方式的按键代码分析。

① 分析Hal_ProcessEvent( )函数。

在按键初始化和配置之后，会触发HAL_KEY_EVENT事件，若OSAL检测到该事件，则用调用HAL层的事件处理函数Hal_ProcessEvent( )，该函数在HAL\common目录下的

hal_drivers. c文件中。

```
1.  uint16 Hal_ProcessEvent( uint8 task_id, uint16 events )
2.  { ……
3.   if ( events & SYS_EVENT_MSG )
4.   {          ……      }
5.   if (events & HAL_KEY_EVENT)
6.   {
7.  #if (defined HAL_KEY) && (HAL_KEY == TRUE)
8.     HalKeyPoll();   /* Check for keys */
9.     if (!Hal_KeyIntEnable)     /* if interrupt disabled, do next polling */
10.    { osal_start_timerEx( Hal_TaskID, HAL_KEY_EVENT, 100);
11.    }
12. #endif // HAL_KEY
13.    return events ^ HAL_KEY_EVENT;
14.  } }
```

程序分析:

a）第5行代码用于判断HAL_KEY_EVENT事件是否有效，若有效，则调用按键轮询函数HalKeyPoll( )，以检测按键是否按下（相当于单片机中的扫描按键功能）。

b）由于采用非中断方式（即轮询方式），因此第9行if语句有效，运行第10行代码中的osal_start_timerEx( )函数，其作用是100ms之后再次触发HAL_KEY_EVENT事件，该事件再次被触发，OSAL就会检测到该事件，则会再次调用HAL层的事件处理函数Hal_ProcessEvent( )，又会调用按键轮询函数HalKeyPoll( )和osal_start_timerEx( )函数，从而再过100ms又会触发HAL_KEY_EVENT事件，如此循环触发HAL_KEY_EVENT事件，达到每隔100ms调用一次按键轮询函数HalKeyPoll( )的目的，进行动态扫描按键。

② 分析HalKeyPoll （ ）函数。

HalKeyPoll （ ）函数在HAL\common目录下的hal_drivers. c文件中，其作用是检测是否有按键按下。

```
1.  void HalKeyPoll (void)
2.  { uint8 keys = 0;
3.   if ((HAL_KEY_JOY_MOVE_PORT & HAL_KEY_JOY_MOVE_BIT))  /* Key is active HIGH */
4.   { // keys = halGetJoyKeyInput(); }
5.   if (HAL_PUSH_BUTTON1())
6.   { keys |= HAL_KEY_SW_6;
7.   }
8.   if (!Hal_KeyIntEnable)
9.   { if (keys == halKeySavedKeys)
```

```
10.     { return; }/* Exit – since no keys have changed */
11.     halKeySavedKeys = keys; /* Store the current keys for comparation next time */
12.   }
13.   else
14.   { }/* Key interrupt handled here */
15.   /* Invoke Callback if new keys were depressed */
16.   if (keys && (pHalKeyProcessFunction))
17.   { (pHalKeyProcessFunction) (keys, HAL_KEY_STATE_NORMAL); } }
```

程序分析：

a）在Z-Stack源代码中，第5～7行代码是在第14行之后，为什么要把它提到前面去呢？因为在非中断方式下，第8行if语句有效，当运行第10行时就退出了HalKeyPoll( )，所以在轮询方式下，一定要把if (HAL_PUSH_BUTTON1())语句提前。

b）若没有采用摇杆，则建议注释掉第4行代码。

c）第5行代码if (HAL_PUSH_BUTTON1())用于判断SW6按键是否被按下，若按下，则HAL_PUSH_BUTTON1()为1；反之，为0。在HAL\Target\CC2530EB\Config目录下的hal_board_cfg.h文件中，HAL_PUSH_BUTTON1()定义如下：

```
1）#define ACTIVE_HIGH        !!
2）#define PUSH1_BV           BV(1)
3）#define PUSH1_SBIT         P0_1      //若要采用其他端口作为按键输入（轮询方式），在此修改
4）#if defined (HAL_BOARD_CC2530EB_REV17)
5）  #define PUSH1_POLARITY    ACTIVE_LOW  //要将ACTIVE_HIGH改为ACTIVE_LOW
6）#elif defined (HAL_BOARD_CC2530EB_REV13)
7）  #define PUSH1_POLARITY    ACTIVE_LOW
8）#else
9）#define HAL_PUSH_BUTTON1()      (PUSH1_POLARITY (PUSH1_SBIT))
```

HAL_PUSH_BUTTON1()等价于(PUSH1_POLARITY (PUSH1_SBIT))等价于(!P0_1)，即第5行代码if (HAL_PUSH_BUTTON1())等价于if(!P0_1)。注意：!!为双非为正，相互抵消，所以当按键按下时（P0_1为低电平），该if (HAL_PUSH_BUTTON1())等价于if(!0)，若该if语句有效，则把HAL_KEY_SW_6（0x20）赋给局部变量keys。

d）第8行，非中断方式有效，如果读取的按键值为上次的按键值（第9行if语句有效），则运行第10行代码直接返回不进行按键处理。如果第10行if语句无效，即读取的按键值与上次的按键值不相同，则运行第11行代码把读取的按键值保存到全局变量halKeySavedKeys之中，以便下一次比较。

e）第16行，回调函数处理按键代码。若keys值不为0，并且在按键配置函数HalKeyConfig( )中配置了回调函数OnBoard_KeyCallback( )，所以第16行

if (keys && (pHalKeyProcessFunction))中的两个条件都为真，即运行第17行(pHalKeyProcessFunction) (keys, HAL_KEY_STATE_NORMAL)回调函数，相于调用ZMain目录下的OnBoard.c文件中的OnBoard_KeyCallback (uint8 keys, uint8 state)函数。

③ 分析OnBoard_KeyCallback (uint8 keys, uint8 state)函数。

```
1.  void OnBoard_KeyCallback ( uint8 keys, uint8 state )
2.  {  uint8 shift;
3.    (void)state;
4.    shift = (keys & HAL_KEY_SW_6) ? true : false;
5.    if ( OnBoard_SendKeys( keys, shift ) != ZSuccess )
6.    { if ( keys & HAL_KEY_SW_1 )  // Process SW1 here
7.      {   }
8.      …… }}
```

程序分析:

a）OnBoard_KeyCallback (uint8 keys, uint8 state)函数是将按键信息传到应用层，在第5行调用OnBoard_SendKeys(keys, shift)函数做进一步处理。

b）第4行，将SW6按键作为Shift键，配合其他按键使用。

c）第6行开始，可以编写SW1～SW6各按键的处理代码，Z-Stack协议栈默认条件下，此处没有代码，用户可以添加。

④ 分析OnBoard_SendKeys(uint8 keys, uint8 state)函数。

该函数在ZMain目录下的OnBoard.c文件定义，其作用是将按键的值和按键的状态进行“打包”发送到注册过的按键层。

```
1.   uint8 OnBoard_SendKeys( uint8 keys, uint8 state )
2.   {  keyChange_t *msgPtr;
3.     if ( registeredKeysTaskID != NO_TASK_ID )
4.     { // Send the address to the task
5.       msgPtr = (keyChange_t *)osal_msg_allocate( sizeof(keyChange_t) );
6.       if ( msgPtr )
7.       { msgPtr->hdr.event = KEY_CHANGE;
8.         msgPtr->state = state;
9.         msgPtr->keys = keys;
10.        osal_msg_send( registeredKeysTaskID, (uint8 *)msgPtr );  }
11.      return ( ZSuccess );  }
12.    else
13.      return ( ZFailure );  }
```

程序分析：

a）第3行，按键注册判断。在Z-Stack协议栈中，若要使用按键，必须先对按键进行注册，并且按键仅能注册给一个层。在SimpleApp工程中，sapi.c文件中的void SAPI_Init(byte task_id)函数中调用了RegisterForKeys(sapi_TaskID)函数，进行按键注册。在SampleApp工程中，SampleApp.c文件中的void SampleApp_Init(uint8 task_id)函数中调用了RegisterForKeys(SampleApp_TaskID)函数，进行按键注册。按键注册函数在ZMain目录下的OnBoard.c文件中。

```
1.  uint8 RegisterForKeys( uint8 task_id )
2.  { if ( registeredKeysTaskID == NO_TASK_ID ) // Allow only the first task
3.    { registeredKeysTaskID = task_id;
4.      return ( true ); }
5.    else
6.      return ( false ); }
```

其中，对于第2行代码，如果按键没有注册，则全局变量registeredKeysTaskID的初始化值，即NO_TASK_ID，则运行第3行代码，进行按键注册。实际上，按键注册就是通过函数把任务ID号赋给全局变量registeredKeysTaskID。

b）第10行，发送数据。在确定按键已经注册的前提下，将包括按键值和按键状态在内的信息封装到信息包msgPtr中，再调用osal_msg_send(registeredKeysTaskID, (uint8 *) msgPtr)函数，将按键信息发送到注册按键的应用层。在应用层将触发KEY_CHANGE事件，OSAL检测到该事件，则会调用应用层的事件处理函数SAPI_ProcessEvent(byte task_id, UINT16 events)（SimpleApp工程）或者SampleApp_ProcessEvent(uint8 task_id, uint16 events)（SampleApp工程）。本书仅对SimpleApp工程进行分析。

⑤ 分析SAPI_ProcessEvent(byte task_id, UINT16 events)函数。

该函数在App目录的sapi.c文件中定义，在轮询方式处理按键过程中，最终触发了应用层的事件处理函数KEY_CHANGE事件。

```
1.  UINT16 SAPI_ProcessEvent( byte task_id, UINT16 events )
2.  { ……
3.     case KEY_CHANGE:
4.  #if ( SAPI_CB_FUNC )
5.     zb_HandleKeys( ((keyChange_t *)pMsg)->state, ((keyChange_t *)pMsg)->keys );
6.  #endif
7.     break;
8.     …… }
```

程序分析：SAPI_CB_FUNC已进行了预定义，所以第4行代码有效，故第5行zb_HandleKeys( )函数被调用，进一步处理按键。

⑥ 分析zb_HandleKeys(uint8 shift，uint8 keys)函数。

该函数在App目录的SimpleController. c文件中定义，包含按键的功能代码。

```
1. void zb_HandleKeys( uint8 shift, uint8 keys )
2. { ……
3.   if ( 0 )      // 原来为if ( Shift )
4.   { if ( keys & HAL_KEY_SW_1 )
5.       …… }
6.   else
7.   { if ( keys & HAL_KEY_SW_1 )
8.      …… }}
```

程序分析：

a）上述程序省略了部分代码，但关键代码还是保留了。第3行为<Shift>键对应的6个按键的功能代码（注意：由于没有使用Shift键，因此把第3行的if条件设置为0，即第3～6行永远不会运行）。

b）第7～8行，对应的6个按键的功能代码，用户可以根据需要进行编写。

【例4-5】采用ZigBee模块上的SW1按键，以轮询方式控制LED1的亮灭。

解：ZigBee模块上的SW1按键连接CC25330的P1_2端口，实现步骤如下。

1）打开SimpleApp（路径“…\Projects\zstack\Samples\SimpleApp\CC2530DB”），并选择Workspace栏内的SimpleControllerEB工程，如图4-20所示。从图4-20中可知，App目录中只有sapi. c、sapi. h、SimpleApp. h和SimpleController. c有效，其他3个文件无效，即不参与工程编译。

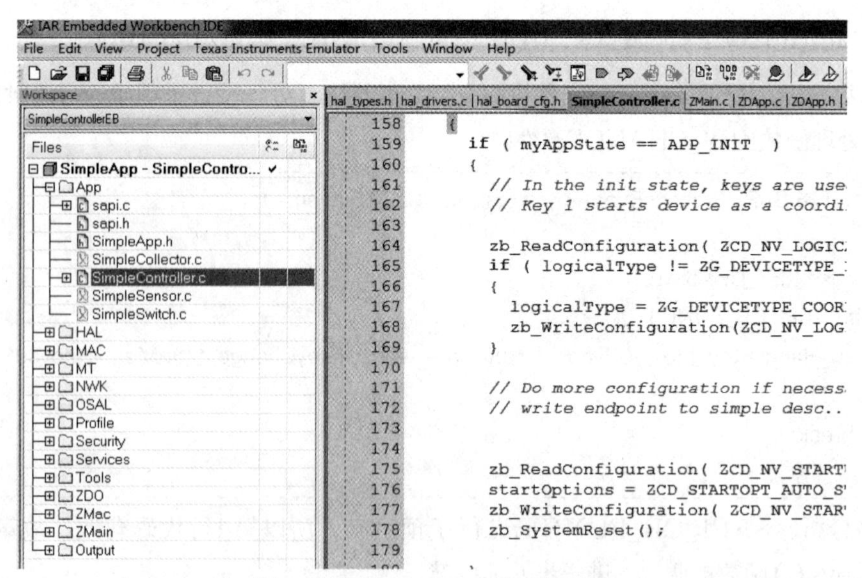

图4-20 SimpleControllerEB工程

2）将SW1按键配置为Z-Stack协议栈中的SW6按键。在hal_board_cfg.h文件中（在HAL\Target\CC2530EB\Config目录下），把P1_2作为按键输入端口进行配置。

```
1.  #define LED1_BV          BV(0)        //LED1的配置
2.  #define LED1_SBIT        P1_0         // P1_0
3.  #define LED1_DDR         P1DIR
4.  #define LED1_POLARITY ACTIVE_HIGH
5.  #define ACTIVE_LOW       !
6.  #define PUSH1_BV         BV(2)
7.  #define PUSH1_SBIT       P1_2     //若要采用其他端口作为按键输入（轮询方式），则在此修改
8.  #if defined (HAL_BOARD_CC2530EB_REV17)
9.  #define PUSH1_POLARITY   ACTIVE_LOW  //将ACTIVE_HIGH改为ACTIVE_LOW
10. ……
```

程序分析：

① 第1～4行，配置P1_0控制LED1，要修改为BV(0)和P1_0。

② 第6～7行，配置P1_2作为按键输入端口，要修改为BV(2)和P1_2。

③ 默认定义的是HAL_BOARD_CC2530EB_REV17，而且ZigBee模块上的SW1键是低电平有效。

3）在HalKeyPoll（ ）函数中，将keys = halGetJoyKeyInput()函数注释掉（因为不使用摇杆）。另外，切记要把if (HAL_PUSH_BUTTON1())部分代码提前，具体详见前述的“分析HalKeyPoll（ ）函数”部分。

4）在zb_HandleKeys(uint8 shift, uint8 keys)函数中添加代码（App目录下的SimpleController.c文件内）。

```
1. void zb_HandleKeys( uint8 shift, uint8 keys )
2. { ……
3.   if ( 0 )       // 原来为if ( Shift )
4.   { …… }
5.   else
6.   { ……
7.     if ( keys & HAL_KEY_SW_6 )
8.     {   HAL_TOGGLE_LED1();   }
9.   } }
```

5）编译工程，下载程序，测试功能。

在ZigBee模块上按SW1按键，第1次按下时，LED1亮；第2次按下时，LED1灭；再按LED1又亮；如此循环亮灭。

4）Z-Stack中断方式的按键代码分析。

① 分析中断服务函数。

在“HAL\Target\Drivers”目录下的hal_key.c文件中定义了P0端口的中断服务函数HAL_ISR_FUNCTION(halKeyPort0Isr, P0INT_VECTOR)，Z-Stack协议栈默认把P0端口配置为按键中断。当按键动作时，就会响应P0端口中断，调用P0端口中断处理函数。

```
1.  HAL_ISR_FUNCTION( halKeyPort0Isr, P0INT_VECTOR )
2.  { HAL_ENTER_ISR();
3.    if (HAL_KEY_SW_6_PXIFG & HAL_KEY_SW_6_BIT)
4.    {   halProcessKeyInterrupt();  }
5.    HAL_KEY_SW_6_PXIFG = 0;
6.    HAL_KEY_CPU_PORT_0_IF = 0;
7.    CLEAR_SLEEP_MODE();
8.    HAL_EXIT_ISR();  }
```

程序分析：

a）第3行，HAL_KEY_SW_6_PXIFG和HAL_KEY_SW_6_BIT的宏定义如下：

```
1.   /* SW_6 is at P0_1 */
2.   #define HAL_KEY_SW_6_PORT      P0
3.   #define HAL_KEY_SW_6_BIT       BV(1)
4.   #define HAL_KEY_SW_6_SEL       P0SEL
5.   #define HAL_KEY_SW_6_DIR       P0DIR
6.   /* SW_6 interrupts */
7.   #define HAL_KEY_SW_6_IEN       IEN1      /* CPU interrupt mask register */
8.   #define HAL_KEY_SW_6_IENBIT    BV(5)     /* Mask bit for all of Port_0 */
9.   #define HAL_KEY_SW_6_ICTL      P0IEN         /* Port Interrupt Control register */
10.  #define HAL_KEY_SW_6_ICTLBIT   BV(1)     /* P0IEN – P0_1 enable/disable bit */
11.  #define HAL_KEY_SW_6_PXIFG     P0IFG     /* Interrupt flag at source */
```

Z-Stack协议栈默认采用P0_1引脚作为SW6按键的输入端口，当按键按下时，P0_1对应的中断标志位被置1，所以P0IFG的值为0x02。HAL_KEY_SW_6_BIT的值为BV(1)，即为0x02，因此HAL_KEY_SW_6_BIT和HAL_KEY_SW_6_PXIFG的值相等，故第3行if语句条件成立，调用按键中断处理函数halProcessKeyInterrupt()。

b）第5~6行，清除中断标志位。

② 分析按键中断处理函数halProcessKeyInterrupt()。

在“HAL\Target\Drivers”目录下的hal_key.c文件中定义了halProcessKeyInterrupt()函数。

```
1.   void halProcessKeyInterrupt (void)
```

```
2.  { bool valid=FALSE;
3.    if (HAL_KEY_SW_6_PXIFG & HAL_KEY_SW_6_BIT)  /* Interrupt Flag has been set */
4.    { HAL_KEY_SW_6_PXIFG = ~(HAL_KEY_SW_6_BIT); /* Clear Interrupt Flag */
5.      valid = TRUE;
6.    }
7.    if (HAL_KEY_JOY_MOVE_PXIFG & HAL_KEY_JOY_MOVE_BIT)  /* Interrupt Flag has been set */
8.    { HAL_KEY_JOY_MOVE_PXIFG = ~(HAL_KEY_JOY_MOVE_BIT); /* Clear Interrupt Flag */
9.      valid = TRUE;
10.   }
11.   if (valid)
12.   { osal_start_timerEx (Hal_TaskID, HAL_KEY_EVENT, HAL_KEY_DEBOUNCE_VALUE);  }
13. }
```

程序分析：

a）第3～6行，if语句用于判断SW6按键对应的标志位是否被置位了，若置位了，则说明SW6按键处于按下状态，第4行代码清除中断标志位，第5行代码对局部变量valid赋TRUE值。

b）第7～10行，if语句用于判断遥杆中键对应的标志位是否被置位了，若置位了，则说明遥杆中键处于按下状态，第8行代码清除中断标志位，第9行代码对局部变量valid赋TRUE值。

c）第11～13行，若valid为TRUE值，则定时触发HAL_KEY_EVENT事件，该事件的任务ID为Hal_TaskID，定时时间为HAL_KEY_DEBOUNCE_VALUE，即25ms，目的是为了去按键抖动。该事件是在HAL层处理，当OSAL检测到HAL_KEY_EVENT事件后，则调用HAL层的事件处理函数Hal_ProcessEvent( )（在HAL\common\hal_drivers. c文件中），剩下的过程与轮询按键的方式完全相同，具体参见“分析HalKeyPoll（)函数”“分析OnBoard_KeyCallback（ uint8 keys, uint8 state)函数”“分析OnBoard_SendKeys(uint8 keys, uint8 state)函数”“分析SAPI_ProcessEvent(byte task_id, UINT16 events)函数”及“分析zb_HandleKeys(uint8 shift, uint8 keys)函数”5个函数。

【例4-6】采用ZigBee模块上的IN0（P1_3）接口作为按键输入，以中断方式控制LED1的亮灭。

解：由于ZigBee模块中有一个按键，因此只有采用导线一端插入ZigBee模块上的IN0（P1_3）接口，导线的另一端插入地线接口，即当插入地线接口时，表示按键按下；拔出时，则表示按键弹起。实现步骤如下。

① 打开SimpleApp（路径“…\Projects\zstack\Samples\SimpleApp\CC2530DB”），并选择Workspace目录下的SimpleControllerEB工程。

② 将ZigBee模块上的SW1按键配置成Z-Stack的SW7按键。在HAL\Target\CC2530\Drivers目录下的hal_key. c文件中，仿照SW6按键的配置方法对SW7按键进行配置，具体代码如下：

```
1.  /* CPU port interrupt */
2.  #define HAL_KEY_CPU_PORT_1_IF P1IF
3.  /* SW_7 is at P1-3 */
4.  #define HAL_KEY_SW_7_PORT    P1
5.  #define HAL_KEY_SW_7_BIT     BV(3)
6.  #define HAL_KEY_SW_7_SEL     P1SEL
7.  #define HAL_KEY_SW_7_DIR     P1DIR
8.  /* edge interrupt */
9.  #define HAL_KEY_SW_7_EDGEBIT          BV(0)
10. #define HAL_KEY_SW_7_EDGE             HAL_KEY_FALLING_EDGE
11. /* SW_7 interrupts */
12. #define HAL_KEY_SW_7_IEN              IEN2    /* CPU interrupt mask register */
13. #define HAL_KEY_SW_7_IENBIT           BV(4)       /* Mask bit for all of Port_1 */
14. #define HAL_KEY_SW_7_ICTL             P1IEN   /* Port Interrupt Control register */
15. #define HAL_KEY_SW_7_ICTLBIT          BV(3)   /* P1IEN - P1_3 enable/disable bit */
16. #define HAL_KEY_SW_7_PXIFG            P1IFG   /* Interrupt flag at source */
```

③ 在hal_key.c文件中的HalKeyInit(void)中加入如下代码:

```
1. HAL_KEY_SW_7_SEL &= ~(HAL_KEY_SW_7_BIT);   /* Set pin function to GPIO */
2. HAL_KEY_SW_7_DIR &= ~(HAL_KEY_SW_7_BIT);   /* Set pin direction to Input */
```

④ 在ZMain目录下的OnBoard.c文件中，可以找到InitBoard(uint8 level)函数，将该函数中的HalKeyConfig(HAL_KEY_INTERRUPT_DISABLE, OnBoard_KeyCallback)的实参HAL_KEY_INTERRUPT_DISABLE修改为HAL_KEY_INTERRUPT_ENABLE，表示按键初始为中断方式触发。

⑤ 把hal_key.c文件中的HalKeyConfig (bool interruptEnable, halKeyCBack_t cback)函数修改如下。注意：粗体部分为添加代码。

```
1.  void HalKeyConfig (bool interruptEnable, halKeyCBack_t cback)
2.  { ……
3.    PICTL &= ~(HAL_KEY_SW_6_EDGEBIT);   /* Clear the edge bit */
4.    PICTL &= ~(HAL_KEY_SW_7_EDGEBIT);   /* Clear the edge bit */
5.     ……
6.   #if (HAL_KEY_SW_7_EDGE == HAL_KEY_FALLING_EDGE)
7.    PICTL |= HAL_KEY_SW_7_EDGEBIT;
8.   #endif
9.    ……
10.   HAL_KEY_SW_7_ICTL |= HAL_KEY_SW_7_ICTLBIT;
11.   HAL_KEY_SW_7_IEN |= HAL_KEY_SW_7_IENBIT;
12.   HAL_KEY_SW_7_PXIFG = ~(HAL_KEY_SW_7_BIT);
13.   …… }
```

⑥ 在hal_key. c文件中的HalKeyPoll (void)函数中添加如下代码（粗体部分）。

```
1. if (HAL_PUSH_BUTTON2())
2. {  keys |= HAL_KEY_SW_7;}
```

程序分析：第1行，采用系统自带的宏HAL_PUSH_BUTTON2()作为SW7按键检测，它曾用于检测摇杆的中键。因此，在HAL\Target\CC2530\Config目录下的hal_board_cfg. h文件中，对相关宏进行修改。

```
1. /* SW7 */
2. #define PUSH2_BV            BV(3)
3. #define PUSH2_SBIT          P1_3
4. #define PUSH2_POLARITY  ACTIVE_LOW
```

⑦ 在hal_key. c文件中添加中断服务函数HAL_ISR_FUNCTION(halKeyPort1Isr, P1INT_VECTOR)，可以仿照HAL_ISR_FUNCTION(halKeyPort0Isr, P0INT_VECTOR)函数编写。

```
1. HAL_ISR_FUNCTION( halKeyPort1Isr, P1INT_VECTOR )
2. { HAL_ENTER_ISR();
3.   if (HAL_KEY_SW_7_PXIFG & HAL_KEY_SW_7_BIT)
4.   {  halProcessKeyInterrupt();  }
5.   HAL_KEY_SW_7_PXIFG = 0;
6.   HAL_KEY_CPU_PORT_1_IF = 0;
7.   CLEAR_SLEEP_MODE();
8.   HAL_EXIT_ISR();  }
```

⑧ 在hal_key. c文件中的halProcessKeyInterrupt (void)函数中添加如下代码（粗体部分）。

```
1. if (HAL_KEY_SW_7_PXIFG & HAL_KEY_SW_7_BIT)  /* Interrupt Flag has been set */
2. { HAL_KEY_SW_7_PXIFG = ~(HAL_KEY_SW_7_BIT); /* Clear Interrupt Flag */
3.   valid = TRUE;
4. }
```

⑨ 在App目录下的SimpleController. c文件内，在zb_HandleKeys(uint8 shift, uint8 keys)函数中添加如下代码（粗体部分）。

```
1. void zb_HandleKeys( uint8 shift, uint8 keys )
2. {  ……
3.   if ( keys & HAL_KEY_SW_7 )
4.   {    HAL_TOGGLE_LED2();       }
5. ……
```

⑩ 下载、测试程序功能。当导线接触到地线插孔时，LED2亮；再接触时，LED2灭，如此交替亮灭。

5）Z-Stack按键的轮询与中断两种方式的比较。

轮询和中断两种方式的代码有相同部分，也有不同部分，具体如图4-21所示。

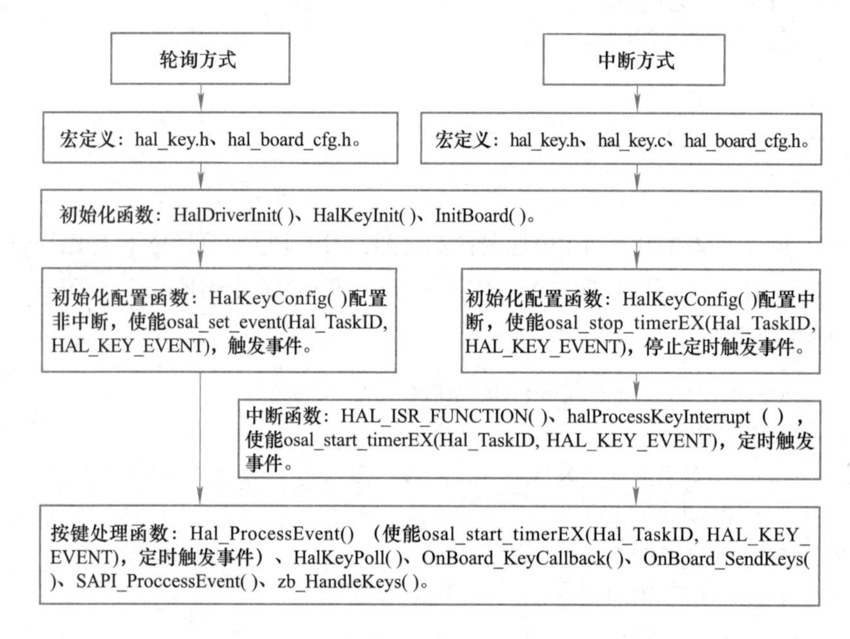

图4-21　Z-Stack按键的轮询与中断两种方式比较

3．绑定

绑定（Binding）是一种控制两个或者多个设备应用层之间信息流传递的机制。绑定允许应用程序发送一个数据包而不需要知道目标设备的短地址（此时将目标设备的短地址设置为无效地址0×FFFE），应用支持子层（APS）从它的绑定表中确定目标设备的短地址，然后将数据发送给目标应用或者目标组，如果在绑定表中找到的短地址不止一个，则协议栈会向所有找到的短地址发送数据。

绑定是基于设备应用层端点的绑定，且绑定只能在互为“补充的”（Complementary）设备间被创建。也就是说，当两个设备已经在它们的简单描述符结构中登记为一样的命令ID，并且一个设备作为输入，另一个设备作为输出时，绑定才能成功。

如图4-22所示，设备1和设备2建立了绑定关系，这里绑定是基于端点(Endpoint)的绑定。在设备1中端点号为3的开关1与设备2中端点号为5、7、8的灯建立了绑定；设备1中端点号（endpoint）为21的开关与设备2中端点号（endpoint）为17的灯建立了绑定。

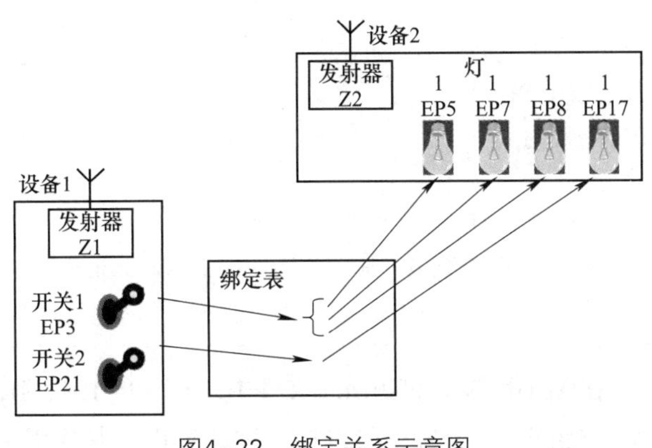

图4-22　绑定关系示意图

第一步，分析SimpleApp工程初始化。

SimpleApp工程实现了Z-Stack协议栈的绑定机制，这是与SampleApp工程最大的区别，虽然可以在SampleApp工程中实现绑定，但是直接使用SimpleApp工程自带的代码来开发绑定相关系统更为便利，并且Z-Stack协议栈的按键、LED、串口等代码是Z-Stack协议栈各层共享的，所以这些接口函数都不用再编写，直接引用即可。

1．打开SimpleApp工程

双击“…\ZStack-CC2530-2.5.1a\Projects\zstack\Samples\SimpleApp\CC2530DB”目录下的SimpleApp.eww文件，打开SimpleApp工程。SimpleApp工程包括两个应用，都是采用绑定方式进行无线数据收发，具体如下：

1）LED开关灯应用。Workspace栏内有SimpleSwitchEB和SimpleControllerEB两个设备，其中，SimpleSwitchEB为终端设备，用于申请加入绑定，控制SimpleControllerEB设备上的LED亮或灭；SimpleControllerEB为控制设备，用于协调器或路由器，负责允许其他设备申请与其绑定。

2）收集传感器数据应用。Workspace栏内有SimpleSensorEB和SimpleCollectorEB两个设备，其中SimpleSensorEB为终端设备（传感器节点），用于申请加入绑定，收集节点的片内温度和电压发送给收集节点；SimpleCollectorEB为控制设备（收集节点），用于协调器或路由器，负责允许其他设备申请与其绑定，收集传感器节点相关信息。

2．启动SimpleApp工程

SimpleApp工程有HOLD_AUTO_START和REFLECTOR两个编译选项，其中前者使SimpleApp工程以非自动方式启动，后者使该工程使用绑定功能。

1）在ZDO层初始化。在ZDO目录下的ZDApp.c文件中，ZDApp_Init(uint8 task_id

)函数内有如下代码：

```
1.   if ( devState != DEV_HOLD )
2.   {   ZDOInitDevice( 0 ); }
3.   else
4.   {   ZDOInitDevice( ZDO_INIT_HOLD_NWK_START );
5.       HalLedBlink ( HAL_LED_4, 0, 50, 500 ); // Blink LED to indicate HOLD_START
6.   }
```

2）应用层初始化。在App目录下的sapi.c文件中，SAPI_Init(byte task_id)函数内有代码：osal_set_event(task_id, ZB_ENTRY_EVENT)，其作用是将事件ZB_ENTRY_EVENT交给应用层事件处理函数UINT16 SAPI_ProcessEvent(byte task_id, UINT16 events)来处理，关键代码如下：

```
1.   if ( events & ZB_ENTRY_EVENT )
2.   {  uint8 startOptions;
3.   #if ( SAPI_CB_FUNC )
4.      zb_HandleOsalEvent( ZB_ENTRY_EVENT );
5.   #endif
6.      HalLedSet (HAL_LED_4, HAL_LED_MODE_OFF);
7.      zb_ReadConfiguration( ZCD_NV_STARTUP_OPTION, sizeof(uint8), &startOptions );
8.      if ( startOptions & ZCD_STARTOPT_AUTO_START )
9.      {  zb_StartRequest();   }
10.     else
11.     {  HalLedBlink(HAL_LED_2, 0, 50, 500);   }
12.     return (events ^ ZB_ENTRY_EVENT );
13.  }
```

程序分析：

① 第7行，从NV中读出ZCD_NV_STARTUP_OPTION，并存入变量startOptions中。

② 第9行，第1次启动SimpleApp工程时，ZCD_NV_STARTUP_OPTION选项的值不等于ZCD_STARTOPT_AUTO_START，所以第9行的if语句不成立，执行11行代码，使LED2闪烁。

3）测试SimpleApp工程启动，在Workspace栏下选择SimpleControllerEB，编译下载程序，在ZigBee模块上可以看到LED2闪烁，注意：首次启动SimpleApp工程才会出现这种现象，即表示协议栈事件循环已经运行，但网络还没有建立，需要通过按键事件来决定设备是协调器、路由器还是终端节点。如果按下按键，网络建立了，再启动，则没有LED2闪烁的现象。

第二步，控制节点允许建立绑定。

下面以LED开关灯应用为例，来分析控制节点建立绑定的全过程。其实，在收集传感器数据应用中，绑定的操作过程也是一样的。

1．分析控制节点中的簇（Cluster）

在App目录下的SimpleController.c文件中，定义了一个输入簇TOGGLE_LIGHT_CMD_ID，这个簇与开关节点的同名输出簇配合使用，可用于建立绑定关系。一个簇实际上是一些相关命令和属性的集合，这些命令和属性一起被定义为一个应用接口。

```
1.  #define NUM_OUT_CMD_CONTROLLER          0
2.  #define NUM_IN_CMD_CONTROLLER           1
3.  const cId_t zb_InCmdList[NUM_IN_CMD_CONTROLLER] =
4.  {  TOGGLE_LIGHT_CMD_ID                 //#define  TOGGLE_LIGHT_CMD_ID   1
5.  };
```

2．控制节点配置

对于控制节点来说，需要通过按键来将其设置为协调器。注意：采用中断方式触发SW6（P1_2）和SW7（P1_3）按键。

1）SimpleController.c中的按键处理函数。若触发按键事件，则调用zb_HandleKey()函数，关键代码如下：

```
1.   void zb_HandleKeys( uint8 shift, uint8 keys )
2.   { ……
3.     if ( 0 )
4.     {          …… }
5.     else
6.     { if ( keys & HAL_KEY_SW_6 )
7.       { if ( myAppState == APP_INIT  )// myAppState初值为APP_INIT，即0
8.         {  zb_ReadConfiguration( ZCD_NV_LOGICAL_TYPE, sizeof(uint8), &logicalType );
9.            if ( logicalType != ZG_DEVICETYPE_ENDDEVICE )
10.           { logicalType = ZG_DEVICETYPE_COORDINATOR;
11.             zb_WriteConfiguration(ZCD_NV_LOGICAL_TYPE, sizeof(uint8), &logicalType);
12.           }
13.         zb_ReadConfiguration( ZCD_NV_STARTUP_OPTION, sizeof(uint8), &startOptions );
14.         startOptions = ZCD_STARTOPT_AUTO_START;
15.         zb_WriteConfiguration( ZCD_NV_STARTUP_OPTION, sizeof(uint8), &startOptions );
16.         zb_SystemReset();
17.        }
18.        else
19.        { zb_AllowBind( myAllowBindTimeout );   }
20.      }
21.      if ( keys & HAL_KEY_SW_7 )
22.      { if ( myAppState == APP_INIT )
```

```
23.      { zb_ReadConfiguration( ZCD_NV_LOGICAL_TYPE, sizeof(uint8), &logicalType );
24.        if ( logicalType != ZG_DEVICETYPE_ENDDEVICE )
25.        { logicalType = ZG_DEVICETYPE_ROUTER;
26.          zb_WriteConfiguration(ZCD_NV_LOGICAL_TYPE, sizeof(uint8), &logicalType);
27.        }
28.        zb_ReadConfiguration( ZCD_NV_STARTUP_OPTION, sizeof(uint8), &startOptions );
29.        startOptions = ZCD_STARTOPT_AUTO_START;
30.        zb_WriteConfiguration( ZCD_NV_STARTUP_OPTION, sizeof(uint8), &startOptions );
31.        zb_SystemReset();
32.      }
33.    ……
```

程序分析：

① Z-Stack协议栈原始代码的第6行和第21行是检测if（keys & HAL_KEY_SW_1）和if（keys & HAL_KEY_SW_2）的，但是由于ZigBee模块上没有对应的SW1按键和SW2按键，所以只有用SW6按键和SW7按键代替它们。

② 由于Z-Stack协议栈默认SW6按键作为<Shift>键使用，因此第3行if(shift)修改为if(0)。

③ 在第1次启动控制设备（节点）时，如果触发SW6按键，则第6和7行两个if语句有效。第10～11行代码的作用是使设备为协调器，在NV中写入ZCD_NV_LOGICAL_TYPE项值为ZG_DEVICETYPE_COORDINATOR。第13～15行代码的作用是在NV中写入ZCD_NV_ STARTUP_OPTION项值为ZCD_STARTOPT_AUTO_START，以后启动时就不需要以HOLD_AUTO_START方式启动。第16行，重新启动系统，则重新进行ZDO层和应用初始化，可以看到LED2不再闪烁，ZigBee网络已建立。

④ 当ZigBee网络建立后，会触发ZDO_STATE_CHANGE事件，该事件的处理函数UINT16 SAPI_ProcessEvent(byte task_id, UINT16 events)在App目录下的sapi.c文件中，会调用SAPI_StartConfirm(ZB_SUCCESS)函数，从而会调用App目录下的SimpleController.c文件中的zb_StartConfirm(uint8 status)函数，并且运行myAppState = APP_START语句。因此，当第1次启动控制设备后，第2次触发SW6按键时，第6行if语句有效，但是第7行if (myAppState == APP_INIT)无效，则运行19行代码，调用zb_AllowBind(myAllowBindTimeout)函数。

⑤ 在第1次启动控制设备（节点）时，如果触发SW7按键，则把设备设置为路由器，原理同SW6相似。

2）zb_AllowBind(myAllowBindTimeout)允许绑定请求函数。切记：在控制设备第1次启动时，需要触发两次SW6按键，才调用该函数；如果非第1次启动时，只要触发一次SW6按键，就可以调用该函数。

```
1.    void zb_AllowBind ( uint8 timeout )
```

```
2.  { osal_stop_timerEx(sapi_TaskID, ZB_ALLOW_BIND_TIMER);
3.    if ( timeout == 0 )
4.    {  afSetMatch(sapi_epDesc.simpleDesc->EndPoint, FALSE);  }
5.    else
6.    { afSetMatch(sapi_epDesc.simpleDesc->EndPoint, TRUE);
7.      if ( timeout != 0xFF )
8.      { if ( timeout > 64 )
9.        { timeout = 64;      }
10.       osal_start_timerEx(sapi_TaskID, ZB_ALLOW_BIND_TIMER, timeout*1000);
11.     }
12. ……
```

程序分析：

① 第1行，参数timeout是目标设备进入绑定模式持续的时间（s）。如果设置为0xFF，则该设备在任何时候都可以允许绑定模式；如果设置为0x00，则取消目标设备进入允许绑定模式。如果设备的时间大于64s，则默认为64s。

② 第4行，允许或禁止设备响应ZDO的描述符匹配请求。afSetMatch(uint8 ep, uint8 action)函数不是对外发送数据，只是等待设备发来数据进行配对，参数如下：

- 参数ep：端点endpoint。
- 参数action：允许（TRUE）或者禁止（FALSE）匹配。
- 返回值：TRUE或者FALSE。

③ 第10行，如果设定的时间不是0xFF，则表明要在规定的时间（timeout）内进行配对，触发ZB_ALLOW_BIND_TIMER事件定时，定时到时，就关闭ZDO描述符匹配。在App目录下的sapi. c文件中的UINT16 SAPI_ProcessEvent(byte task_id, UINT16 events)函数中有如下代码，其中第2行表示关闭ZDO描述符匹配。

```
1.  if ( events & ZB_ALLOW_BIND_TIMER )
2.  {    afSetMatch(sapi_epDesc.simpleDesc->EndPoint, FALSE);
3.       return (events ^ ZB_ALLOW_BIND_TIMER);      }
```

④ 如果设定的时间是0xFF，则表明在任何时间都允许配对，第7行if语句无效，不会行调用第10行代码，直接退出函数。

第三步，开关节点（端口设备）申请绑定。

1．分析开关节点中的簇（Cluster）

在App目录下的SimpleSwitch. c中，定义了一个输入簇TOGGLE_LIGHT_CMD_ID，这个簇与控制节点的同名输入簇配合使用，可建立绑定关系。

```
1. #define NUM_OUT_CMD_SWITCH          1
2. #define NUM_IN_CMD_SWITCH           0
3. const cId_t zb_OUTCmdList[NUM_OUT_CMD_SWITCH] = { TOGGLE_LIGHT_CMD_ID };
```

2．开关节点配置

对于开关节点来说，需要通过按键来将其设置为终端设备。注意：采用中断方式触发SW3（P1_4）、SW6（P1_2）、SW7（P1_3）按键动作，按键的配置详见例4-6。

1）SimpleSwitch. c中的按键处理函数。按键事件触发后，则调用zb_HandleKey()函数，该函数与SimpleController. c中的按键处理函数大同小异，不同点如下：

① ZigBee协议栈默认代码是检测SW1、SW2和SW3按键，由于ZigBee模块上只有一个按键，所以将SW6按键（P1_2）代替SW1按键，SW7按键（P1_3）代替SW2按键，SW3按键不变，但SW3按键对应的引脚为P1_4。

② 在第1次启动开关节点时，如果触发SW6按键，则在NV中写入ZCD_NV_LOGICAL_TYPE项值为ZG_DEVICETYPE_ENDDEVICE。以后启动时就不需要以HOLD_AUTO_START方式启动。

③ 在第1次启动开关节点时，触发SW7按键或者触发SW6按键，效果一样。

④ 第1次触发SW6按键之后，控制节点已建立了网络，再次触发SW6按键，则执行第14行代码，调用zb_BindDevice(TRUE，TOGGLE_LIGHT_CMD_ID，NULL)函数，申请绑定。

⑤ 若绑定之后，触发SW7按键，调用zb_SendDataRequest( )函数，向控制节点发送命令，控制控制节点上的LED闪烁，其中0×FFFE是发送地址，专用于绑定模式。控制节点会调用文件SimpleController. c文件中的函数zb_ReceiveDataIndication()对其处理，代码如下：

```
1. void zb_ReceiveDataIndication( uint16 source, uint16 command, uint16 len, uint8 *pData )
2. { if (command == TOGGLE_LIGHT_CMD_ID)
3.   {  HalLedSet(HAL_LED_1, HAL_LED_MODE_TOGGLE); }
4. }
```

⑥ 触发SW3按键，则删除绑定。

2）zb_BindDevice( )函数。Z-Stack协议栈提供两种可用的方法来配置设备绑定，一种为目标设备的扩展地址，是已知的；另一种为目标设备的扩展地址，是未知的。SimpleApp工程的LED开关灯应用和收集传感器数据应用都是后一种方法绑定的，此处仅分析基于扩展地址是未知的绑定模式，详见void zb_BindDevice（uint8 create，uint16 commandId，uint8 *pDestination）函数（用于创建或删除绑定）。参数create为TRUE表示创建绑定，为FALSE表示删除绑定。参数commandId为命令ID。参数*pDestination为扩展地址，若为NULL，则表示目标设备的扩展地址是未知的绑定模式；若为具体地址，则表示目标设备的扩展地址是已知的绑定模式。

第四步，测试绑定效果。

1）在Workspace栏内选择SimpleControllerEB工程，参照上述内容配置SW6和SW7按键，编译下载到ZigBee模块（控制节点）中，此时LED2闪烁。

2）在Workspace栏内选择SimpleSwitchEB工程，参照上述内容配置SW3、SW6和SW7按键，编译下载到ZigBee模块（开关节点）中，此时LED2闪烁。

3）触发控制节点SW6按键，LED2熄灭；再触发SW6按键，控制节点处于允许绑定状态。

4）触发开关节点SW6按键，LED2熄灭；再触发SW6按键，开关节点申请绑定。

5）触发开关节点SW7按键，控制节点LED1翻转，即每触发SW7按键一次，控制节点LED1状态会翻转一次，由亮变灭，或由灭变亮。

6）触发开关节点SW3按键，绑定取消。

采用绑定方式，实现收集传感器数据应用。其中SimpleSensorEB设备（终端节点）负责采集温度值和电压值，并将采集到的数据传递给采集节点SimpleCollectorEB。采集节点为协调器，负责收集信息，并将收集到的信息通过串口发送给PC。

任务5 ZigBee无线传感网络拓扑结构获取

采用5块ZigBee模块，一个作为协调器、两个作为路由器、两个作为终端，路由器和终端把自身的网络地址及其父节点的网络地址发送给协调器。用户在PC上通过串口向协调器发送命令“topology”，协调器收到命令后，将各节点的网络地址及其父节点的网络地址发送到PC，并绘制网络的拓扑结构。

扫码观看本任务操作视频

ZigBee无线传感网络管理

开发ZigBee无线传感网络，必须熟练掌握Z-Stack协议栈的网络管理，主要内容包括节点网络地址和MAC地址、节点的父节点网络地址和父节点MAC地址、网络拓扑结构等。

1. ZigBee网络的设备地址

在ZigBee网络中，设备地址有64位IEEE地址和16位网络地址两种。

（1）64位IEEE地址

64位IEEE地址是全球唯一的，每个CC2530单片机的IEEE地址是在出厂时就已经定义好的。当然，可以用编程软件SmartRF Flash Programmer修改设备的IEEE地址。64位IEEE地址又称为“MAC地址”或者“扩展地址”。

（2）16位网络地址

16位网络地址的作用是在网络中标识不同的设备，可以作为数据传输的目的地址或源地址，就像快递单上的收件地址和接收地址。16位网络地址又称为“逻辑地址”或者“短地址”。协调器在建立网络以后使用0x0000作为自己的网络地址，网络地址是16位的，因此一个网络中最多可以有65 536个设备。当设备加入网络时，其父设备按照一定的算法计算，并为该设备分配网络地址。

（3）节点相关地址查询

Z-Stack协议栈提供了可以查询节点的网络地址、MAC地址，父节点网络地址以及其父节点的MAC地址等内容的相关函数。

1）查询本节点有关地址信息。

① 查询节点网络地址函数：uint16 NLME_GetShortAddr(void)，该函数的返回值为该节点的网络地址。

② 查询节点MAC地址函数：bye * NLME_GetExtAddr(void)，该函数的返回值为指向该节点MAC地址的指针。

③ 查询父节点网络地址函数：uint16 NLME_GetCoorShortAddr(void)，该函数的返回值为该父节点的网络地址。

④ 查询父节点MAC地址函数：void NLME_GetCoorExtAddr(byte *buf)，该函数的返回值为指向存放父节点MAC地址的缓冲区的指针。

2）查询网络中其他节点有关的地址信息。

已知某节点的网络地址，查询该节点的IEEE地址（MAC地址）；或者已知某节点的IEEE地址（MAC地址），查询该节点的网络地址。例如：ZDP_IEEEAddrReq(uint16 shortAddr, byte ReqType, byte StartIndex, byte SecurityEnable)函数，其作用就是已知网络地址，查询IEEE地址等信息。

【例4-7】采用两个ZigBee模块，一个作为协调器，另一个作为路由器。当协调器上电后建立网络，路由器自动加入网络，然后路由器调用地址查询函数获取本身的网络地址、

MAC地址、父节点网络地址和父节点MAC地址，并将这些地址信息通过串口调试软件，在PC上显示。

解：采用查询本节点（路由器），获取路由器的网络地址、MAC地址，以及其父节点（协调器）的网络地址、MAC地址。另外，已知父节点（协调器）网络地址（0x0000），查询父节点IEEE地址。

第一步，路由器程序设计。

1）新建、添加源文件。新建AddrTest. c文件，复制本项目中的任务3SampleApp. c文件中的代码到该文件中，并将AddrTest. c文件添加到App文件夹中，同时删除App文件夹中的SampleApp. c文件。

2）测试串口收发数据。在Workspace栏中选择RouterEB，再编译、下载到ZigBee模块中，然后在串口调试软件上测试数据的接收与发送。

3）修改AddrTest. c文件代码，以满足题目要求。

```
1.  #include "ZDObject.h"
2.  typedef struct RFTXBUF
3.  {       uint8    myNWK[4];       //存储本节点的网络地址
4.          uint8    myMAC[16];      //存储本节点的MAC地址
5.          uint8    pNWK[4];        //存储父节点的网络地址
6.          uint8    pMAC[16];       //存储父节点的MAC地址
7.  }RFTX;
8.  //************************************************************************
9.  #define SHOW_INFO_EVENT 0X08            //定义一个数据显示事件
10. void ShowInfo(void);                    //显示设备信息函数声明
11. void To_String(uint8 *dest, char *src, uint8 length);          //十六进制转字符函数声明
12. void SampleApp_ProcessZDOMsgs(zdoIncomingMsg_t * pkt); //ZDO信息处理函数声明
13. //************************************************************************
14. void SampleApp_Init( uint8 task_id )
15. {       ……
16.         ZDO_RegisterForZDOMsg(SampleApp_TaskID,IEEE_addr_rsp);//注册ZDO函数
17. }
18. //************************************************************************
19. uint16 SampleApp_ProcessEvent( uint8 task_id, uint16 events )
20. {       ……
21.         case ZDO_CB_MSG:                //ZDO消息
22.             SampleApp_ProcessZDOMsgs( (zdoIncomingMsg_t *)MSGpkt );
23.             break;
24.         case ZDO_STATE_CHANGE:                          //网络状态改变事件
```

```
25.             SampleApp_NwkState = (devStates_t)(MSGpkt->hdr.status);
26.             if ( (SampleApp_NwkState == DEV_ROUTER))   //判断是否为路由器
27.             {  osal_set_event(SampleApp_TaskID,SHOW_INFO_EVENT);   //启动事件
28.             }
29.         ……
30.         if(events & SHOW_INFO_EVENT)                    //显示数据事件
31.         {   ShowInfo();                                 //调用显示设备信息函数
32.             ZDP_IEEEAddrReq(0x0000,0,0,0);              //已知网络地址查询IEEE地址
33.             osal_start_timerEx( SampleApp_TaskID, SHOW_INFO_EVENT,
34.                       (SAMPLEAPP_SEND_PERIODIC_MSG_TIMEOUT + (osal_rand() & 0x00FF)) );
35.             return (events ^ SHOW_INFO_EVENT);
36.         }
37.         ……
38. }
39. //**************************************************************************
40. void SampleApp_ProcessZDOMsgs(zdoIncomingMsg_t * pkt)
41. { uint16 flashTime;
42.   char buf[16];
43.   switch ( pkt->clusterID )
44.   { case IEEE_addr_rsp:
45.         ZDO_NwkIEEEAddrResp_t *pRsp = ZDO_ParseAddrRsp(pkt);
46.         if(pRsp)
47.         { if(pRsp->status == ZSuccess)
48.           { To_String(buf,pRsp->extAddr,8);
49.             HalUARTWrite(0,"Coordinator MAC:",osal_strlen("Coordinator MAC:"));
50.             HalUARTWrite(0,buf,16);
51.             HalUARTWrite(0,"\n",1);
52.           }
53.           osal_mem_free(pRsp);
54.         }
55.         break;
56.   }
57. }
58. //**************************************************************************
59. void ShowInfo()
60. { RFTX  rftx;
61.   uint16  nwk;
62.   uint8   buf[8];
63.   nwk = NLME_GetShortAddr();                        //得到节点网络地址
64.   To_String(rftx.myNWK,(uint8 *)&nwk,2);            //十六进制转成字符
65.   To_String(rftx.myMAC,NLME_GetExtAddr(),8);        //得到节点的MAC地址
```

```
66.    nwk = NLME_GetCoordShortAddr();                    //得到父节点网络地址
67.    To_String(rftx.pNWK,(uint8 *)&nwk,2);              //十六进制转成字符
68.    NLME_GetCoordExtAddr(buf);                         //得到父节点的MAC地址
69.    To_String(rftx.pMAC,buf,8);                        //十六进制转成字符
70.    HalUARTWrite(0,"NWK:",osal_strlen("NWK:"));        //打印节点的网络地址
71.    HalUARTWrite(0,rftx.myNWK,4);
72.    HalUARTWrite(0,"  MAC:",osal_strlen("  MAC:"));    //打印节点的MAC地址
73.    HalUARTWrite(0,rftx.myMAC,16);
74.    HalUARTWrite(0,"   pNWK:",osal_strlen("   pNWK:"));//打印父节点的网络地址
75.    HalUARTWrite(0,rftx.pNWK,4);
76.    HalUARTWrite(0,"  pMAC:",osal_strlen("  pMAC:"));  //打印父节点的MAC地址
77.    HalUARTWrite(0,rftx.pMAC,16);
78.    HalUARTWrite(0,"\n",1);                            //换行
79.  }
80.  //************************************************************************
81.  void To_String(uint8 *dest, char *src, uint8 length)
82.  { uint8 *xad;
83.    uint8 ch;
84.    uint8 i=0;
85.    xad = src + length –1;
86.    for(i=0;i<length;i++,xad––)
87.    { ch = (*xad >> 4)& 0x0F;
88.      dest[i << 1] = ch + ((ch < 10) ? '0':'7');
89.      ch = *xad & 0x0F;
90.      dest[(i << 1) + 1] = ch + ((ch < 10) ? '0':'7');
91.    }
92.  }
```

程序分析：

① 第1行，添加"ZDObject. h"头文件，因为要用到ZDO层文件。

② 第2～7行，定义了RFTX类型的结构体，用于存放网络地址和MAC地址信息。

③ 当路由器上电加入网络时，ZDO_STATE_CHANGE事件有效（第24行），第26行判断是否为路由器，若为路由器，则启动SHOW_INFO_EVENT事件，OSAL检测到该事件，则30行if语句有效。

④ 第31行，调用ShowInfo()函数。第63行，调用NLME_GetShortAddr()函数获取本节点的网络地址；第65行，由于NLME_GetExtAddr()函数返回的是指向节点MAC地址的指针，故可直接作为To_String()函数的参数进行传递，该函数将MAC地址转换为十六进制的形式存储在rftx. mhMAC数组中。

⑤ 第32行，调用ZDP_IEEEAddrReq(0x0000, 0, 0, 0)函数，网络地址为0x0000节点（协调器）会将其IEEE地址以及其他参数封装成一个数据包发给路由器。路由器收到该数据后，通过各层校验之后，最终发送给应用层一个消息ZDO_CB_MSG，从而使得21行有效，调用SampleApp_ProcessZDOMsgs((zdoIncomingMsg_t *)MSGpkt)函数。

⑥ 第45行，ZDO_ParseAddrRsp(pkt)函数返回值中包含了协调器的IEEE地址等信息。该函数的返回值是ZDO_NwkIEEEAddrResp_t类型的结构体，具体如下：

```
1.   typedef struct
2.   { uint8  status;
3.     uint16 nwkAddr;
4.     uint8  extAddr[Z_EXTADDR_LEN];  //#define Z_EXTADDR_LEN 8.MAC地址为8个字节，64位
5.     uint8  numAssocDevs;
6.     uint8  startIndex;
7.     uint16 devList[];
8.   } ZDO_NwkIEEEAddrResp_t;
```

第二步，协调器程序设计。

协调器程序代码与路由器相同，不需要改动，只不过协调器在此仅起建立网络的作用。

第三步，编译、下载程序，测试系统功能。

1）给协调器和路由器下载程序。在Workspace栏中选择CoordinatorEB，编译无误后，给协调器下载程序；在Workspace栏中选择RouterEB，编译无误后，给路由器下载程序。

2）通过串口线把路由器与PC相连，给协调器通电，待网络建立之后，再给路由器通电，让其加入网络。可以在串口调试软件上得到如图4-23所示的效果，每隔5s收到一次信息。

```
Hello World
NWK:CACB  MAC:00124B0001501DA5   pNWK:0000  pMAC:00124B00015014E3
Coordinator MAC:00124B00015014E3
NWK:CACB  MAC:00124B0001501DA5   pNWK:0000  pMAC:00124B00015014E3
Coordinator MAC:00124B00015014E3
NWK:CACB  MAC:00124B0001501DA5   pNWK:0000  pMAC:00124B00015014E3
Coordinator MAC:00124B00015014E3
NWK:CACB  MAC:00124B0001501DA5   pNWK:0000  pMAC:00124B00015014E3
Coordinator MAC:00124B00015014E3
```

图4-23　设备网络地址、MAC地址信息

可见，路由器调用NLME_GetCoordExtAddr(buf)函数获得协调器的IEEE地址，这一过程与使用ZDP_IEEEAddrReq(0x0000, 0, 0, 0)函数申请查询协调器的IEEE地址相同。请读者思考一下，若重新给协调器和路由器通电，那么它们的网络地址、MAC地址会发生变化吗？答案是：协调器和路由器的MAC地址是永远不会改变的，协调器的网络地址也不会改变，即永远为0x0000，但路由器的网络地址有可能会发生变化。

2．ZigBee协议栈网络拓扑

ZigBee协议栈定义了星状、树状和Mesh（网状型）3种网络拓扑类型，其各自特点如下：

- 星状网络：所有节点（路由器和终端节点）只能与协调器进行通信。
- 树状网络：终端节点与父节点通信，路由器可与子节点和父节点通信。
- Mesh（网状型）：所有节点都是对等实体，任意两点之间都可以通信。

【例4-8】采用TI公司的Z-Sensor Mintor软件，观察ZigBee网络的星状、树状和Mesh（网状型）网络拓扑。

解：采用10个ZigBee模块，可以根据需要将它们设置为协调器（1个）、路由器（若干）及终端节点（若干）。在PC上安装Z-Sensor Mintor软件，具体实施步骤如下。

第一步，打开SensorDemo. eww工程（路径：\zstack\Samples\SensorDemo\CC2530DB）。打开NWK层的nwk_globals. h文件，可以看到如下代码：

```
1. // Controls the operational mode of network
2. #define NWK_MODE_STAR        0
3. #define NWK_MODE_TREE        1
4. #define NWK_MODE_MESH        2
```

程序分析：第2～4行代码定义了星状、树状及Mesh（网状型）3种网络拓扑类型。

Z-Stack协议栈定义了4种方案，在C/C++Compiler的Preprocessor栏内预定义了“ZIGBEEPRO”，所以使用ZIGBEEPRO_PROFILE方案，配置代码如下：

```
1.  // Controls various stack parameter settings
2.  #define NETWORK_SPECIFIC      0
3.  #define HOME_CONTROLS         1
4.  #define ZIGBEEPRO_PROFILE     2
5.  #define GENERIC_STAR          3
6.  #define GENERIC_TREE          4
7.
8.  #if defined ( ZIGBEEPRO )
9.    #define STACK_PROFILE_ID      ZIGBEEPRO_PROFILE
10. #else
11.   #define STACK_PROFILE_ID      HOME_CONTROLS
12. #endif
13. #if ( STACK_PROFILE_ID == ZIGBEEPRO_PROFILE )
14.     #define MAX_NODE_DEPTH    20
15.     #define NWK_MODE              NWK_MODE_MESH        //在此处修改网络类型
16.     #define SECURITY_MODE         SECURITY_COMMERCIAL
```

```
17.    #if  ( SECURE != 0 )
18.      #define USE_NWK_SECURITY  1       // true or false
19.      #define SECURITY_LEVEL    5
20.    #else
21.      #define USE_NWK_SECURITY  0      // true or false
22.      #define SECURITY_LEVEL    0
23.    #endif
```

程序分析：上述代码明确了ZigBee网络的类型、最大深度、是否使用安全协议等。例如，第14行定义了网络的最大深度为20；第15行定义了网络类型，默认使用Mesh（网状型），若将“NWK_MODE_MESH”修改为“NWK_MODE_STAR”，则修改为星状网络拓扑。

第二步，实现星状网络拓扑。

1）打开NWK层的“nwk_globals. h”文件，将“#define NWK_MODE NWK_MODE_MESH”修改为“#define NWK_MODE NWK_MODE_STAR”。

2）制作协调器。在Workspace栏内选择CollectorEB，如图4-24所示，编译无误后，下载到1个ZigBee模块中，作为协调器。

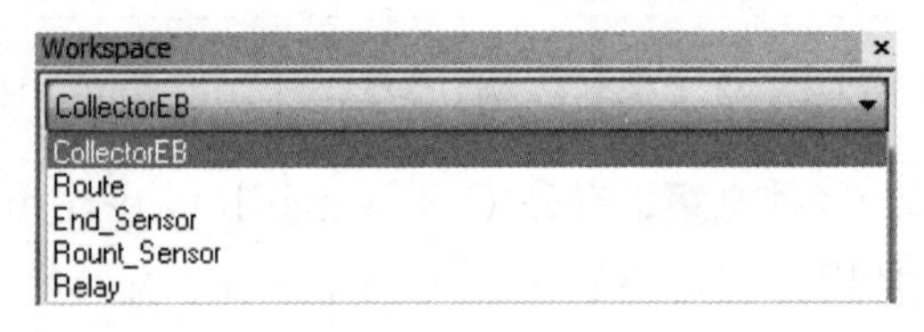

图4-24　设备类型选择

3）制作路由器。在Workspace栏内选择Route，编译无误后，下载到3个ZigBee模块中，作为路由器。

4）制作带传感器功能的路由器，也就是说，既有路由器的功能，又有传感器数据采集功能。在Workspace栏内选择Route_Sensor，编译无误后，下载到2个ZigBee模块中。

5）制作终端节点。在Workspace栏内选择End_Sensor，编译无误后，下载到4个ZigBee模块中，作为终端节点。

6）通过串口线将协调器与PC连接起来，并给协调器上电。

7）运行Z-Sensor Mintor软件。选择COM端口，再单击按钮，然后给路由器和终端节点同时上电。可以看到路由器、终端节点自动寻找网络并加入，形成星状网络拓扑结构，如图4-25所示。中间的“SINK RX”为协调器，没有温度显示的为路由器，有温度显示的为带温度采集的路由器（Rount_Sensor）和终端节点（End_Sensor）。

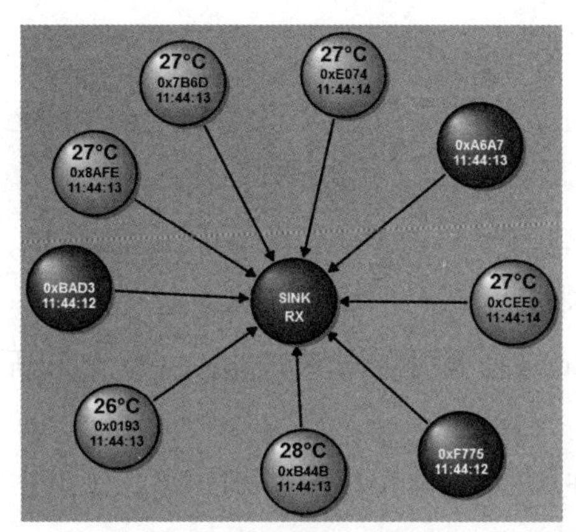

图4-25　星状网络拓扑结构

终端节点上的3行数据的含义为：第一行表示采集的芯片内部温度；第二行表示终端节点的16位网络地址；第三行表示温度值更新时间。

8）关路由器和终端节点电源，在Z-Sensor Mintor软件上，可以看到相应图标逐步消失。

第三步，实现树状网络拓扑。

1）打开NWK层的“nwk_globals.h”文件，将“#define NWK_MODE NWK_MODE_MESH”修改为“#define NWK_MODE NWK_MODE_TREE”。

2）制作协调器。在Workspace栏内选择CollectorEB，编译无误后，下载到1个ZigBee模块中，作为协调器。

3）制作路由器。在Workspace栏内选择Route，编译无误后，下载到1个ZigBee模块中，作为路由器。

4）制作终端节点。在Workspace栏内选择End_Sensor，编译无误后，下载到3个ZigBee模块中，作为终端节点。

5）通过串口线将协调器与PC连接起来，并给协调器上电。

6）运行Z-Sensor Mintor软件。选择COM端口，再单击按钮，然后给路由器和终端节点同时上电。可以看到路由器、终端节点自动寻找网络并加入，形成树状网络拓扑结构，如图4-26所示。注意：当路由器和终端节点离协调器很近时，很难组成树状网络。

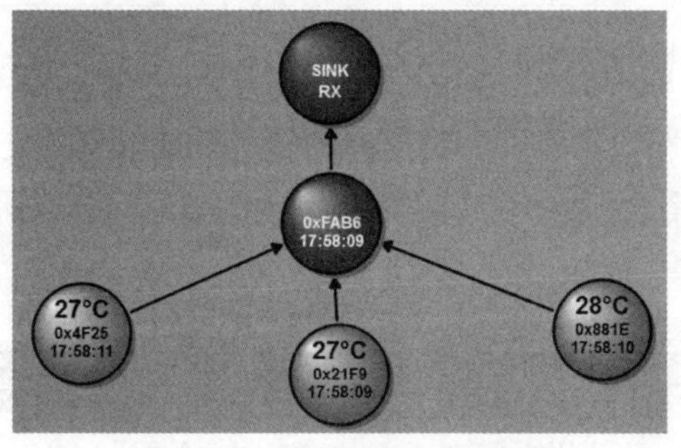

图4-26　树状网络拓扑结构

第四步，实现Mesh（网状型）网络拓扑。

1）打开NWK层的“nwk_globals.h”文件，“#define NWK_MODE NWK_MODE_MESH”表示建立网络拓扑，不用修改。

2）制作协调器。在Workspace栏内选择CollectorEB，编译无误后，下载到1个ZigBee模块中，作为协调器。

3）制作路由器。在Workspace栏内选择Route，编译无误后，下载到4个ZigBee模块中，作为路由器。

4）制作终端节点。在Workspace栏内选择End_Sensor，编译无误后，下载到5个ZigBee模块中，作为终端节点。

5）通过串口线将协调器与PC连接起来，并给协调器上电。

6）运行Z-Sensor Mintor软件。选择COM端口，再单击按钮，然后给路由器和终端节点上电。可以看到路由器、终端节点自动寻找网络并加入，形成网状型网络拓扑结构，如图4-27所示。注意：路由器、终端节点的上电顺序不同，则组成的拓扑图也有所不同。

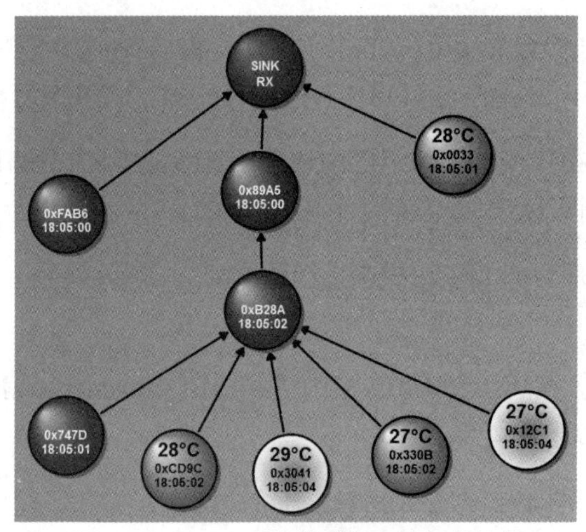

图4-27 Mesh（网状型）网络拓扑结构

第一步，节点信息数据结构设计。

根据任务描述可知，路由器和终端把自身的网络地址以及其父节点的网络地址发送给协调器，因此，需要设计一个数据结构，用于表示节点的信息。节点信息数据结构见表4-5。

表4-5 节点信息数据结构

数据结构	设备类型	节点网络地址	父节点网络地址
数据长度	3字节	4字节	4字节

其中，设备类型包括路由器和终端节点两种：若是路由器，则用“ROU”表示；若是终端节点，则用“END”表示。

第二步，协调器编程。

1）编写程序，实现协调器与PC的串口收发数据功能，具体实施步骤可以参照本项目中的任务3。

2）在SampleApp. h文件中添加节点信息数据结构定义，具体代码如下：

```
1.  typedef struct RFNODEBUF
2.  { unsigned char type[3];
3.    unsigned char myNWK[4];
4.    unsigned char pNWK[4];
5.  }RFNODE;
```

程序分析：第2行数据type用于存放设备类型“ROU”或“END”字符；第3～4行用于存放节点网络地址和父节点网络地址。

3）在SampleApp. c文件中添加如下代码：

```
1.  RFNODE nodeinfo[4];          //定义了4个节点（可以是路由器或终端节点）
2.  uint8 nodenum=0;
3.  //**********************************************************************
4.  uint16 SampleApp_ProcessEvent( uint8 task_id, uint16 events )
5.  {         ……
6.      case AF_INCOMING_MSG_CMD:                    //接收到新数据
7.              SampleApp_MessageMSGCB( MSGpkt );
8.              break;
9.      case ZDO_STATE_CHANGE:                       //节点网络状态改变
10.             SampleApp_NwkState = (devStates_t)(MSGpkt->hdr.status);
11.             if ( (SampleApp_NwkState == DEV_ZB_COORD)
12.                || (SampleApp_NwkState == DEV_ROUTER)
13.                || (SampleApp_NwkState == DEV_END_DEVICE) )
14.             {
15. //             osal_start_timerEx( SampleApp_TaskID,
16. //                                 SAMPLEAPP_SEND_PERIODIC_MSG_EVT,
17. //                                 SAMPLEAPP_SEND_PERIODIC_MSG_TIMEOUT );
18.             }
19.             else { ;}
20.             break;
21.     case CMD_SERIAL_MSG:
22.             SampleApp_SerialMSG((mtOSALSerialData_t *)MSGpkt);
23.             break;
```

```
24. }
25. //****************************************************************************
26. void SampleApp_SerialMSG(mtOSALSerialData_t *SeMsg)
27. { uint8 i=0;
28.   if(osal_memcmp(&SeMsg->msg[1],"topology",8))  //判断串口命令是否正确
29.   { for(i=0;i<4;i++)
30.     {    HalUARTWrite(0,nodeinfo[i].type,3);         //打印节点本身的网络类型
31.          HalUARTWrite(0," NWK:  ",6);                //打印节点本身的网络地址
32.          HalUARTWrite(0,nodeinfo[i].myNWK,4);
33.          HalUARTWrite(0," pNWK:  ",7);               //打印节点的父节点网络地址
34.          HalUARTWrite(0,nodeinfo[i].pNWK,4);
35.          HalUARTWrite(0,"\n",1);                     //换行
36.     }
37.   }
38. }
39. //****************************************************************************
40. void SampleApp_MessageMSGCB( afIncomingMSGPacket_t *pkt )
41. { uint16 flashTime;
42.   switch ( pkt->clusterId )
43.   {  case SAMPLEAPP_NODEINFO_CLUSTERID:          //发送数据的簇（命令）
44.        osal_memcpy(&nodeinfo[nodenum++],pkt->cmd.Data,11);  //将数据存放到数组nodeinfo中
45.        HalUARTWrite(0,"Get Data\n",9);               //串口打印提示收到节点数据
46.        break;
47.        ……
48.   }
49. }
```

程序分析：

① 第1行定义了RFNODE型数据结构，nodeinfo [4] 分别对应两个路由器和两个终端节点的设备类型、节点网络地址和父节点网络地址信息。

② 第6～8行，当协调器接收到数据时，会调用SampleApp_MessageMSGCB(MSGpkt)函数（第40行）。第43行代码用于判断簇（命令）SAMPLEAPP_NODEINFO_CLUSTERID 是否相符，若相符，则将数据存放到数组nodeinfo中，并且通过串口打印提示信息（当4个节点都向协调器发送信息后，在串口调试软件上应有4个“Get Data”）。关于簇（命令），需要注意的是：

- 在SampleApp. c文件中的SampleApp_ClusterList数组中添加粗体部分代码：

```
1. const cld_t SampleApp_ClusterList[SAMPLEAPP_MAX_CLUSTERS] =
```

```
2. { SAMPLEAPP_PERIODIC_CLUSTERID, SAMPLEAPP_FLASH_CLUSTERID,SAMPLEAPP_
NODEINFO_CLUSTERID
3. };
```

● 在SampleApp. h文件中修改和添加代码，如粗体部分代码：

```
1. #define  SAMPLEAPP_MAX_CLUSTERS               3        //原来为2，将其修改为3
2. #define  SAMPLEAPP_PERIODIC_CLUSTERID         1
3. #define  SAMPLEAPP_FLASH_CLUSTERID            2
4. #define  SAMPLEAPP_NODEINFO_CLUSTERID         3        //发送数据的簇（命令）
```

③ 当协调器收到串口数据时，则CMD_SERIAL_MSG事件有效（第21行），从而会调用SampleApp_SerialMSG((mtOSALSerialData_t *)MSGpkt)函数（第26行），在串口调试软件上输出两个路由器和两个终端节点的信息。

④ 注释掉或删除第15～17行代码的作用：防止协调器周期性向外发送信息，造成网络通信堵塞。这是因为，若协调器建立了网络，则ZDO_STATE_CHANGE事件有效，从而会调osal_start_timerEx函数，在5s后，使能SAMPLEAPP_SEND_PERIODIC_MSG_EVT事件。

第三步，路由器或终端节点编程。

1）新建、添加源文件。路由器和终端节点的源程序可以共用，新建SampleApp1. c文件，其保存路径与SampleApp. c文件一致；将协调器的源文件SampleApp. c中的所有代码复制到SampleApp1. c文件中，并将SampleApp1. c文件添加到App文件夹中。

2）修改SampleApp1. c文件代码。

```
1 . #define SEND_DATA_EVENT 0X08                              //定义一个数据发送事件
2.  //**********************************************************************
3.  void SampleApp_SerialMSG(mtOSALSerialData_t *SeMsg);  //串口接收处理函数声明
4.  void SendInfo(void);                                    //发送设备信息函数声明
5.  void To_String(uint8 *dest, char *src, uint8 length);   //十六进制转字符函数声明
6.  //**********************************************************************
7.  uint16 SampleApp_ProcessEvent( uint8 task_id, uint16 events )
8.  {  afIncomingMSGPacket_t *MSGpkt;
9.     (void)task_id;  // Intentionally unreferenced parameter
10.    if ( events & SYS_EVENT_MSG )
11.    { MSGpkt = (afIncomingMSGPacket_t *)osal_msg_receive( SampleApp_TaskID );
12.      while ( MSGpkt )
13.      { switch ( MSGpkt->hdr.event )
14.        { ……
```

```
15.         case ZDO_STATE_CHANGE:
16.             SampleApp_NwkState = (devStates_t)(MSGpkt->hdr.status);
17.             if ((SampleApp_NwkState == DEV_ROUTER)
18.                 || (SampleApp_NwkState == DEV_END_DEVICE) )
19.             {  osal_set_event(SampleApp_TaskID,SEND_DATA_EVENT);
20.             }
21.             else{  ;}
22.             break;
23.         ……
24.   if(events & SEND_DATA_EVENT)                    //SEND_DATA_EVENT事件处理代码
25.   { SendInfo();                                   //发送设备信息的函数
26.     return (events ^ SEND_DATA_EVENT);
27.   }
28.   return 0;
29. }
30. //****************************************************************************
31. void SendInfo()
32. { RFNODE  rfnode;
33.   uint16  nwk;
34.   if(SampleApp_NwkState == DEV_ROUTER)            //判断是否为路由器
35.   { osal_memcpy(rfnode.type,"ROU",3);             //将ROU字符填充到rfnode.type变量中
36.   }
37.   else if(SampleApp_NwkState == DEV_END_DEVICE)   //判断是否为终端节点
38.   { osal_memcpy(rfnode.type,"END",3);             //将END字符填充到rfnode.type变量中
39.   }
40.   nwk = NLME_GetShortAddr();                      //得到节点网络地址
41.   To_String(rfnode.myNWK,(uint8 *)&nwk,2);        //十六进制转成字符
42.   nwk = NLME_GetCoordShortAddr();                 //得到父节点网络地址
43.   To_String(rfnode.pNWK,(uint8 *)&nwk,2);         //十六进制转成字符
44.   afAddrType_t my_DstAddr;
45.   my_DstAddr.addrMode = (afAddrMode_t)Addr16Bit;
46.   my_DstAddr.endPoint = SAMPLEAPP_ENDPOINT;
47.   my_DstAddr.addr.shortAddr = 0x0000;
48.   if ( AF_DataRequest( &my_DstAddr, &SampleApp_epDesc,  //发送数据
49.                        SAMPLEAPP_NODEINFO_CLUSTERID, //簇（命令）
50.                        11,
51.                        (uint8 *)&rfnode,
52.                        &SampleApp_TransID,
53.                        AF_DISCV_ROUTE,
```

```
54.                         AF_DEFAULT_RADIUS ) == afStatus_SUCCESS ) { ;}
55. }
56. //**********************************************************************
57. void To_String(uint8 *dest, char *src, uint8 length)
58. { uint8 *xad;
59.   uint8 ch;
60.   uint8 i=0;
61.   xad = src + length -1;
62.   for(i=0;i<length;i++,xad--)
63.   {  ch = (*xad >> 4)& 0x0F;
64.      dest[i << 1] = ch + ((ch < 10) ? '0':'7');
65.      ch = *xad & 0x0F;
66.      dest[(i << 1) + 1] = ch + ((ch < 10) ? '0':'7');
67.   }
68. }
```

程序分析：

① 当设备启动加入网络时，第15行的ZDO_STATE_CHANGE事件有效，启动第19行的SEND_DATA_EVENT事件（该事件已在第1行定义了，切记：自定义事件的值不要与现有事件的值重复），从而会调用第25行的SendInfo()函数。

② 第44～55行，无线发送设备信息，采用单播方式向协调器发送数据。

第四步，编译、下载程序，测试系统功能。

整个系统默认采用Mesh（网状型）网络拓扑结构。

1）给协调器下载程序。在Workspace栏中选择CoordinatorEB，排除SampleApp1.c文件参与编译（方法是：右击SampleApp1.c文件，从弹出的快捷菜单中选择Options命令，然后在弹出的对话框中选中Exclude from build复选框，再单击OK按钮）。编译无误后，给协调器下载程序。

2）给路由器和终端节点下载程序。对于路由器，在Workspace栏中选择RouterEB；对于终端节点，在Workspace栏中选择EndDeviceEB，排除SampleApp.c文件参与编译。编译无误后，给2个路由器和2个终端节点下载程序。

3）打开串口调试软件，依次复位协调器、路由器1、路由器2、终端节点1和终端节点2（切记：当设备加入网络指示灯亮了，再给下个设备上电）。当串口调试软件上显示了4个“Get Data”时，发送“topology”命令，则接收到各设备的信息1如图4-28所示，网络拓扑结构图1如图4-29所示。

```
Hello World
Get Data
Get Data
Get Data
Get Data
ROU NWK: 6702 pNWK: 0000
END NWK: AB49 pNWK: 6702
ROU NWK: 5995 pNWK: 6702
END NWK: A98B pNWK: 5995
```

图4-28　各设备的信息1

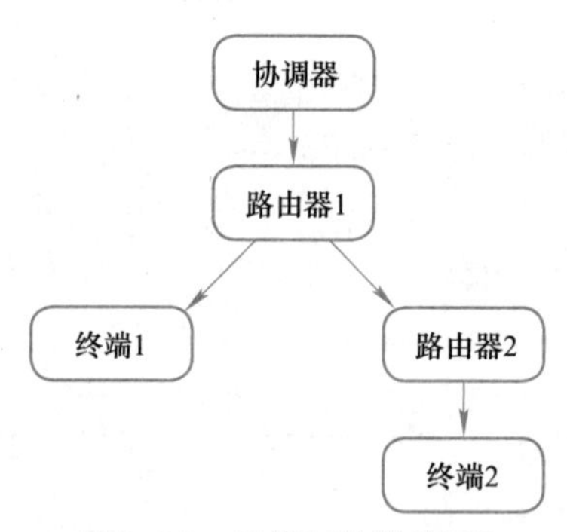

图4-29　网络拓扑结构图1

4）重新获取设备信息。关闭所有设备电源，依次复位协调器、终端节点1、路由器1、终端节点2和路由器2。当串口调试软件上显示了4个“Get Data”时，发送“topology”命令，则接收到各设备的信息2如图4-30所示，网络拓扑结构图2如图4-31所示。

```
Hello World
Get Data
Get Data
Get Data
Get Data
END NWK: 5EDC pNWK: 0000
ROU NWK: A1A0 pNWK: 0000
END NWK: F1C9 pNWK: 0000
ROU NWK: FEE0 pNWK: A1A0
```

图4-30　各设备的信息2

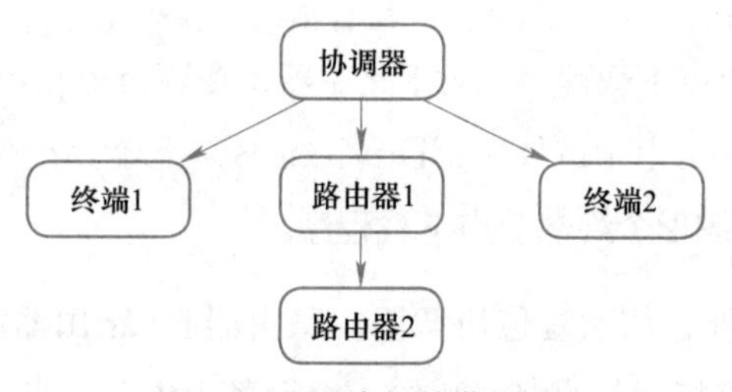

图4-31　网络拓扑结构图2

总之，设备的启动顺序不同，构成的网络拓扑结果图也有所不同。除协调器的网络地址为0x0000固定外，其他设备的网络地址在设备复位或重新上电之后，都有可能改变。

任务拓展

1）采用多个路由器和终端节点设备，获取系统的网络拓扑结构图。

2）设计一套自动获取网络拓扑结构的软件，使其功能类似于Z-Sensor Mintor软件。

任务6　ZigBee无线传感器网络监控系统设计

采用ZigBee、传感器、控制等模块，构成ZigBee无线传感器网络，其网络监控系统模型如图4-32所示，1个ZigBee模块作为协调器，3个ZigBee模块与传感器组合成温湿度传感器、可燃气体传感器、人体感应传感器等节点，2个ZigBee模块与控制器模块组合成窗帘控制、灯开关控制等节点。协调器通过串口线与PC相连，实时采集各传感器的数据，并能根据指令控制窗帘、灯开关等节点动作，具体功能要求如下：

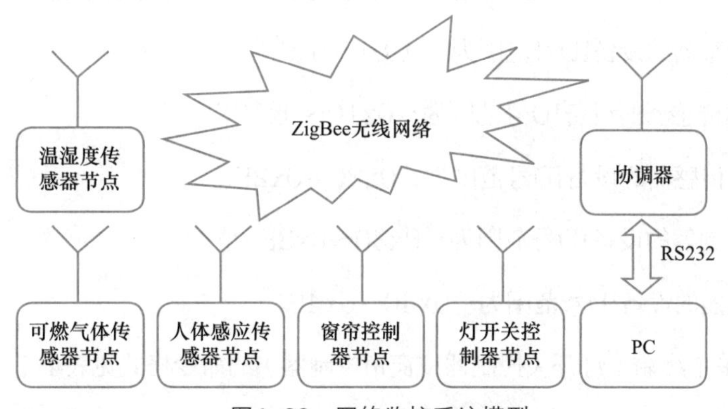

图4-32　网络监控系统模型

1）传感器节点和控制节点加入网络后，将其设备ID号、网络地址等信息发送给协调器，并且按照一定格式存储。

2）设计数据通信协议，要ZigBee模块与协调器之间、协调器与PC之间必须通过一定帧格式的协议进行数据传输。另外，协调器与PC的串口通信必须进行异或校验，以确保通信数据安全。

3）温湿度传感器和可燃气体传感器每隔一定时间（8s）把温度、湿度、气体电压等值发送给协调器；协调器接收到数据后，立刻上传至PC的串口调试软件端。

4）人体感应传感器实时检测是否有人出现（1s检测一次），当检测到有人时，立刻把信息发送给协调器；协调器收到数据后，立刻上传至PC的串口调试软件端。

5）在PC的串口调试软件端输入相关控制命令，使能窗帘控制节点驱动电动机正转、反转、停止，使能灯开关控制节点驱动继电器闭合、断开。

扫码观看本任务操作视频

第一步，设计数据通信协议。

1）传感器节点和控制节点加入网络后，将其设备ID号、网络地址等信息发送给协调器。节点上传设备信息通信协议格式见表4-6。

表4-6　节点上传设备信息通信协议格式

报文组成单元	开始码	设备类型	设备ID号	网络地址	校验码	结束码
字节数	1字节	1字节	1字节	2字节	1字节	1字节
描述	0x3A				XOR	0x55

① 设备类型：路由器为0x01；终端节点为0x02。

② 设备ID号：本任务采用了5个节点，各节点的设备ID号范围设置如下。

a）温湿度传感器的设备ID号范围为：0x01～0x0F。

b）可燃气体传感器的设备ID号范围为：0x10～0x1F；

c）人体感应传感器的设备ID号范围为：0x20～0x2F；

d）灯开关控制器的设备ID号范围为：0x30～0x3F；

e）窗帘控制器的设备ID号范围为：0x40～0x4F。

2）PC控制单个终端（灯开关控制器或窗帘控制器）的命令格式见表4-7。

表4-7　PC控制单个终端通信协议格式

报文组成单元	开始码	设备类型	功能码	数据	校验码	结束码
字节数	1字节	1字节	1字节	1字节	1字节	1字节
描述	0x4A				XOR	0x55

① 功能码：灯开关控制器为0x0B；窗帘控制器为0x0A。

② 数据：对于灯开关控制器，0x01为开灯，0x00为关灯；对于窗帘控制器，0x01为正转，0x02为反转，0x00为停止。

③ 终端节点响应的与PC控制单个终端通信协议格式一样，即原样返回。

例如，PC发送：4A 40 0A 01 01 55　终端返回：4A 40 0A 01 01 55

现象：窗帘控制器的步进电动机正转。

再如，PC发送：4A 30 0B 01 70 55　终端返回：4A 30 0B 01 70 55

现象：灯开关控制器的继电器闭合。

第二步，协调器存储各节点的设备类型、设备ID号等信息。

当各节点加入网络后，将其设备ID号、网络地址等信息发送给协调器；协调器按照一定格式进行存储。下面以SerialApp. eww工程为模板，进行程序设计，该工程的路径为“…zstack\Utilities\SerialApp\CC2530DB”。

1）实现协调器与PC串口通信。

① 在SerialApp. c文件中，取消串口流控配置，即uartConfig. flowControl = FALSE。根据需要配置串口通信波特率，本任务采用默认设置，即为38400。

② SerialApp. eww工程采用了串口回调函数功能，当串口接收到数据时，就会调用static void SerialApp_CallBack(uint8 port, uint8 event) 函数，进入该函数后，会调用SerialApp_Send()函数（可以在该函数中编写串口回调函数的功能代码）。例如，原样返回串口接收到的数据给串口调试端，具体程序如下：

```
1.   if (!SerialApp_TxLen &&
2.           (SerialApp_TxLen = HalUARTRead(SERIAL_APP_PORT,
3.            SerialApp_TxBuf, SERIAL_APP_TX_MAX)))
4.   {    HalUARTWrite(0, SerialApp_TxBuf,SerialApp_TxLen);        //返回串口接收到的数据
5.        SerialApp_TxLen = 0;              //切记：要将该变量清零，否则不能连续收发数据
6.   }
```

2）节点加入网络后，将其设备ID号、网络地址等信息发送给协调器。在UINT16 SerialApp_ProcessEvent(uint8 task_id, UINT16 events)函数中，若节点的网络状态改变，则ZDO_STATE_CHANGE事件有效，调用AfSendAddrInfo()函数。

```
1.   void AfSendAddrInfo(void)
2.   { uint16 shortAddr;
3.     uint8 strBuf[5]={0};
4.     uint8 checksum=0;
5.     RFTX rftx;                      //定义数据结构体变量
6.     SerialApp_TxAddr.addrMode = (afAddrMode_t)Addr16Bit;     //单播方式
7.     SerialApp_TxAddr.endPoint = SERIALAPP_ENDPOINT;
8.     SerialApp_TxAddr.addr.shortAddr = 0x00;               //发送给协调器
9.     rftx.BUF.head = 0x3A;                                  //报文组成单元的开始码
```

```
10.   rftx.BUF.tail = 0x55;                                    //报文组成单元的结束码
11.   rftx.BUF.afdeviceID = DeviceID;                          //设备ID号
12.   if(SerialApp_NwkState == DEV_ROUTER)
13.   {  rftx.BUF.type = 0x01; }                               //为路由器设备类型赋值
14.   else if(SerialApp_NwkState == DEV_END_DEVICE)
15.   {  rftx.BUF.type = 0x02; }                               //为终端设备类型赋值
16.   rftx.BUF.myNWK = NLME_GetShortAddr();                    //获取设备的网络地址
17.   rftx.BUF.checkcode = XorCheckSum(rftx.databuf, 5); //仅取rftx.databuf数组中的5个字节。
18.   if ( AF_DataRequest( &SerialApp_TxAddr, (endPointDesc_t *)&SerialApp_epDesc,
19.                          SERIALAPP_CLUSTERID1,7,(uint8 *)&rftx, &SerialApp_MsgID,
20.                          0, AF_DEFAULT_RADIUS ) == afStatus_SUCCESS )
21.   { }
22.   else
23.   {  // Error occurred in request to send. }
24. }
```

程序分析：

① 第5行RFTX结构体的类型定义如下：

```
1.   typedef union h
2.   {  uint8 databuf[7];
3.      struct RFRXBUF
4.      { uint8 head;              //0x3A
5.        uint8 type;              //1表示路由器，2表示终端
6.        uint8 afdeviceID;
7.        uint16 myNWK;
8.        uint8 checkcode;
9.        uint8 tail;              //0x55
10.     }BUF;
11.  }RFTX;
```

程序分析：复用共用体和结构体，数据长度7个字节，既可单独访问BUF中的成员，又可以采用RFTX访问BUF中的整体数据。

② 第18～21行，将长度为7个字节的数据（包括开始码、设备类型、设备ID号、网络地址、校验码和结束码）发送给协调器。发送的簇（命令）为SERIALAPP_CLUSTERID1。

3）协调器接收节点网络地址等信息，并按照一定数据格式存储。当协调器接收到节点的无线数据时，在SerialApp_ProcessEvent( )事件处理函数中，AF_INCOMING_MSG_CMD事件有效，因此会调用SerialApp_ProcessMSGCmd(MSGpkt)函数，

根据簇（命令）为SERIALAPP_CLUSTERID1，可知以下代码被执行：

```
1.   switch ( pkt->clusterId )
2.   { case SERIALAPP_CLUSTERID1:              //协调器接收设备信息
3.          osal_memcpy(&rftx.databuf,pkt->cmd.Data,pkt->cmd.DataLength);//复制数据
4.          HalUARTWrite(0,rftx.databuf,7);        //串口显示设备信息
5.          osal_memcpy(&DeviceInfo[DeviceNum],&rftx,7);//存储设备信息
6.          DeviceNum++; break;
7.   ……}
```

程序分析：

① 第5～6行，存储设备信息，在SerialApp.c文件开头定义了全局变量（RFTX DeviceInfo[10]、uint8 DeviceNum=0）。第1个节点加入网络后，其设备信息存储在结构体变量DeviceInfo[0]中，第2个节点的设备信息存储在DeviceInfo[1]，其他节点的设备信息依次存入DeviceInfo[]数组中，至此就实现了节点设备信息的存储。协调器管理节点，通过设备ID号找到节点的网络地址（因为设备ID号是编程设置的，而网络地址是由协调器动态配置的），从而可以向指定节点发送数据。

第三步，温湿度、可燃气体、人体感应等传感器采集数据并传送给协调器，再由协调器上传给PC的串口调试软件端。

1）节点启动周期事件。温湿度传感器、可燃气体传感器和人体感应传感器（节点）加入网络、发送节点信息给协调器之后，启动周期事件SerialApp_SEND_PERIODIC_MSG_EVT。温湿度传感器、可燃气体传感器的周期为8s，人体感应传感器的周期为1s。在SerialApp_ProcessEvent()函数中，部分代码如下：

```
1.   case ZDO_STATE_CHANGE:
2.            SerialApp_NwkState = (devStates_t)(MSGpkt->hdr.status);
3.            if ( (SerialApp_NwkState == DEV_ZB_COORD)
4.               || (SerialApp_NwkState == DEV_ROUTER)
5.               || (SerialApp_NwkState == DEV_END_DEVICE) )
6.            {
7.   #ifdef  GAS_SENSOR      //气体传感器加入网络后，启动周期事件，周期为8s
8.        osal_start_timerEx( SerialApp_TaskID, SerialApp_SEND_PERIODIC_MSG_EVT, 8000 );
9.   #endif
10.  #ifdef  BODY_SENSOR    //人体感应传感器加入网络后，启动周期事件，周期为1s
11.       osal_start_timerEx( SerialApp_TaskID, SerialApp_SEND_PERIODIC_MSG_EVT, 1000 );
12.  #endif
13.  #ifdef TEM_SENSOR                  //温湿度传感器加入网络后，启动周期事件，周期为8s
14.       osal_start_timerEx( SerialApp_TaskID, SerialApp_SEND_PERIODIC_MSG_EVT, 8000 );
```

```
15. #endif
16.     }
17.         break;
18. ……
19.   if ( events & SerialApp_SEND_PERIODIC_MSG_EVT )
20.   {     SerialApp_Send_P2P_Message();             //节点发送采集的数据给协调器
21. #ifdef  BODY_SENSOR
22.     osal_start_timerEx( SerialApp_TaskID, SerialApp_SEND_PERIODIC_MSG_EVT,
23.                     (1000 + (osal_rand() & 0x00FF)) ); //继续定时1s产生周期事件
24. #endif
25. #ifdef GAS_SENSOR
26.     osal_start_timerEx( SerialApp_TaskID, SerialApp_SEND_PERIODIC_MSG_EVT,
27.                     (8000 + (osal_rand() & 0x00FF)) ); //继续定时8s产生周期事件
28. #endif
29. #ifdef TEM_SENSOR
30.     osal_start_timerEx( SerialApp_TaskID, SerialApp_SEND_PERIODIC_MSG_EVT,
31.                     (8000 + (osal_rand() & 0x00FF)) ); //继续定时8s产生周期事件
32. #endif
33.     return (events ^ SerialApp_SEND_PERIODIC_MSG_EVT);
34.   }
35. ……}
```

程序分析：节点周期发送采集的数据给协调器的思路为“节点加入网络→定时启动周期事件→响应周期事件→节点发送采集的数据给协调器→定时启动周期事件→响应周期事件→……，依次无限循环”。

2）节点发送采集的数据给协调器。

```
1.  void SerialApp_Send_P2P_Message( void )
2.  { byte state;
3.    uint16 gas_v;
4.    uint8 gas_data[2];
5.    uint16 sensor_val ,sensor_tem;
6.    uint8 tem_data[4];
7.    SerialApp_TxPoint.addrMode = (afAddrMode_t)Addr16Bit;    //点播
8.    SerialApp_TxPoint.endPoint = SERIALAPP_ENDPOINT;
9.    SerialApp_TxPoint.addr.shortAddr = 0x0000;  //发送给协调器
10. #ifdef BODY_SENSOR                  //人体感应传感器
11.    if(BODY_PIN == 0)                //有人进入
12.   { MicroWait (10000);      // Wait 10ms
13.     if(BODY_PIN == 0)               //再次判断有人进入
```

```
14.      { state = 0x31;
15.        HalLedSet ( HAL_LED_2, HAL_LED_MODE_ON );
16.      }
17.      else                                   //再次判断无人进入
18.      { state = 0x30;
19.        HalLedSet ( HAL_LED_2, HAL_LED_MODE_OFF );
20.      }
21.      if (afStatus_SUCCESS == AF_DataRequest(&SerialApp_TxPoint,//发送1bit数据
22.                                    (endPointDesc_t *)&SerialApp_epDesc, SERIALAPP_CLUSTERID3,
23.                                    1, &state,&SerialApp_MsgID, 0, AF_DEFAULT_RADIUS))
24.      {    }     //发送的簇（命令）为：SERIALAPP_CLUSTERID3
25.    }
26.    else          //无人进入
27.    { state = 0x30;
28.      HalLedSet ( HAL_LED_2, HAL_LED_MODE_OFF );
29.    }
30.  #endif
31.  #ifdef GAS_SENSOR                                        //可燃气体传感器
32.    gas_v=get_adc();                                       //取模拟电压
33.    gas_data[1] = (uint8 )(gas_v & 0x00FF);
34.    gas_data[0] = (uint8 )((gas_v & 0xFF00)>> 8);
35.    if (afStatus_SUCCESS == AF_DataRequest(&SerialApp_TxPoint,       //发送2bit数据
36.                                   (endPointDesc_t *)&SerialApp_epDesc, SERIALAPP_CLUSTERID4,
37.                                   2, gas_data, &SerialApp_MsgID, 0, AF_DEFAULT_RADIUS))
38.    { } //发送的簇（命令）为：SERIALAPP_CLUSTERID4
39.  #endif
40.  #ifdef TEM_SENSOR                                        //温湿度传感器
41.    call_sht11(&sensor_tem,&sensor_val);                   //读取温度值（2bit）、湿度值（2bit）
42.    tem_data[1] = (uint8 )(sensor_tem & 0x00FF);           //取温度值的低字节
43.    tem_data[0] = (uint8 )((sensor_tem & 0xFF00)>> 8);     //取温度值的高字节
44.    tem_data[3] = (uint8 )(sensor_val & 0x00FF);           //取湿度值的低字节
45.    tem_data[2] = (uint8 )((sensor_val & 0xFF00)>> 8);     //取湿度值的高字节
46.    if (afStatus_SUCCESS == AF_DataRequest(&SerialApp_TxPoint,       //发送4bit数据
47.                                   (endPointDesc_t *)&SerialApp_epDesc, SERIALAPP_CLUSTERID5,
48.                                   4, tem_data, &SerialApp_MsgID, 0, AF_DEFAULT_RADIUS))
49.    { } //发送的簇（命令）为：SERIALAPP_CLUSTERID5
50.  #endif
51.  }
```

3）协调器接收节点的采集数据，并上传给PC的串口调试软件端。协调器收到无

线数据时，事件AF_INCOMING_MSG_CMD有效，调用事件处理函数SerialApp_ProcessMSGCmd(MSGpkt)。根据节点发送簇（命令）运行代码。

```
1.  case SERIALAPP_CLUSTERID3:              //人体感应传感器
2.      if(pkt->cmd.Data[0] == 0x31)
3.      {   HalUARTWrite(0,"有人进入\n", 9);    //串口显示有人
4.      }
5.      else if(pkt->cmd.Data[0] == 0x30)
6.      {  // HalUARTWrite(0,"无人进入\n", 9);  //为了避免串口显示频繁，故注释掉该行
7.      }
8.      break;
9.  case SERIALAPP_CLUSTERID4:              //气体传感器
10.     sensor_val = (pkt->cmd.Data[0]<<8) | pkt->cmd.Data[1]; //读取气体电压值
11.     data_val[0] = 0x30 + sensor_val/100;      //气体电压值的十位
12.     data_val[1] = '.';                        //小数点
13.     data_val[2] = 0x30 + sensor_val%100/10;  //气体电压值的个位
14.     data_val[3] = 0x30 + sensor_val%10;      //气体电压值的小数位
15.     data_val[4] = 'v';                        //气体电压值的单位
16.     HalUARTWrite(0,"气体电压：",10);           //串口显示“气体电压：”字符
17.     HalUARTWrite(0,data_val,5);              //显示气体电压值
18.     HalUARTWrite(0,"\n",1);
19.     break;
20. case SERIALAPP_CLUSTERID5:              //温湿度传感器
21.     sensor_val = (pkt->cmd.Data[0]<<8) | pkt->cmd.Data[1];//读取温度值
22.     data_val[0] = 0x30 + sensor_val/100;      //温度值的十位
23.     data_val[1] = 0x30 + sensor_val%100/10; //温度值的个位
24.     data_val[2] = '.';                        //温度值的小数点
25.     data_val[3] = 0x30 + sensor_val%10;      //温度值的小数位
26.     HalUARTWrite(0,"温度：",6);               //显示“温度”字符
27.     HalUARTWrite(0,data_val,4);              //显示温度值
28.     HalUARTWrite(0,"℃",2);                   //显示温度的单位
29.     sensor_val = (pkt->cmd.Data[2]<<8) | pkt->cmd.Data[3];//读取湿度值
30.     data_val[0] = 0x30 + sensor_val/100;      //湿度值的十位
31.     data_val[1] = 0x30 + sensor_val%100/10;  //湿度值的个位
32.     data_val[2] = '.';                        //湿度值的小数点
33.     data_val[3] = 0x30 + sensor_val%10;      //湿度值的小数位
34.     data_val[4] = '%';                        //显示湿度的单位
35.     HalUARTWrite(0," 湿度：",8);              //显示“湿度”字符
36.     HalUARTWrite(0,data_val,5);              //显示湿度值
37.     HalUARTWrite(0,"\n",1);
38.   ……
```

第四步，协调器控制窗帘控制器和灯开关控制器。

1）协调器发送控制命令。在PC的串口调试软件端发送命令，协调器接收到串口数据后，调用串口回调函数，在SerialApp_Send(void)函数中编写如下代码：

```
1.   static void SerialApp_Send(void)
2.   { RFCONDATA rfcondata;
3.     uint8 i=0;
4.     uint16 TXPPddr;
5.     uint8 TXFlag=0;
6.     if (!SerialApp_TxLen && (SerialApp_TxLen = HalUARTRead(SERIAL_APP_PORT,
7.                                         SerialApp_TxBuf, SERIAL_APP_TX_MAX)))
8.     { if(SerialApp_TxLen)
9.       { SerialApp_TxLen = 0;
10.        if(SerialApp_TxBuf[0] == 0x4A)      //控制——电动机、灯
11.        { if(XorCheckSum(SerialApp_TxBuf, 4) == SerialApp_TxBuf[4] &&
12.                       SerialApp_TxBuf[5] == 0x55) //校验码和结束码是否正确
13.          { osal_memcpy(rfcondata.databuf,SerialApp_TxBuf,6);//读取数据到结构体变量中
14.            //0x0A控制电机 0x0B控制灯
15.            if(rfcondata.BUF.FCCode == 0x0A || rfcondata.BUF.FCCode == 0x0B )
16.            { for(i=0;i<DeviceNum;i++)           //根据指令中的设备ID号查找设备网络地址
17.              {  if(rfcondata.BUF.afdeviceID == DeviceInfo[i].BUF.afdeviceID)
18.                 {  TXFlag = 0x01;
19.                    TXPPddr = DeviceInfo[i].BUF.myNWK;
20.                 }
21.              }
22.              if(TXFlag == 0x01)
23.              { TXFlag = 0x00;
24.                SerialApp_TxPoint.addrMode = (afAddrMode_t)Addr16Bit; //点播
25.                SerialApp_TxPoint.endPoint = SERIALAPP_ENDPOINT;
26.                SerialApp_TxPoint.addr.shortAddr = TXPPddr; //控制器的网络地址
27.                if (afStatus_SUCCESS == AF_DataRequest(&SerialApp_TxPoint,
28.                      (endPointDesc_t *)&SerialApp_epDesc, SERIALAPP_CLUSTERID2, 6,
29.                       (uint8 *)&rfcondata, &SerialApp_MsgID, 0, AF_DEFAULT_RADIUS))
30.                { //无线发送成功后原样返回给上位机
31.                  HalUARTWrite(0, rfcondata.databuf,6);
32.                }
33.                else //暂时没发现错误，关闭终端发送也正常
34.                { rfcondata.BUF.ConData = 0x00;          //无线发送失败后，将数据位置0
35.                  rfcondata.BUF.checkcode = 0x00;        //无线发送失败后，将校验位置0
36.                     HalUARTWrite(0, rfcondata.databuf,6);
```

```
37.            }
38. }}}}}}}
```

程序分析：第2行RFCONDATA结构体类型的定义如下（作为指令数据格式）。

```
1.   typedef union k
2.   { uint8 databuf[6];
3.     struct RFRXCONBUF
4.     { uint8 head;              //0x4A开始码
5.       uint8 afdeviceID;        //设备ID号
6.       uint8 FCCode;            //功能码
7.       uint8 ConData;           //数据
8.       uint8 checkcode;         //校验码
9.       uint8 tail;              //0x55结束码
10.    }BUF;
11.  }RFCONDATA;
```

程序分析：复用共用体和结构体，数据长度6个字节，既可单独访问BUF中的成员，又可以采用RFCONDATA访问BUF中的整体数据。

2）节点接收协调器发送控制命令，并做出相关动作。节点接收到命令时，事件AF_INCOMING_MSG_CMD有效，调用事件处理函数SerialApp_ProcessMSGCmd(MSGpkt)。根据节点发送簇（命令）和节点功能运行代码。

```
1.   case SERIALAPP_CLUSTERID2:                          //接收控制指令
2.       osal_memcpy(&rfcondata.databuf,pkt->cmd.Data,pkt->cmd.DataLength);//读取无线数据
3.       switch(rfcondata.BUF.FCCode)                    //根据设备功能码选择
4.       {  case 0x0A:                                   //控制电动机
5.   #ifdef MOTOR_CONTROLLER
6.            MotorStop();                               //停止转动
7.           if(rfcondata.BUF.ConData == 0x01)           //电动机正转
8.           { HalLedSet ( HAL_LED_2, HAL_LED_MODE_ON );
9.             for(i=0;i<2000;i++)
10.                 MotorCW();                           //正转
11.          }
12.          else if(rfcondata.BUF.ConData == 0x02)      //电动机反转
13.          { HalLedSet ( HAL_LED_1, HAL_LED_MODE_ON );
14.            for(i=0;i<2000;i++)
15.                MotorCCW();                           //电动机反转
16.          }
17.         else if(rfcondata.BUF.ConData == 0x00)       //电动机停止
18.         {    HalLedSet ( HAL_LED_2, HAL_LED_MODE_OFF );
19.              HalLedSet ( HAL_LED_1, HAL_LED_MODE_OFF );
20.              MotorStop();                            //停止转动
21.         }
```

```
22. #endif
23.         break;
24.         case 0x0B:                              //控制灯
25. #ifdef LIGHT_SWITCH
26.         if(rfcondata.BUF.ConData == 0x01)        //开灯
27.         {  HalLedSet ( HAL_LED_2, HAL_LED_MODE_ON );
28.            LIGHT_PIN = 0;
29.         }
30.         else if(rfcondata.BUF.ConData == 0x00)   //关灯
31.         {  HalLedSet ( HAL_LED_2, HAL_LED_MODE_OFF );
32.            LIGHT_PIN = 1;
33.         }
34. #endif
35.         break;
```

程序分析：MotorStop()、MotorCW()、MotorCCW()等步进电动机控制子程序。

第五步，测试系统功能。

1）搭建系统硬件。采用NEWLab平台、6个ZigBee模块，以及温湿度传感器、人体感应传感、可燃气体传感器、步进电动机+驱动器、继电器等模块组成一套ZigBee无线传感器网络监控系统，如图4-33所示。驱动器采用M5模块（ULN2003为驱动芯片）；并且焊接4个电阻（R13和R14为0Ω，可用导线代替，R15和R16为10Ω），拆掉R9和R10之间的电阻。步进电机采用5线4相5V电机，5根线分别是5V电源线和4根绕组线。把步进电机的5根线分别接到驱动板M5和J12接口上。

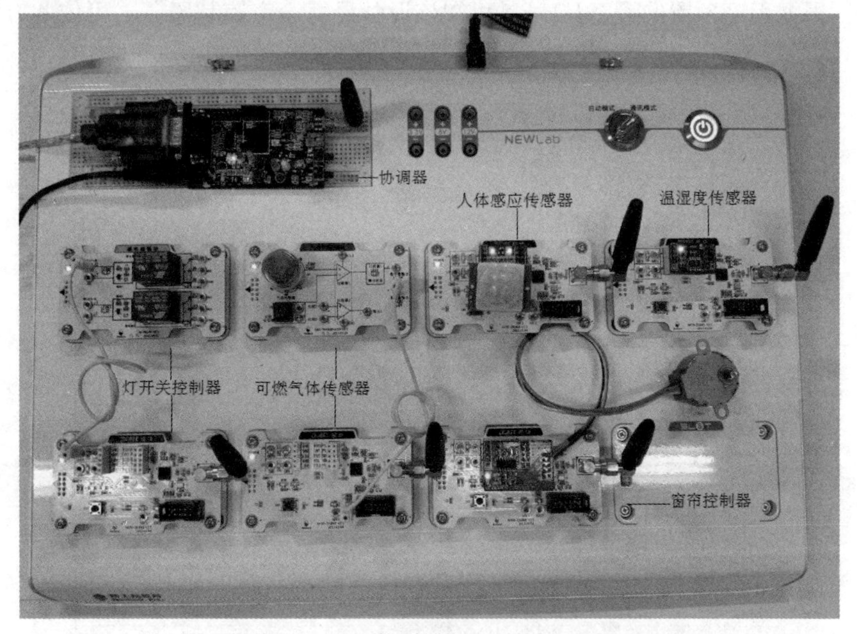

图4-33　ZigBee无线传感器网络监控系统

2）编译、下载程序。

① 给协调器编译、下载程序。在Workspace栏内选择CoordinatorEB，在SerialApp.c中注释掉所有节点名称的宏，并把设备ID号设置为0x0000，具体如下：

```
1.  定义设备功能：温湿度传感器、气体传感器、人体感应传感器、灯开关控制器、窗帘控制器
2.  下载协调器时，以下宏全部要注释掉，协调器的设备ID为0x0000
3.  下载节点时，以下5个宏，仅允许对应的节点名称的宏有效，其他4个宏必须注释掉
4.  ****************************************************************************/
5.  //#define  TEM_SENSOR           //温湿度传感器    DeviceID 0x01～0x0F
6.  //#define  GAS_SENSOR           //气体传感器      DeviceID 0x10～0x1F
7.  //#define  BODY_SENSOR          //人体感应传感器  DeviceID 0x20～0x2F
8.  //#define  LIGHT_SWITCH         //灯开关控制器    DeviceID 0x30～0x3F
9.  //#define  MOTOR_CONTROLLER     //窗帘控制器      DeviceID 0x40～0x4F
10. static uint16 DeviceID = 0x00;   //终端ID，重要
```

② 给节点编译、下载程序。在Workspace栏内选择RouterEB或EndDeviceEB，在SerialApp.c中注释掉其他节点名称的宏，并把设备ID号设置在对应的范围。例如，

温湿度传感器、可燃气体传感器、人体感应传感器、灯开关控制器、窗帘控制器的设备ID号分别为0x01、0x10、0x20、0x30、0x40。

③ 测试节点加入网络后，给协调器发送设备信息。给协调器上电，再给各节点上电，在PC的串口调试软件端可以看到节点设备的相关信息，如图4-34所示。

例如，3A 02 40 6A 10 02 55表示终端、设备ID号为0x40、网络地址为0x6A10。根据程序预置的设备ID号，可知该设备是“窗帘控制器”。可依此方法推断其他设备。

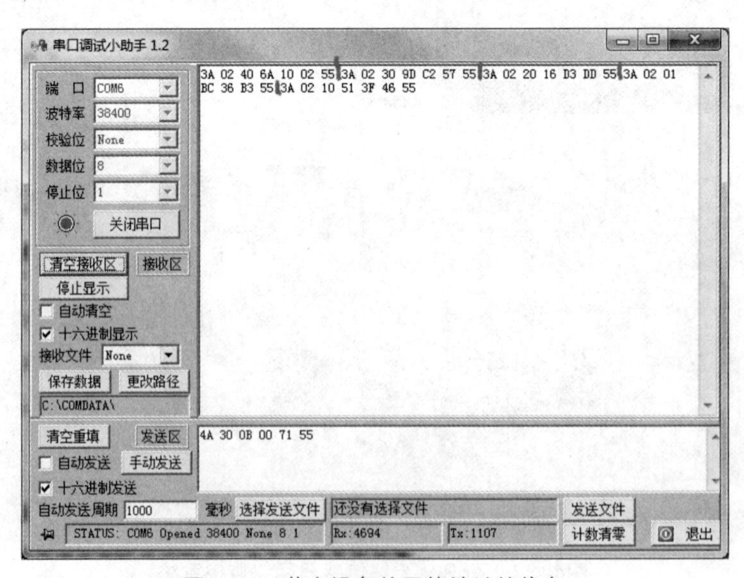

图4-34　节点设备的网络地址等信息

④ PC监测各传感器的采集数据，如图4-35所示。

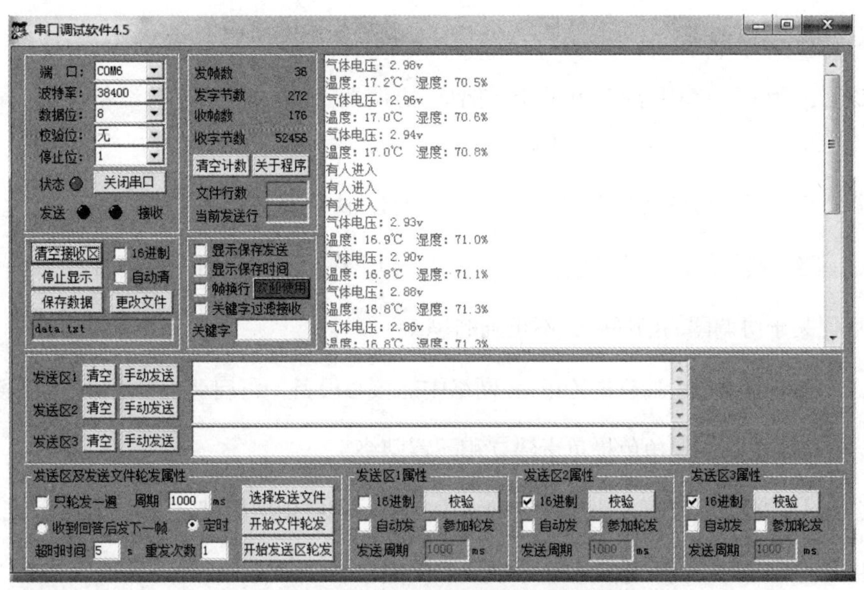

图4-35　PC监测各传感器的采集数据

⑤ 在PC的串口调试软件端输入相关控制命令，控制窗帘控制节点驱动电动机正转、反转、停止，控制灯开关控制节点驱动继电器闭合、断开。

例如，PC发送：4A 40 0A 02 02 55　终端返回：4A 40 0A 02 02 55

现象：窗帘控制器的步进电动机反转。

再如，PC发送：4A 30 0B 01 70 55　终端返回：4A 30 0B 01 70 55

现象：灯开关控制器的继电器闭合。

1）添加传感器和控制器的数量，重新实施该任务，并绘制网络结构拓扑图。

2）采用外部中断方式设计人体感应传感器节点的程序。

3）同一节点重复加入网络时，协调器能避免重复存储该节点的设备信息，即做到节点多次重新上电，协调器能识别该节点，但仅对该节点设备信息存储一次。

习 题 4

一、选择题

1．Z-Stack协议栈由物理层、介质访问控制层、网络层和（　　）组成。

A．应用层　　　　B．硬件层

C．数据接收层　　　　D．数据发送层

2．在ZigBee网络中存在3种设备类型：协调器、路由器和终端设备，但只能有一个（　　），可以有多个（　　）和多个（　　）。

A．路由器、协调器、终端　　　　B．协调器、终端、路由器

C．路由器、终端、协调器　　　　D．终端、路由器、协调器

3．下列关于协调器的描述中，不正确的是（　　）。

A．协调器是每个独立的ZigBee网络中的核心设备，可启动整个ZigBee网络

B．协调器的主要角色是负责建立和配置网络

C．协调器也可以用来协助建立网络中安全层和应用层的绑定

D．协调器可以同时建立多个PAN ID的网络

4．下列关于SampleApp_ProcessEvent（uint8 task_id，uint16 events）函数的描述中，不正确的是（　　）。

A．该函数是SampleApp工程的事件处理函数

B．该函数后面的return (events ^ SYS_EVENT_MSG)代码用于返回未处理的事件

C．在SampleApp工程中新建事件不会进入该函数

D．该函数中的SYS_EVENT_MSG包含了很多事件，所以采用switch...case语句再次判断不同的事件

5．对代码Point_To_Point_DstAddr.addrMode = (afAddrMode_t)afAddr16Bit;描述正确的是（　　）

A．组播方式　　　　B．单播方式

C．广播方式　　　　D．环播方式

6．若要使LED1闪烁，应该选择的函数是（　　）。

A．HAL_TOGGLE_LED1( )

B．HalLedSet（HAL_LED_1，HAL_LED_MODE_ON）

C．HAL_TURN_ON_LED1( )

D．HalLedSet（HAL_LED_2，HAL_LED_MODE_OFF）

7．下列关于按键轮询函数HalKeyPoll()的描述中，正确的是（　　）。

A．采用轮询的按键接口才调用该函数

B．采用中断的按键接口才调用该函数

C．轮询和中断两种按键接口都调用该函数

D．该函数是在按键回调函数中被调用的

8．下列关于事件ZDO_STATE_CHANGE的描述中，不正确的是（　　）。

A．协调器建立网络时，该事件不会有效

B．节点网络状态改变时，该事件有效

C．节点可以利用该事件进行应用程序初始化或启动周期事件

D．协调器可以利用该事件进行应用程序初始化或启动周期事件

9．下列关于ZigBee网络的设备地址的描述中，不正确的是（　　）。

A．在ZigBee网络中，设备地址有64位IEEE地址和16位网络地址两种

B．设备的16位网络地址又称为“逻辑地址”“短地址”，是由父设备自动分配的

C．设备的64位IEEE地址是全球唯一的，又称为“MAC地址”“扩展地址”

D．协调器的网络地址是不固定的，可以为0×0000，也可以为其他值

10．ZigBee协议栈定义了星状、树状、网状型3种网络拓扑，下列描述中，不正确的（　　）。

A．星状网络：所有节点（路由器和终端节点）只能与协调器进行通信

B．树状网络：终端节点与父节点通信，路由器可与子节点和父节点通信

C．网状型：所有节点都是对等实体，任意两点之间都可以通信

D．ZigBee协议栈默认采用星状网络

二、综合实践题

1．分析按键、串口通信的回调函数工作机制。

2．采用ZigBee、温湿度传感器、光照传感器，以及步进电动机、继电器等模块，构成ZigBee无线传感器网络，要求实现传感器数据采集和远程控制功能。

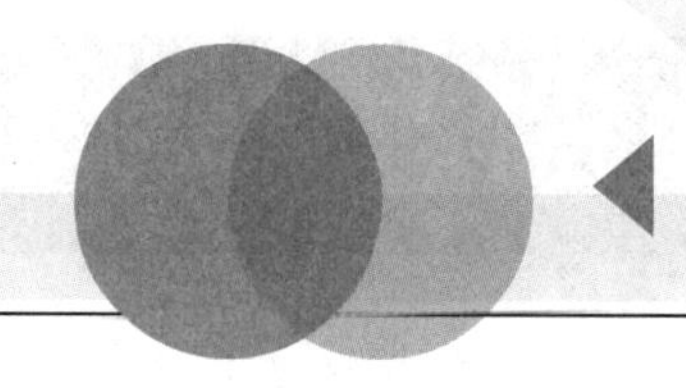

Project 5

项目 5

蓝牙4.0无线通信应用

本项目将通过5个由简到繁的训练任务，深入浅出地介绍蓝牙4.0、BLE协议栈，以及主从机建立连接、数据传输等内容，采用理论与实践相结合的方式，帮助读者灵活掌握基于BLE协议栈的串口通信、主从机连接与数据传输、手机与蓝牙模块通信等任务所需要的知识点和技能点。通过本项目的学习，读者应能熟练应用BLE协议栈中的GAP和GATT两个基本配置文件、BTool工具以及SimpleBLEPeripheral和SimpleBLECentral两个工程。

教学目标

知识目标	1. 掌握BLE协议栈的结构、基本概念
	2. 理解从机与主机之间建立连接的流程
	3. 掌握Peripheral_ProcessEvent、Central_ProcessEvent事件处理函数
	4. 掌握节点设备和集中器设备启动过程，理解SBP_START_DEVICE_EVT事件
	5. 理解BLE协议栈中的GAP和GATT两个基本配置文件
	6. 掌握主机与从机数据传输的流程，理解主从数据发送与接收过程
	7. 掌握特征值、句柄、UUID、GATT服务等概念和作用
	8. 理解特征值属性、通知机制以及掌握特征值的相关函数与初始化
技能目标	1. 能熟练使用IAR软件、NEWLab平台、BTool工具，能熟练完成BLE协议栈的安装
	2. 能熟练在Profiles中添加、修改特征值
	3. 能熟练使用串口回调函数实现蓝牙模块与PC的串口通信
	4. 能熟悉主机与从机建立连接和数据传输过程的函数，能制作函数调用路线图
	5. 能熟练开发基于BLE协议栈的主从机连接、串口透传、手机与蓝牙通信等项目
	6. 熟练采用周期事件循环采集、发送数据
	7. 熟悉工程中ProfileChangeCB、WriteAttrCB等回调函数的注册与调用
素质目标	1. 逐步掌握软件编程规范、项目文件管理方法以及回调函数的应用
	2. 逐步掌握结构体、共用体类型，习惯采用这些类型封装数据包
	3. 逐步养成项目组员之间的沟通、讨论习惯

任务1 基于BLE协议栈的串口通信

任务要求

搭建蓝牙模块与PC串口通信系统，要求蓝牙模块上电时，向串口发送“Hello NEWLab!”，并在PC的串口调试软件上显示。另外，在串口调试软件上发送信息给蓝牙模块，蓝牙模块收到信息后，立刻将串口接收到的数据原样返回给串口调试软件，并显示出来。

扫码观看本任务操作视频

知识链接

蓝牙4.0

蓝牙无线技术是全球使用范围最广的短距离无线标准之一，蓝牙4.0版本则综合了传统蓝牙、高速蓝牙和低功耗蓝牙这3种蓝牙技术，它集成了蓝牙技术在无线连接上的固有优势，同时增加了高速蓝牙和低功耗蓝牙的特点。低功耗蓝牙（Bluetooth Low Energy，BLE）是蓝牙4.0的核心规范。

随着物联网产业的发展，蓝牙4.0技术凭借其超低的运行功耗、待机功耗等技术，在手机等智能终端产品领域得到广泛应用，从而使得BLE技术在以手机为智能终端的物联网应用中具有广阔的发展前景。另外，BLE技术将广泛应用于可穿戴设备（如手环、手表等）、保健设备（如体重秤、血压计等）、汽车电子产品等各式各样的智能设备中。

1. BLE协议栈

BLE协议栈是由蓝牙技术联盟在蓝牙4.0的基础上推出的低功耗蓝牙通信标准，双方需要共同按照这一标准进行正常的数据发射和接收。BLE协议栈包括一个小型操作系统（抽象层OSAL）—— 由其负责系统的调度。操作系统的大部分代码被封装在代码库中，对用户不可见。用户只能使用API来调用相关库函数。

BLE协议栈中定义了GAP（Generic Access Profile）和GATT（Generic Attribute）两个基本配置文件，其中GAP层负责设备访问模式和进程，包括设备发现、建立连接、终止连接、初始化安全特性、设备配置等；GATT层用于已连接的设备之间的数据通信。

TI公司推出的CC254x系列单芯片（SoC）具有21个I/O，UART、SPI、USB2.0、PWM、ADC等外设，具有超宽的工作电压（2～3.6V）、极低的能耗（<0.4μA）和极小的唤醒延时（4μs）。该芯片内部集成增强型8051内核，同时，TI为BLE协议栈搭建了一个简单的操作系统，使得该芯片可以与BLE协议栈完美结合，能够帮助用户设计出高弹性、低成本

蓝牙低功耗解决方案。

2．BLE协议栈BLE-CC254x-1.3.2安装与使用

蓝牙4.0 BLE协议栈具有很多版本，不同厂家提供的蓝牙4.0 BLE协议栈有所不同，本书选用TI公司推出的BLE-CC254x-1.3.2版本，双击“BLE-CC254x-1.3.2.exe”文件，即可进行安装，默认安装在C盘，路径为“C:\Texas Instruments\BLE-CC254x-1.3.2”。

（1）工程文件介绍

安装完BLE协议栈之后，在安装目录下会出现Accessories、Components、Documents、Projects及BTool文件夹。

1）Accessories文件夹。其中包括Drivers、HexFiles等文件夹，其中Drivers内有HostTestRelease 程序的2540USBdongle的USB转串口驱动程序；HexFiles内有TI的开发板固件（hex文件），其中CC2540_USBdongle_HostTestRelease_All.hex是USB-dongle出厂时默认烧录的固件，用作协议分析仪。

2）Components文件夹。其中存放了蓝牙4.0的协议栈组件，包括底层的ble、TI开发板硬件驱动层hal、操作系统的osal等。

3）Documents文件夹。其中存放了TI提供的相关协议栈、demo文件以及开发文档。这些文件相当重要，几个重要的文档有《TI_BLE_Sample_Applications_Guide.pdf》协议栈应用指南，介绍协议栈demo操作《TI_BLE_Software_Developer's_Guide.pdf》协议栈开发指南，介绍BLE协议栈高级开发《BLE_API_Guide_main.htm》BLE协议栈API文档，在调用API函数时，该文档是非常有用的。

4）Projects文件夹。其中存放了TI提供的不同功能的BLE工程，例如，BloodPressure、GlucoseCollector、GlucoseSensor、HeartRate、HIDEmuKbd等传感器的实际应用，并且有相应标准的Profile（通用协议），另外还有4种角色工程，即SimpleBLEBroadcaster（观察者）和SimpleBLEObserver（广播者）、SimpleBLECentral（主机）和SimpleBLEPeripheral（从机）。一般Broadcaster和Observer一起使用，这种方式无须连接；Peripheral和Central一起使用，它们连接之后，才能交换数据。

5）BTool文件夹。BLE设备PC端的使用工具。

（2）BLE协议栈的编译与下载

这里只讨论SimpleBLEPeripheral（从机）和 SimpleBLECentral（主机）两个工程，打开这些工程需要IAR 8.10以上版本。在路径“…\ble\SimpleBLEPeripheral\CC2541DB”目录下找到SimpleBLEPeripheral.eww文件，双击该文件，即可打开工程，

如图5-1所示。图左边有很多文件夹，如APP、HAL、OSAL、PROFILES等，这些文件夹对应蓝牙4.0 BLE协议栈中不同的层。在开发过程中，一般情况下，整个协议栈内需要修改的代码主要在APP和PROFILES两个文件夹中，且大部分的代码；由TI提供（类似于ZigBee协议栈开发）。

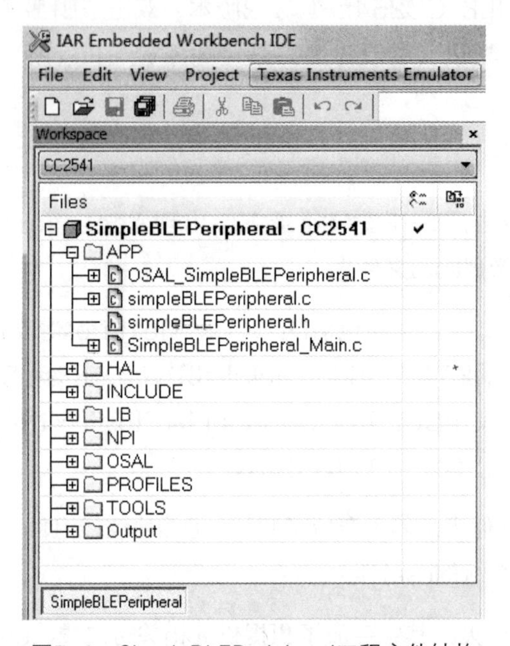

图5-1 SimpleBLEPeripheral工程文件结构

采用CC Debugger、SmartRF04EB等开发工具下载、仿真调试和烧录程序，建议选用CC Debugger作为蓝牙4.0开发工具。

任务实施

第一步，搭建蓝牙串口通信系统。

将蓝牙模块固定在NEWLab平台上，通过串口线把NEWLab平台与PC连接起来，并将NEWLab平台上的通信方式旋钮转到“通信模式”，最后给CC2541上电。

第二步，打开SimpleBLEPeripheral工程。

打开“C:\Texas Instruments\……\ble\SimpleBLEPeripheral\CC2541DB”目录下的“SimpleBLEPeripheral.eww”工程，在Workspace栏内选择CC2541。

第三步，串口初始化。

打开工程中“NPI”文件夹下的“npi.c”文件，串口初始化函数void NPI_InitTransport(npiCBack_t npiCBack)对串口号、波特率、流控、校验位等进行配置。

```
1. void NPI_InitTransport( npiCBack_t npiCBack )
```

```
2. { halUARTCfg_t uartConfig;
3.    uartConfig.configured              = TRUE;
4.    uartConfig.baudRate                = NPI_UART_BR;
5.    uartConfig.flowControl             = NPI_UART_FC;
6.    uartConfig.flowControlThreshold    = NPI_UART_FC_THRESHOLD;
7.    uartConfig.rx.maxBufSize           = NPI_UART_RX_BUF_SIZE;
8.    uartConfig.tx.maxBufSize           = NPI_UART_TX_BUF_SIZE;
9.    uartConfig.idleTimeout             = NPI_UART_IDLE_TIMEOUT;
10.   uartConfig.intEnable               = NPI_UART_INT_ENABLE;
11.   uartConfig.callBackFunc            = (halUARTCBack_t)npiCBack;
12.   (void)HalUARTOpen( NPI_UART_PORT, &uartConfig );
13.   return;    }
```

程序分析：

① 第4行，uartConifg. baudRate将波特率配置为NPI_UART_BR，进入NPI_UART_BR可以看到具体的波特率，此处配置为115 200，想要修改为其他波特率，可以通过“go to definition of HAL_UART_BR_115200”选择其他设置。

② 第5行，uartConifg. flowControl是配置流控的，这里选择关闭。注意：2根线的串口通信（TTL电平模式）连接务必关流控，否则无法收发信息。

③ 第11行，uartConfig. callBackFunc=（halUARTCBack_t）npiCBack是注册串口的回调函数。要对串口接收事件进行处理，就必须添加串口的回调函数。

配置好串口初始化函数后，还要对预编译选项进行修改。打开option→C/C++ Compiler→Preprocessor，修改编译选项，添加HAL_UART=TRUE，并将POWER_SAVING注释掉（即xPOWER_SAVING），否则不能使用串口，修改后的选项内容如图5-2所示。

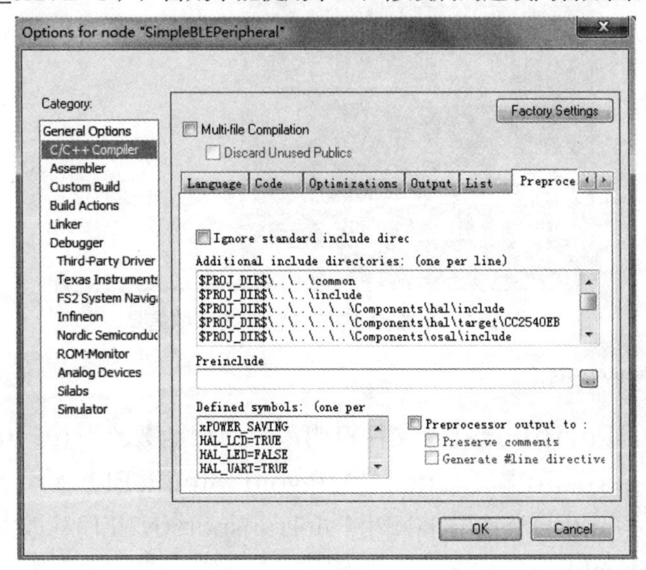

图5-2　修改后的选项内容

第四步，串口发送数据。

打开simpleBLEPeripheral. c文件中的初始化函数void SimpleBLEPeripheral_Init（uint8 task_id），在此函数中添加NPI_InitTransport（NULL），并在后面再添加一条上电提示“Hello NEWLab!”语句，添加头文件语句 #include "npi. h"，如图5-3所示。

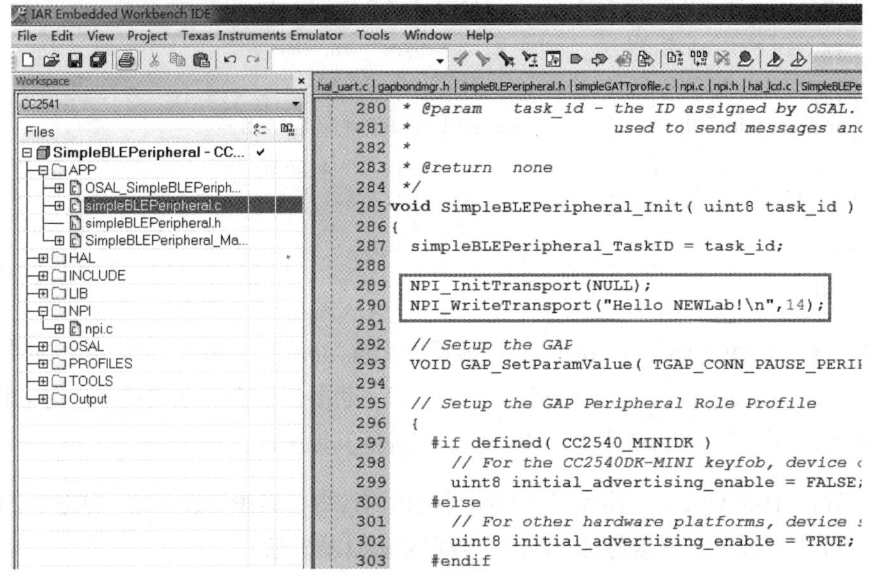

图5-3 修改simpleBLEPeripheral.c文件

连接下载器和串口线，下载程序，就可以看到串口调试软件收到“Hello NEWLab!”的信息，如图5-4所示，通过NPI_WriteTransport(uint8 *, uint16)函数实现串口发送功能。

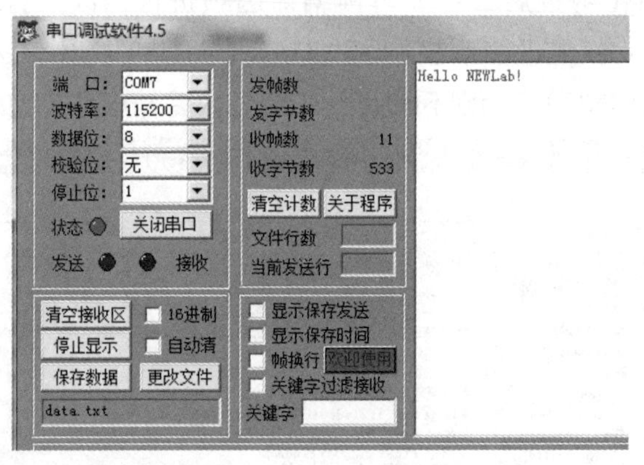

图5-4 接收到CC2541模块发来的信息

第五步，串口接收数据。

在simpleBLEPeripheral. c文件声明串口回调函数static void NpiSerialCallback(uint8 port, uint8 events)，并在void SimpleBLEPeripheral_Init(uint8 task_id)函数中传入串口回调函数，将NPI_InitTransport(NULL)修改为NPI_InitTransport(NpiSerialCallback)。

当串口特定的事件或条件发生时，操作系统就会使用函数指针调用回调函数对事件进行处理。具体处理操作在回调函数中实现，代码如下：

```
1. static void NpiSerialCallback(uint8 port,uint8 events)
2. { (void)port;
3.   uint8 numBytes=0;
4.   uint8 buf[128];
5.   if(events & HAL_UART_RX_TIMEOUT)              //串口有数据
6.   {  numBytes=NPI_RxBufLen();                   //读出串口缓冲区有多少字节
7.      if(numBytes)
8.      { NPI_ReadTransport(buf,numBytes);         //从串口缓冲区读出numBytes字节数据
9.        NPI_WriteTransport(buf,numBytes);        //把串口接收到的数据再打印出来
10.     } }  }
```

程序分析：

① 第5行，当串口有数据接收时，会触发HAL_UART_RX_TIMEOUT事件。除了HAL_UART_RX_TIMEOUT事件，还有以下其他事件（详见hal_uart.h文件）：

```
1. /* UART Events */
2. #define HAL_UART_RX_FULL          0x01        //串口接收缓冲区满
3. #define HAL_UART_RX_ABOUT_FULL    0x02        //串口接收缓冲区将满
4. #define HAL_UART_RX_TIMEOUT       0x04        //串口接收
5. #define HAL_UART_TX_FULL          0x08        //串口发送缓冲区满
6. #define HAL_UART_TX_EMPTY         0x10        //串口发送缓冲区空
```

② 第8~9行，第8行代码用于读出串口的数据，第9行按原样向串口调试软件返回数据。下载程序运行，发送任何信息，如，发送“蓝牙4.0BLE”，则在串口观察窗口显示串口收到的数据（与发送数据相同），如图5-5所示。注意：不能选中发送区1属性的“16进制”复选框。

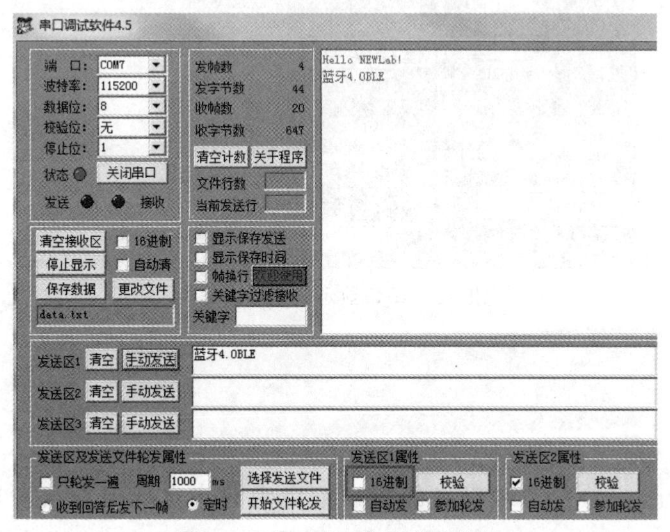

图5-5　串口显示接收到的数据

第六步，串口显示SimpleBLEPeripheral工程初始化信息。

TI官方的例程是利用LCD来输出信息的，本项目所使用的设备没有LCD，但可以利用UART来输出信息，具体步骤如下：

1）打开工程目录中的“HAL\Target\CC2540EB\Drivers\hal_lcd.c”文件，在HalLcdWriteString函数中添加以下代码（）粗体代码部分（）：

```
1.  void HalLcdWriteString ( char *str, uint8 option)
2.  {
3.  #ifdef LCD_TO_UART
4.      NPI_WriteTransport ( (uint8*)str,osal_strlen(str));            //串口显示
5.      NPI_WriteTransport ("\n",1);                                   //换行
6.  #endif
7.  #if (HAL_LCD == TRUE)
8.  NPI_WriteTransport((uint8 *)str,osal_strlen(str));
9.  NPI_WriteTransport("\n",1);
10.  #endif
11.  ……
12.  }
```

2）在预编译中添加LCD_TO_UART，HAL_LCD=TRUE需要打开，并且在hal_lcd.c文件中添加#include“npi.h”，编译无误后，下载程序，给模块上电后，打开串口调试助手，可以看到如图5-6所示的结果。这样就可以把LCD上显示的内容传送到PC端显示，极大地方便了调试，后续的项目都会用到这种方法。

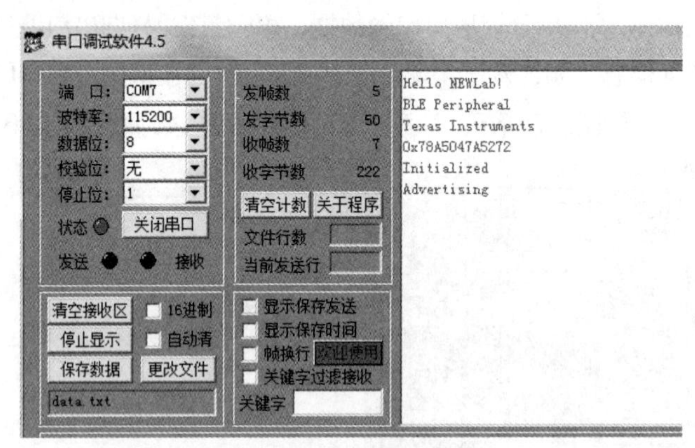

图5-6　串口显示设备提示信息

本项目采用npi.c文件中现有的串口配置函数来实现串口收发功能。请读者在SimpleBLEPeripheral.c文件中自行编写串口配置函数，实现串口收发功能。

任务2 主、从机建立连接与数据传输

采用两台NEWLab平台，每个平台上固定一个蓝牙模块。一个模块作为从机（SimpleBLEPeripheral工程），另一个模块作为主机（SimpleBLECentral工程），使主从机建立连接，并能进行简单的无线数据传输，同时可以通过串口调试软件观察到主机和从机的连接状况和数据变化。

扫码观看本任务操作视频

蓝牙4.0 BLE主、从机建立连接剖析

以TI提供的SimpleBLEPeripheral和SimpleBLECentral工程为例，从机与主机之间建立连接的流程如图5-7所示。

SimpleBLEPeripheral工程（节点设备） SimpleBLECentral工程（集中器设备）

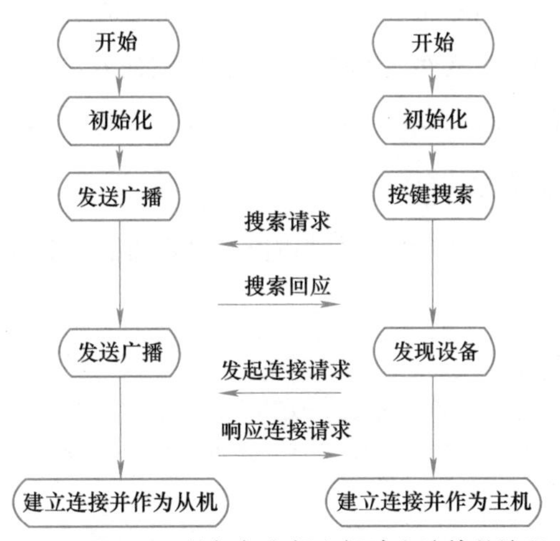

图5-7 从机与主机之间建立连接的流程

1．从机连接过程分析

（1）节点设备的可发现状态

以SimpleBLEPeripheral工程作为节点设备的程序，当初始化完成之后，以广播的方式向外界发送数据，此时节点设备处于可发现状态。可发现状态有两种模式：受限的发现模式和不受限的发现模式，前者是指节点设备在发送广播时，如果没有收到集中器设备发来的建立连接请求，则只保持30s的可发现状态，然后转为不可被发现的待机状态；而后者是指节点设备在没有收到集中器设备发来的建立连接请求时，一直发送广播，永久处于可发现状态。

在SimpleBLEPeripheral.c文件中，数组advertData定义节点设备发送的广播数据。代码如下：

```
1. static uint8 advertData[] =
2. { 0x02,                                   //发现模式的数据长度
3.    GAP_ADTYPE_FLAGS,                      //广播类型标志 为0x01
4.    DEFAULT_DISCOVERABLE_MODE | GAP_ADTYPE_FLAGS_BREDR_NOT_SUPPORTED,
5.    0x03,                                  //设备GAP基本服务UUID的数据段长度为3字节数据
6.    GAP_ADTYPE_16BIT_MORE,                 //定义UUID为16bit，即2字节数据长度
7.    LO_UINT16( SIMPLEPROFILE_SERV_UUID ),        //UUID低8位数据
8.    HI_UINT16( SIMPLEPROFILE_SERV_UUID ),        //UUID高8位数据
9. };
```

程序说明：

① 第4行，定义节点设备的可发现模式，若预编译选项中包含了“CC2540_MINIDK”，则是受限的发现模式；否则为不受限的发现模式。

② 第5～8行，只有GAP服务的UUID相匹配，两设备才能建立连接。蓝牙通信中有两个非常重要的服务：一个是GAP服务，负责建立连接；另一个是GATT服务，负责连接后的数据通信。

默认的SimpleBLEPeripheral工程在运行过程中有很多信息在LCD上显示，若将LCD上显示的内容同时显示在串口调试软件上（参照本项目中的任务1），则可以清晰地看到节点设备运行状态。节点设备从初始化到处于可发现状态的信息，如图5-6所示。

（2）节点设备搜索回应的数据

在SimpleBLEPeripheral.c文件中，若节点设备接收到集中器的搜索请求信号，则会回应如下数据内容。代码如下：

```
1. static uint8 scanRspData[] =
2. { 0x14,          // 节点设备名称数据长度，20个字节数据（从第3～6行，共计20个字节）
3.    GAP_ADTYPE_LOCAL_NAME_COMPLETE,   //指明接下来的数据为本节点设备的名称
4.    0x53,       // 'S'
5.    0x69,    // 'i'
6.    ……
7.    0x05,    //连接间隔数据段长度，占5个字节
8.    GAP_ADTYPE_SLAVE_CONN_INTERVAL_RANGE,     //指明接下来的数据为连接间隔的
                                                //最小值和最大值
9.    LO_UINT16( DEFAULT_DESIRED_MIN_CONN_INTERVAL ),     //最小值100ms
10.   HI_UINT16( DEFAULT_DESIRED_MIN_CONN_INTERVAL ),
11.   LO_UINT16( DEFAULT_DESIRED_MAX_CONN_INTERVAL ),     //最大值1s
12.   HI_UINT16( DEFAULT_DESIRED_MAX_CONN_INTERVAL ),
```

```
13.   0x02,      //发射功率数据长度，占2个字节
14.  GAP_ADTYPE_POWER_LEVEL, //指明接下来的数据为发射功率，发射功率的可调范围
                              //为-127～127dBm
15.   0            //发射功率设置为0dBm
16. };
```

当集中器设备接收到节点设备搜索回应的数据后，向节点设备发送连接请求，节点设备接受请求并作为从机进入连接状态。

（3）关键函数及代码分析

在TI的BLE协议栈中，从机和主机都是基于OSAL系统的程序结构，因此很多方面有相似的内容。

1）SimpleBLEPeripheral_Init（ ）任务初始化函数。

```
1. void SimpleBLEPeripheral_Init( uint8 task_id )
2. { simpleBLEPeripheral_TaskID = task_id;
3.   NPI_InitTransport(NpiSerialCallback);            //初始化串口，并传递串口回调函数
4.   NPI_WriteTransport("Hello NEWLab!\n",14);         //串口打印
5.   // Setup the GAP 设置GAP角色，这是从机与主机建立连接的重要部分
6.  VOID GAP_SetParamValue( TGAP_CONN_PAUSE_PERIPHERAL,
                          DEFAULT_CONN_PAUSE_PERIPHERAL );
7.   // Setup the GAP Peripheral Role Profile
8.   { #if defined( CC2540_MINIDK )
9.       uint8 initial_advertising_enable = FALSE;         //需要按键启动
10.     #else
11.       uint8 initial_advertising_enable = TRUE;         //不需要按键启动
12.     #endif
13.     //注意：以下9个GAPRole_SetParameter（ ）函数是对设置GAP角色参数，请查看源代码
14.     ……
15.   }
16.   // Setup the GAP Bond Manager 设置GAP角色配对与绑定
17.   { uint32 passkey = 0; // passkey "000000"  绑定密码
18.     ……
19.   }
20.   // Setup the SimpleProfile Characteristic Values 设置Profile的特征值
21.   { uint8 charValue1 = 1;
22.     uint8 charValue2 = 2;
23.     uint8 charValue3 = 3;
24.     uint8 charValue4 = 4;
25.     uint8 charValue5[SIMPLEPROFILE_CHAR5_LEN] = { 1, 2, 3, 4, 5 };
26.     //以下是设置Profile的特征值的初值
27.     ……
```

```
28.     }
29.     // Register callback with SimpleGATTprofile 注册特征值改变时的回调函数
30.     VOID SimpleProfile_RegisterAppCBs( &simpleBLEPeripheral_SimpleProfileCBs );
31.     // Setup a delayed profile startup 启动BLE从机，开始进入任务函数循环
32.     osal_set_event( simpleBLEPeripheral_TaskID, SBP_START_DEVICE_EVT );
33. }
```

程序分析：虽然任务初始化函数很复杂，但是读者只要明白关键的代码，如GAP（负责连接参数设置，第5~19行）、GATT（负责主从通信参数设置，第20~30行）等。此外还有启动事件SBP_START_DEVICE_EVT（第32行），启动该事件之后，进入系统事件处理函数。

2）SimpleBLEPeripheral_ProcessEvent（）从机事件处理函数。

```
1.  uint16 SimpleBLEPeripheral_ProcessEvent( uint8 task_id, uint16 events )
2.  {   VOID task_id; // OSAL required parameter that isn't used in this function
3.     if ( events & SYS_EVENT_MSG )          //系统事件，包括按键
4.     {   uint8 *pMsg;
5.        if ( (pMsg = osal_msg_receive( simpleBLEPeripheral_TaskID )) != NULL )
6.        {   simpleBLEPeripheral_ProcessOSALMsg( (osal_event_hdr_t *)pMsg );
7.            VOID osal_msg_deallocate( pMsg );      // 释放 OSAL 信息
8.        }
9.        return (events ^ SYS_EVENT_MSG);          // 返回未处理事件
10.    }
11.    if ( events & SBP_START_DEVICE_EVT )     //初始化函数启动的事件，启动从机设备
12.    {  // 传递设备状态改变时的回调函数
13.       VOID GAPRole_StartDevice( &simpleBLEPeripheral_PeripheralCBs );
14.       VOID GAPBondMgr_Register( &simpleBLEPeripheral_BondMgrCBs );
15.       osal_start_timerEx( simpleBLEPeripheral_TaskID, SBP_PERIODIC_EVT,
16.                            SBP_PERIODIC_EVT_PERIOD );
17.       return ( events ^ SBP_START_DEVICE_EVT );
18.    }
19.    if ( events & SBP_PERIODIC_EVT )          //周期性事件
20.    {  if ( SBP_PERIODIC_EVT_PERIOD )
21.       { osal_start_timerEx( simpleBLEPeripheral_TaskID, SBP_PERIODIC_EVT,
22.                              SBP_PERIODIC_EVT_PERIOD );
23.       }
24.       performPeriodicTask();    // 调用周期任务函数
25.       return (events ^ SBP_PERIODIC_EVT);
26.    }
27. #if defined ( PLUS_BROADCASTER )
28.    if ( events & SBP_ADV_IN_CONNECTION_EVT )    //连接事件
```

```
29.    { uint8 turnOnAdv = TRUE;
30.      GAPRole_SetParameter( GAPROLE_ADVERT_ENABLED, sizeof( uint8 ), &turnOnAdv );
31.      return (events ^ SBP_ADV_IN_CONNECTION_EVT);
32.    }
33. #endif // PLUS_BROADCASTER
34.    return 0;
35. }
```

程序分析：该函数处理的事件包括系统事件、节点设备启动事件、周期性事件以及其他事件。关键要理解的内容如下：

① 节点设备在初始化函数中启动了一个SBP_START_DEVICE_EVT事件，该事件在该函数中被处理，处理的内容包括开启节点设备，并传递设备状态改变时的回调函数（第13行）；开启绑定管理，并传递绑定管理回调函数（第14行）；启动周期性事件（第15行）。

② VOID GAPRole_StartDevice(&simpleBLEPeripheral_PeripheralCBs) 函数中的回调函数的作用：当设备状态改变时，会自动调用该函数。该函数具体在simpleBLEPeripheral. c和peripheral. h文件中定义：

```
1.  //**************************以下代码在peripheral.h中定义***********************
2.  typedef void (*gapRolesStateNotify_t)( gaprole_States_t newState );
3.  typedef void (*gapRolesRssiRead_t)( int8 newRSSI );
4.  typedef struct
5.  { gapRolesStateNotify_t    pfnStateChange;   //!< Whenever the device changes state
6.    gapRolesRssiRead_t       pfnRssiRead;      //!< When a valid RSSI is read from controller
7.  } gapRolesCBs_t;
8.  //*****************以下代码在simpleBLEPeripheral.c中定义***********************
9.  static gapRolesCBs_t simpleBLEPeripheral_PeripheralCBs =
10. {  peripheralStateNotificationCB,       // 状态改变回调函数
11.     NULL      // When a valid RSSI is read from controller (not used by application)
12. };
13. //***********************************************************************
14. static void peripheralStateNotificationCB( gaprole_States_t newState )
15. {  switch ( newState )
16.    {    case GAPROLE_STARTED:       //设备启动 GAPROLE_STARTED=0x01
17.         {……
18.             HalLcdWriteString( bdAddr2Str( ownAddress ),  HAL_LCD_LINE_2 );//显示设备地址
19.              HalLcdWriteString( "Initialized",  HAL_LCD_LINE_3 ); //显示初始化完成字符
20.           #endif // (defined HAL_LCD) && (HAL_LCD == TRUE)
21.         }
22.         break;
23.      case GAPROLE_ADVERTISING:         //广播 GAPROLE_ADVERTISING=0x02
```

```
24.         {#if (defined HAL_LCD) && (HAL_LCD == TRUE)
25.             HalLcdWriteString( "Advertising",  HAL_LCD_LINE_3 );//显示广播字符
26.           #endif // (defined HAL_LCD) && (HAL_LCD == TRUE)
27.         }
28.         break;
29.       case GAPROLE_CONNECTED:  //已连接 GAPROLE_CONNECTED=0x05
30.         ……          break;
31.       case GAPROLE_WAITING:       //断开连接 GAPROLE_WAITING=0x03
32.         ……          break;
33.     case GAPROLE_WAITING_AFTER_TIMEOUT:
                                  //超时等待GAPROLE_WAITING_AFTER_TIMEOUT=0x04
34.         ……           break;
35.       case GAPROLE_ERROR:        //错误状态 GAPROLE_ERROR=0x06
36.         ……          break;
37.       default:
38.     ……
39.  }
```

程序分析：该函数处理节点设备启动、广播等6个状态，并将状态显示在LCD上，也可以打印到串口。

2．主机连接过程分析

以SimpleBLECentral工程作为主机，默认状态下要使用Joystick按键来启动主、从机连接。主机连接过程大概可以分为初始化、按键搜索节点设备、按键查看搜索到的从机、按键选择从机并连接等环节。

（1）初始化

打开SimpleBLECentral. eww工程，其路径为“…Projects\ble\SimpleBLECentral\CC2541”。

1）SimpleBLECentral_Init(uint8 task_id)函数关键代码分析。

```
1.  void SimpleBLECentral_Init( uint8 task_id )
2.  {   simpleBLETaskId = task_id;
3.    { uint8 scanRes = DEFAULT_MAX_SCAN_RES;   //最大的扫描响应从机个数，8个
4.     GAPCentralRole_SetParameter ( GAPCENTRALROLE_MAX_SCAN_RES,
                                    sizeof( uint8 ), &scanRes );
5.    }  //设置主机最大扫描从机的个数，8个，即主机可以与8个从机中的任意一个建立连接
6.   //************* 省略：GAP服务设置 绑定管理设置代码，详见源程序*****************
7.     VOID GATT_InitClient();            // Initialize GATT Client 初始化客户端
8.    // Register to receive incoming ATT Indications/Notifications
9.    GATT_RegisterForInd( simpleBLETaskId ); //注册GATT的notify和indicate的接收端
```

```
10.    // Initialize GATT attributes
11.    GGS_AddService( GATT_ALL_SERVICES );                   // GAP
12.    GATTServApp_AddService( GATT_ALL_SERVICES );           // GATT attributes
13.    RegisterForKeys( simpleBLETaskId );                    //注册按键服务
14.    osal_set_event( simpleBLETaskId, START_DEVICE_EVT );   //主机启动事件
15. }
```

程序分析：该初始化函数的主要功能如下。

① 设置主机最大扫描节点设备的个数（默认为8个）。

② GAP服务设置，绑定管理设置，GATT属性初始化，注册按键服务。

③ 第7行，初始化客户端。需要注意的是，SimpleBLECentral工程对应客户端（Client）、主机，而SimpleBLEPeripheral工程对应服务器（Service）、从机。客户端（Client）会调用GATT_WriteCharValue 或者GATT_ReadCharValue 来和Service（服务器）通信；但是服务器（Service）只能通过notify 的方式，（即调用 GATT_Notification）发起和Client（客户端）的通信。

④ 第14行，设置一个事件，主机启动事件，进入系统事件处理函数。

2）SimpleBLECentral_ProcessEvent（ ）事件处理函数关键代码分析。

```
1. uint16 SimpleBLECentral_ProcessEvent( uint8 task_id, uint16 events )
2. {   VOID task_id; // OSAL required parameter that isn't used in this function
3.    if ( events & SYS_EVENT_MSG )            //系统消息事件，按键触发GATT等事件
4.    { uint8 *pMsg;
5.      if ( (pMsg = osal_msg_receive( simpleBLETaskId )) != NULL )
6.      {    simpleBLECentral_ProcessOSALMsg( (osal_event_hdr_t *)pMsg );
                                               //系统事件处理函数
7.           VOID osal_msg_deallocate( pMsg ); // Release the OSAL message
8.      }
9.      return (events ^ SYS_EVENT_MSG);       // return unprocessed events
10.    }
11.    if ( events & START_DEVICE_EVT )        //初始化之后，开始启动主机（最先执行该事件）
12.    {  VOID GAPCentralRole_StartDevice( (gapCentralRoleCB_t *) &simpleBLERoleCB );
13.       GAPBondMgr_Register( (gapBondCBs_t *) &simpleBLEBondCB );
14.       return ( events ^ START_DEVICE_EVT );
15.    }
16.   if ( events & START_DISCOVERY_EVT )      //主机扫描从机服务器
                                               //（开始扫描BLE从机的服务器）
17.   { simpleBLECentralStartDiscovery( );     //当主机发起连接时，
                                               //如果还未发现从机服务器，则会调用该事件
18.         return ( events ^ START_DISCOVERY_EVT );
19.    }
```

```
20.     return 0; // Discard unknown events
21. }
```

程序分析

① 第12~13行，开始启动主机，并且传递了两个回调函数地址：simpleBLERoleCB和simpleBLEBondCB。

```
1. // GAP Role Callbacks  GAP服务（角色）回调函数
2. static const gapCentralRoleCB_t simpleBLERoleCB =
3. { simpleBLECentralRssiCB,        // RSSI callback RSSI信号值回调函数
4.   simpleBLECentralEventCB        //GAP Event callback GAP事件回调函数，告之主机当前的状态
5. };
6. // Bond Manager Callbacks 绑定管理回调函数
7. static const gapBondCBs_t simpleBLEBondCB =
8. { simpleBLECentralPasscodeCB,
9.   simpleBLECentralPairStateCB
10. };
```

说明：第4行的simpleBLECentralEventCB回调函数用于通知用户主机当前的状态，例如，主机初始化完毕，在LCD上显示“BLE Central”和主机的设备地址。

```
1. static void simpleBLECentralEventCB( gapCentralRoleEvent_t *pEvent )
2. {  switch ( pEvent->gap.opcode )
3.   { case GAP_DEVICE_INIT_DONE_EVENT:       //主机已经初始化完毕
4.       { LCD_WRITE_STRING( "BLE Central", HAL_LCD_LINE_1 );
5.         LCD_WRITE_STRING( bdAddr2Str( pEvent->initDone.devAddr ),  HAL_LCD_LINE_2 );
6.       }
7.       break;
8.     case GAP_DEVICE_INFO_EVENT:
9.       ……         break;
10.     case GAP_DEVICE_DISCOVERY_EVENT:    //发现 BLE 从机
11.         ……         break;
12.     case GAP_LINK_ESTABLISHED_EVENT:    //建立连接时，定时触发
                                           //START_DISCOVERY_EVT事件
13.         ……//START_DISCOVERY_EVT事件在SimpleBLECentral_ProcessEvent()事件函数中处理
14.    Osal_start_timerEx(simpleBLETaskId,START_DISCOVERY_EVT,
                            DEFAULT_SVC_DISCOVERY_DELAY)
15.       ……         break;
16.     case GAP_LINK_TERMINATED_EVENT:
17.       ……         break;
18.     case GAP_LINK_PARAM_UPDATE_EVENT:
19.         ……         break;
20.   }}
```

② 第16～17行，主机扫描从机，通过调用simpleBLECentralStartDiscovery 函数，开始扫描从机的服务器。该事件是主机发起连接时，若还未发现从机服务器时会调用。

（2）按键搜索、查看、选择、连接节点设备

SimpleBLECentral工程默认采用按键进行从机搜索、连接，当有按键动作时，会触发KEY_CHANGE事件，进入simpleBLECentral_HandleKeys（）函数。SimpleBLECentral工程默认的按键功能见表5-1。

表5-1 SimpleBLECentral工程默认的按键功能

按键	功能
UP	1. 开始或停止设备发现；2. 连接后可读写特征值
LEFT	显示扫描到的节点设备，在LCD中滚动显示
RIGHT	连接更新
CENTER	建立或断开当前连接
DOWN	启动或关闭周期发送RSSI信号值

```
1. static void simpleBLECentral_HandleKeys( uint8 shift, uint8 keys )
2. { if ( keys & HAL_KEY_UP )                    // 开始或停止设备发现
3.   { if ( simpleBLEState != BLE_STATE_CONNECTED )       //判断有没有连接
4.     { if ( !simpleBLEScanning )   //判断主机是否正在扫描
5.       { simpleBLEScanning = TRUE;   //若没有正在扫描，则执行以下代码
6.         simpleBLEScanRes = 0;
7.         LCD_WRITE_STRING( "Discovering...", HAL_LCD_LINE_1 );
8.         LCD_WRITE_STRING( "", HAL_LCD_LINE_2 );
9.         GAPCentralRole_StartDiscovery( DEFAULT_DISCOVERY_MODE,
10.                                        DEFAULT_DISCOVERY_ACTIVE_SCAN,
11.                                        DEFAULT_DISCOVERY_WHITE_LIST );
12.       }else
13.       {  GAPCentralRole_CancelDiscovery();    } //若主机正在扫描，则取消扫描
14.     }  else if ( simpleBLEState == BLE_STATE_CONNECTED &&
15.               simpleBLECharHdl != 0 &&
16.               simpleBLEProcedureInProgress == FALSE )       //处于连接状态
17.     {  //以下省略：读写特征值代码
18.   }
19.   if ( keys & HAL_KEY_LEFT ) // Display discovery results 显示发现结果
20.   { if ( !simpleBLEScanning && simpleBLEScanRes> 0) //判断主机是否处于正在扫描状态
                                                  //以及扫描到的设备是否为0
21.     {    simpleBLEScanIdx++;      // 用于滚动显示多个设备的索引
22.        if ( simpleBLEScanIdx >= simpleBLEScanRes ) //判断索引是否大于扫描到的数量
23.        {   simpleBLEScanIdx = 0;        }       //若是，则对索引清零
24.        LCD_WRITE_STRING_VALUE( "Device", simpleBLEScanIdx + 1, 10, HAL_LCD_LINE_1 );
```

```
25.         LCD_WRITE_STRING( bdAddr2Str( simpleBLEDevList[simpleBLEScanIdx].addr ),
26.                                  HAL_LCD_LINE_2 );//根据索引的不同显示不同的设备
27.     } }
28.   if ( keys & HAL_KEY_RIGHT ) // Connection update连接更新
29.   { if ( simpleBLEState == BLE_STATE_CONNECTED )  //判断主机是否处于连接状态
30.     {  GAPCentralRole_UpdateLink( simpleBLEConnHandle,
31.                                        DEFAULT_UPDATE_MIN_CONN_INTERVAL,
32.                                        DEFAULT_UPDATE_MAX_CONN_INTERVAL,
33.                                        DEFAULT_UPDATE_SLAVE_LATENCY,
34.                                        DEFAULT_UPDATE_CONN_TIMEOUT );
35.     } }
36.   if ( keys & HAL_KEY_CENTER ) //建立或断开当前连接
37.   { uint8 addrType;  uint8 *peerAddr;
38.     if ( simpleBLEState == BLE_STATE_IDLE )  // 是否建立连接
39.     { if ( simpleBLEScanRes > 0 ) //若有扫描到的设备，则主机与该设备建立连接
40.       { peerAddr = simpleBLEDevList[simpleBLEScanIdx].addr;
41.         addrType = simpleBLEDevList[simpleBLEScanIdx].addrType;
42.         simpleBLEState = BLE_STATE_CONNECTING;
43.         GAPCentralRole_EstablishLink( DEFAULT_LINK_HIGH_DUTY_CYCLE,
44.                                         DEFAULT_LINK_WHITE_LIST,
45.                                         addrType, peerAddr );
46.         LCD_WRITE_STRING( "Connecting", HAL_LCD_LINE_1 );
47.         LCD_WRITE_STRING( bdAddr2Str( peerAddr ), HAL_LCD_LINE_2 );
48.       } }
49.     else if ( simpleBLEState == BLE_STATE_CONNECTING ||
50.               simpleBLEState == BLE_STATE_CONNECTED )
                                  //若处于正在连接或已连接状态，则断开
51.     { simpleBLEState = BLE_STATE_DISCONNECTING; // 未连接
52.       gStatus = GAPCentralRole_TerminateLink( simpleBLEConnHandle );
53.       LCD_WRITE_STRING( "Disconnecting", HAL_LCD_LINE_1 );
54.     } }
55.   if ( keys & HAL_KEY_DOWN ) // 开始或取消RSSI信号值的周期性显示
56.   { if ( simpleBLEState == BLE_STATE_CONNECTED )  //主机是否处于连接状态
57.     { if ( !simpleBLERssi )
58.       { simpleBLERssi = TRUE;
59.         GAPCentralRole_StartRssi( simpleBLEConnHandle, DEFAULT_RSSI_PERIOD );
60.       } else
61.       { simpleBLERssi = FALSE;
62.         GAPCentralRole_CancelRssi( simpleBLEConnHandle );
63.         LCD_WRITE_STRING( "RSSI Cancelled", HAL_LCD_LINE_1 );
64.       }    } } }
```

第一步，主机采用串口指令等同按键功能。

由于蓝牙模块没有Joystick按键，因此采用串口发指令方式代替按键，串口指令1、2、3、4、5分别对应Joystick按键的UP、LEFT、RIGHT、CENTER、DOWN。需要把按键程序复制到串口接收处理函数NpiSerialCallback（ ）中去，代码如下：

```
1.  static void NpiSerialCallback( uint8 port, uint8 events )
2.  { (void)port;
3.      uint8 numBytes = 0;
4.      uint8 buf[5];
5.      if (events & HAL_UART_RX_TIMEOUT)             //判断串口是否有数据
6.      {  numBytes = NPI_RxBufLen();                  //读出串口缓冲区有多少字节
7.          NPI_ReadTransport(buf,numBytes);           //读出串口缓冲区的数据
8.          if ( buf[0] == 0x01 )     //UP  将keys & HAL_KEY_UP修改为buf[0] == 0x01
9.          {  ……代码与UP键原有代码一样           }
10.          if ( buf[0] == 0x02)     //LEFT 将keys & HAL_KEY_LEFT修改为buf[0] == 0x02
11.          {  ……代码与LEFT键原有代码一样           }
12.          if (buf[0] == 0x03 )    //RIGHT 将keys & HAL_KEY_RIGHT修改为buf[0] == 0x03
13.          {  ……代码与RIGHT键原有代码一样           }
14.          if ( buf[0] == 0x04)    //CENTER 将keys & HAL_KEY_CENTER修改为buf[0] == 0x04
15.          {  ……代码与CENTER键原有代码一样           }
16.          if ( buf[0] == 0x05)    //DOWN 将keys & HAL_KEY_DOWN修改为buf[0] == 0x05
17.          {  ……代码与DOWN键原有代码一样           }
18.  } }
```

第二步，给主机和从机下载程序测试功能。

1）给主机下载程序。编译并下载程序到蓝牙模块中，上电运行，在串口调试软件上显示主机名称（BLE Central）、芯片厂家（Texas Instruments）和设备地址（0x78A504856D1F），如图5-8所示。

2）给从机下载程序。在Workspace栏内选择“CC2541”，编译并下载程序到蓝牙模块中，上电运行，在串口调试软件上显示从机名称（BLE Peripheral）、芯片厂家（Texas Instruments）、设备地址（0x78A5047A5272）、初始化完成提示字符（Initialized）和设备广播状态（Advertising），如图5-9所示。

```
NEWLab
BLE Central
Texas Instruments
0x78A504856D1F
```

图5-8　主机启动信息

```
NEWLab
BLE Peripheral
Texas Instruments
0x78A5047A5272
Initialized
Advertising
```

图5-9　从机启动信息

（3）功能测试

1）主机对应的PC串口发送十六进制指令“01”，搜索节点设备。

2）主机对应的PC串口发送十六进制指令“02”，查看搜索到的节点设备，显示节点设备的编号。

3）主机对应的PC串口发送十六进制指令“04”，与搜索到的节点设备进行连接，并显示与节点设备连接等相关信息。在以上主、从机连接过程中，串口显示的信息如图5-10和图5-11所示。

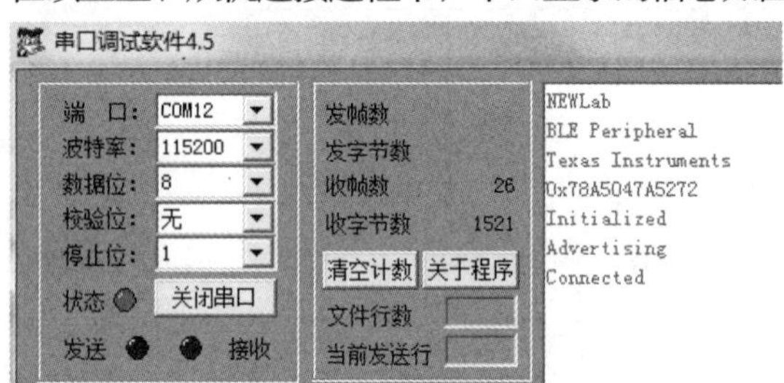

图5-10　从机连接过程中串口的显示信息1

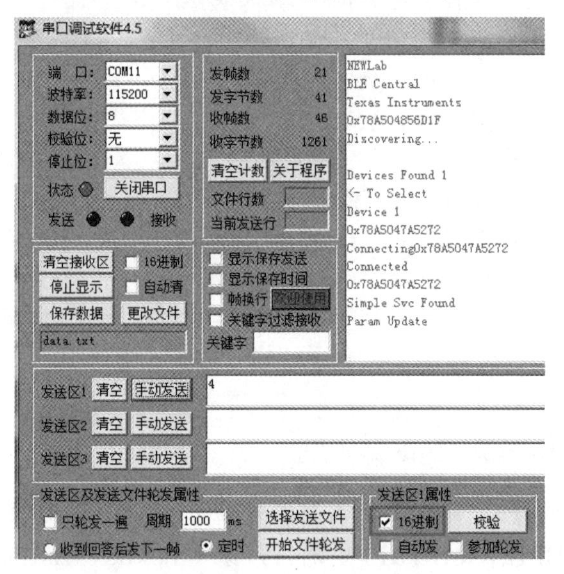

图5-11　主机连接过程中串口的显示信息1

4）主机对应的PC串口发送十六进制指令“05”，周期性显示RSSI信号值，再次发送十六进制指令“05”，则取消显示。

5）在当前连接的状态下，主机对应的PC串口发送十六进制指令“01”，会执行读写char操作。发送十六进制指令“01”，执行写 char操作；再次发送十六进制指令“01”，执行读 char操作，每一次循环，读写的char 值增加1。

6）在当前连接的状态下，主机对应的PC串口发送十六进制指令“04”，主机与从机断开，同时，从机又处于广播状态。在以上传输过程中，主、从机串口显示的信息如图5-12和图5-13所示。

```
NEWLab
BLE Peripheral
Texas Instruments
0x78A5047A5272
Initialized
Advertising
Connected
Char 1: 0
Char 1: 1
Char 1: 2
DisconnectedAdvertising
```

图5-12　传输过程中从机串口显示的信息2

```
Device 1
0x78A5047A5272
Connecting0x78A5047A5272
Connected
0x78A5047A5272
Simple Svc Found
RSSI -dB: 36
RSSI -dB: 35
RSSI -dB: 35
RSSI Cancelled
Read rsp: 1
Write sent: 0
Read rsp: 0
Write sent: 1
Read rsp: 1
Write sent: 2
Disconnected
```

图5-13　传输过程主机串口显示的信息2

采用Texas Instruments Packet Sniffer软件捕获从机和主机建立连接的无线数据包，分析连接过程数据包的内容，如从机广播数据包、搜索回应数据包等。

任务3　基于BLE协议栈的无线点灯

采用两台NEWLab平台，每个平台上固定一个蓝牙模块，主机平台与PC相连，从机平台上固定继电器和灯泡模块。在PC上，使用BTool工具控制命令，使主、从机建立连接，并通过BTool工具能控制灯的亮和灭。

扫码观看本任务操作视频

蓝牙4.0 BLE应用数据传输剖析

主机与从机建立连接之后，可进行服务发现、特征发现、数据读写等数据传输，应用数据传输流程如图5-14所示。当主机需要读取从机中提供的应用数据时，应先由主机进行GATT数据服务发现，即给出想要发现的主服务UUID，只有主服务UUID匹配，才能获得GATT数据服务。主机与从机的数据传输过程如下：

1）从机发起搜索请求，搜索正在广播的节点设备，若GAP服务的UUID相匹配，则主机与节点设备可以建立连接。

2）主机发起建立连接请求，节点设备响应后，主机与从机建立连接。

3）主机发起主服务UUID，进行GATT服务发现。

4）发现GATT服务后，主机发送要进行数据读写操作的特征值的UUID，获取特征值的句柄，即采用发送UUID方式获得句柄。

5）通过句柄，对特征值进行读写操作。

图5-14　应用数据传输流程

1．Profile规范

Profile规范是一种标准通信协议，定义了设备如何实现一种连接或者应用。Profile规范存在于从机中，蓝牙组织规定了一系列的标准Profile规范，例如HID OVER GATT、防丢器、心率计等。同时，产品开发者也可以根据需求自行新建Profile，即非标准的Profile规范。

（1）GATT服务（GATT 服务器）

BLE协议栈的GATT层用于应用程序在两个连接设备之间的数据通信。当设备连接后，主机将作为GATT 客户端（是从GATT服务器读/写数据的设备），从机将作为GATT服务器（是包含客户端（主机）需要读/写数据的设备）。

在BLE从机中，每个Profile会包含多个GATT 服务器，每个GATT 服务器代表从机的一种能力。每个GATT 服务器又包括多个特征值（Characteristic），每个具体的特征值才是BLE通信的主体。例如，某电子产品当前的电量是70%，会通过电量的特征值存在从机的Profile 里，这样主机就可以通过这个特征值来读取当前电量。

（2）特征值（Characteristic）

BLE主从机的通信均是通过Characteristic来实现，可以将其理解为一个标签，通过这个标签可以获取或者写入想要的内容。

（3）统一识别码（UUID）

GATT 服务器和Characteristic都需要一个唯一的UUID来标识。GATT主服务的UUID为FFF0，特征值1、特征值2……的UUID依次为FFF1、FFF2……

（4）句柄（handle）

GATT 服务将整个服务加到属性表中，并为每个属性分配唯一的句柄。

2．GATT数据服务发现

在simpleBLECentralEventCB（ ）GAP事件回调函数中提到，当主、从机建立连接之后，使用OSAL定时器设置了一个定时事件START_DISCOVERY_EVT，即GATT服务发现事件。定时时间到达后，调用SimpleBLECentral_ProcessEvent()事件处理函数来处理该事件。代码如下:

```
1. uint16 SimpleBLECentral_ProcessEvent( uint8 task_id, uint16 events )
2. {  ……
3.    if ( events & START_DISCOVERY_EVT ) //开始发现事件是否有效
4.    {   simpleBLECentralStartDiscovery( );    //调用服务发现函数，进行GATT数据服务发现
5.        return ( events ^ START_DISCOVERY_EVT );
6.    }
7. ……
8. //*************************************************************************
9. static void simpleBLECentralStartDiscovery( void )
10. {  uint8 uuid[ATT_BT_UUID_SIZE] = { LO_UINT16(SIMPLEPROFILE_SERV_UUID),
11.                                     HI_UINT16(SIMPLEPROFILE_SERV_UUID) };
12.    simpleBLESvcStartHdl = simpleBLESvcEndHdl = simpleBLECharHdl = 0;
13.    simpleBLEDiscState = BLE_DISC_STATE_SVC;  //将当前发现状态标志设为服务发现
14.    // Discovery simple BLE service
15.    GATT_DiscPrimaryServiceByUUID( simpleBLEConnHandle, uuid,
16.                                   ATT_BT_UUID_SIZE, simpleBLETaskId );
17. }
```

程序分析:

① 第10～11行，指定想要发现的主服务UUID，在simpleGATTprofile. h文件中定义为#define SIMPLEPROFILE_SERV_UUID 0xFFF0。

② 第12行，将服务的起始句柄、结束句柄和特征句柄清零。

③ 第15行，通过指定的UUID发现GATT主服务，从机会回应一个SYS_EVENT_MSG事件，进一步处理相关内容，如以下粗体部分代码。

```
1.  uint16 SimpleBLECentral_ProcessEvent( uint8 task_id, uint16 events )
2.  {  VOID task_id; // OSAL required parameter that isn't used in this function
3.    if ( events & SYS_EVENT_MSG )
4.    {  uint8 *pMsg;
5.       if ( (pMsg = osal_msg_receive( simpleBLETaskId )) != NULL )
6.    {  simpleBLECentral_ProcessOSALMsg( (osal_event_hdr_t *)pMsg );
7.          VOID osal_msg_deallocate( pMsg ); // Release the OSAL message
8.       }
9.  ……
10. //*********************************************************************
11. static void simpleBLECentral_ProcessOSALMsg( osal_event_hdr_t *pMsg )
12. {   switch ( pMsg->event )
13.   {  case GATT_MSG_EVENT:
14.     simpleBLECentralProcessGATTMsg( (gattMsgEvent_t *) pMsg );
15.          break;
16.   ……
17. //*********************************************************************
18. static void simpleBLECentralProcessGATTMsg( gattMsgEvent_t *pMsg )
19. { ……
20.   else if ( simpleBLEDiscState != BLE_DISC_STATE_IDLE )//应用数据的发现
21.   {   simpleBLEGATTDiscoveryEvent( pMsg );
22.    }
23. ……
24. //*********************************************************************
25. static void simpleBLEGATTDiscoveryEvent( gattMsgEvent_t *pMsg )
26. {    attReadByTypeReq_t req;
27.   if ( simpleBLEDiscState == BLE_DISC_STATE_SVC )
28.   { if ( pMsg->method == ATT_FIND_BY_TYPE_VALUE_RSP &&
29.           pMsg->msg.findByTypeValueRsp.numInfo > 0 ) //服务发现 存储句柄
30.     { simpleBLESvcStartHdl = pMsg->msg.findByTypeValueRsp.handlesInfo[0].handle;
31.       simpleBLESvcEndHdl = pMsg->msg.findByTypeValueRsp.handlesInfo[0].grpEndHandle;
32.     }
33.     // If procedure complete
34.     if ( ( pMsg->method == ATT_FIND_BY_TYPE_VALUE_RSP  &&
35.      pMsg->hdr.status == bleProcedureComplete ) ||
                          ( pMsg->method == ATT_ERROR_RSP ) )
36.     { if ( simpleBLESvcStartHdl != 0 )
37.       { // Discover characteristic
```

```
38.        simpleBLEDiscState = BLE_DISC_STATE_CHAR;
39.        req.startHandle = simpleBLESvcStartHdl;
40.        req.endHandle = simpleBLESvcEndHdl;
41.        req.type.len = ATT BT_UUID_SIZE;
42.        req.type.uuid[0] = LO_UINT16(SIMPLEPROFILE_CHAR1_UUID); //CHAR1的uuid
43.        req.type.uuid[1] = HI_UINT16(SIMPLEPROFILE_CHAR1_UUID);
44.        GATT_ReadUsingCharUUID( simpleBLEConnHandle, &req, simpleBLETaskId );
45.      }
46.  ……
```

程序分析：

① 主机从天线收到返回信息的程序执行过程为：SimpleBLECentral_ProcessEvent→SimpleBLECentralProcessGATTMsg→SimpleBLECentralGATTDiscoveryEvent。

② 第28～31行，获取返回的消息中的GATT服务的起始句柄和结束句柄。

③ 第36～43行，若获得的起始句柄不为0，则填充req结构体。

④ 第44行，采用UUID方式获取特征值的句柄，发送这个信息之后，主机接收到从机的返回信息，然后会按照①中的步骤执行，再次调用SimpleBLE…DiscoveryEvent（）函数。具体代码如下：

```
1. static void simpleBLEGATTDiscoveryEvent( gattMsgEvent_t *pMsg )
2. {   ……
3.   else if ( simpleBLEDiscState == BLE_DISC_STATE_CHAR )
4.   {  //特征值发现，存储句柄
5.   if ( pMsg->method == ATT_READ_BY_TYPE_RSP &&
                          pMsg->msg.readByTypeRsp.numPairs>0)
6.     {  simpleBLECharHdl = BUILD_UINT16( pMsg->msg.readByTypeRsp.dataList[0],
7.                                  pMsg->msg.readByTypeRsp.dataList[1] );
8.       LCD_WRITE_STRING( "Simple Svc Found", HAL_LCD_LINE_1 ); //显示字符表示找到句柄
9.       simpleBLEProcedureInProgress = FALSE; //处理进程序标志位
10.     }
11.       simpleBLEDiscState = BLE_DISC_STATE_IDLE;  //处理进程序标志位
12. }
```

程序分析：

① 第6行表示存储特征值的句柄。获取特征值的句柄之后，就可以通过这个句柄来进行该特征值的读写操作。

② 第8行，LCD或串口显示字符串“Simple Svc Found”，表示已经找到特征值句柄。

3．数据发送

在BLE协议栈中，数据发送包括主机向从机发送数据和从机向主机发送数据，前者是GATT的客户端主动向服务器发送数据；后者是GATT的服务器主动向客户端发送数据——实际上是从机通知主机来读数据。

（1）主机向从机发送数据

在主、从机已建立连接的状态下，主机通过特征值的句柄对特征值进行写操作。具体实施步骤如下：

1）主机对句柄、发送数据长度等变量进行填充，再调用GATT_WriteCharValue 函数实现向从机发送数据。

```
1.  typedef struct
2.  {   uint16 handle;
3.      uint8 len;
4.      uint8 value[ATT_MTU_SIZE-3];              // ATT_MTU_SIZE为23，规定长度为20
5.      uint8 sig;
6.      uint8 cmd;
7.  } attWriteReq_t;
8.  //*************************************************************************
9.  attWriteReq_t req;                             //定义结构体变量req
10.  req.handle = simpleBLECharHdl;                //填充句柄
11.  req.len = 1;                                  //填充发送数据长度
12.  req.value[0] = simpleBLECharVal;              //填充发送数据
13.  req.sig = 0;                                  //填充信号状态
14.  req.cmd = 0;                                  //填充命令标志
15.  status = GATT_WriteCharValue( simpleBLEConnHandle, &req, simpleBLETaskId );
```

程序分析：第15行，调用写特征值函数，向指定的句柄中写入数据，并返回状态标志来判断是否正在进行写入数据的操作。

2）从机收到写特征值的请求以及句柄后，把数据写入句柄对应的特征值中，处理流程为：simpleProfile_WriteAttrCB→simpleProfileChangeCB。主机接收到从机的返回数据时，调用事件处理函数，处理流程为：SimpleBLECentral_ProcessEvent→simpleBLECentral_ ProcessOSALMsg→simpleBLECentralProcessGATTMsg。

```
1.  static void simpleBLECentralProcessGATTMsg( gattMsgEvent_t *pMsg )
2.  {   ……
3.     else if ( ( pMsg->method == ATT_WRITE_RSP ) || ( ( pMsg->method == ATT_ERROR_RSP )
4.                      && ( pMsg->msg.errorRsp.reqOpcode == ATT_WRITE_REQ ) ) )
5.     { if ( pMsg->method == ATT_ERROR_RSP == ATT_ERROR_RSP ) //写操作失败
```

```
6.       { uint8 status = pMsg->msg.errorRsp.errCode; //读操作失败码显示在LCD上
7.         LCD_WRITE_STRING_VALUE( "Write Error", status, 10, HAL_LCD_LINE_1 );
8.       }
9.       else //写操作完成
10.    { LCD_WRITE_STRING_VALUE( "Write sent:", simpleBLECharVal++,
                                          10, HAL_LCD_LINE_1 );
11.       }
12.      simpleBLEProcedureInProgress = FALSE;    //将处理过程标志位置FALSE，完成写操作
13.    }
14. ……
```

程序分析：写操作的返回信息包括是否写入错误，如第5～8行代码；写入的数据个数，有时一组数据要分成几次才能写完成，详见本项目中的任务4。

（2）从机向主机发送数据

主机应先开启特征值的通知功能，从机再调用GATT_Notification 函数，或者修改带通知功能的特征值，通知主机来读数据，实现从机向主机发送数据，而不是像主机那样调用GATT_WriteCharValue 函数实现数据传输。

4．数据接收

在BLE协议栈中，数据接收包括主机接收从机发送的数据和从机接收主机发送的数据。

（1）主机接收从机发送的数据

在主、从机已建立连接的状态，主机通过特征值的句柄对特征值的读操作。具体实施步骤如下：

1）调用GATT_ReadCharValue函数读取从机的数据。

```
1. attReadReq_t req;
2. req.handle = simpleBLECharHdl;  //填充句柄
3. status = GATT_ReadCharValue( simpleBLEConnHandle, &req, simpleBLETaskId );
```

程序分析：第3行，调用读特征值函数，向指定的句柄中读取数据，并返回状态标志，以判断是否正在进行读数据的操作。

2）从机收到读特征值的请求以及句柄后，将特征值数据返回给主机。从机要在函数simpleProfile_ReadAttrCB中处理。主机接收到从机的返回数据时，调用事件处理函数，流程为：SimpleBLECentral_ProcessEvent→simpleBLECentral_ProcessOSALMsg→simpleBLECentralProcessGATTMsg。

```
1. static void simpleBLECentralProcessGATTMsg( gattMsgEvent_t *pMsg )
2. {  ……
3.   if ( ( pMsg->method == ATT_READ_RSP ) || ( ( pMsg->method ==
```

```
4.              ATT_ERROR_RSP ) &&( pMsg->msg.errorRsp.reqOpcode == ATT_READ_
REQ ) ) )
5.    { if ( pMsg->method == ATT_ERROR_RSP )    //读操作失败
6.      { uint8 status = pMsg->msg.errorRsp.errCode;      //读操作失败码显示在LCD上
7.        LCD_WRITE_STRING_VALUE( "Read Error", status, 10, HAL_LCD_LINE_1 );
8.      }
9.      else                                        //读操作成功
10.       { // After a successful read, display the read value
11.         uint8 valueRead = pMsg->msg.readRsp.value[0]; //获得需要读的数据，显示在LCD上
12.         LCD_WRITE_STRING_VALUE( "Read rsp:", valueRead, 10, HAL_LCD_LINE_1 );
13.       }
14.       simpleBLEProcedureInProgress = FALSE;//将处理过程标志位置FALSE，表示读操作完成
15.   }
16. ……
```

（2）从机接收主机发送的数据

当从机接收到主机发送的数据后，从机会产生一个GATT Profile Callback回调，在simpleProfileChangeCB（ ）回调函数中接收主机发送的数据。这个Callback在从机初始化时向Profile注册。

```
1. static simpleProfileCBs_t simpleBLEPeripheral_SimpleProfileCBs =
2. {  simpleProfileChangeCB    }; // Characteristic value change callback
3. // Register callback with SimpleGATTprofile   //注册特征值改变时的回调函数
4.   VOID SimpleProfile_RegisterAppCBs( &simpleBLEPeripheral_SimpleProfileCBs );
5. //*************************************************************************
6. static void simpleProfileChangeCB( uint8 paramID )
7. { uint8 newValue;
8.   switch( paramID )
9.   { case SIMPLEPROFILE_CHAR1:      //特征值1编号
10.        SimpleProfile_GetParameter( SIMPLEPROFILE_CHAR1, &newValue );//获得特征值
11.   ……
```

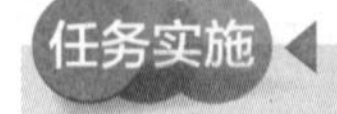

第一步，启动BTool工具。

如果没有USB Dongle板，则可以采用一个蓝牙模块来代替。这里采用代替方式。

1．向蓝牙模块中写入固件“HostTestRelease工程”，制作USB Dongle板。

打开HostTestRelease. eww工程，其路径为“…\Projects\ble\HostTestApp\CC2541”，在Workspace栏内选择“CC2541EM”。由于蓝牙模块的串口未采用流控功能，因此要禁止串口流控，方法如下:

① 打开hal_uart.c文件，找到uint8 HalUARTOpen(uint8 port, halUARTCfg_t *config)函数，可以看到“if (port == HAL_UART_PORT_0) HalUARTOpenDMA(config)”;代码，在代码上单击右键，并从弹出的快捷菜单中选择go to definition of HalUARTOpenDMA(config)命令。

② 在static void HalUARTOpenDMA(halUARTCfg_t *config)函数中增加关闭流控功能的代码，具体如下:

```
1. static void HalUARTOpenDMA(halUARTCfg_t *config)
2. {   dmaCfg.uartCB = config->callBackFunc;
3.     config->flowControl = 0;     //关闭流控
4. ……
```

2）编译程序，并下载到蓝牙模块中。

3）打开BTool（安装了BLE协议栈，就可以在所有程序的Texas Instruments中找到该工具），可看到BTool启动界面，用户需要在此设置串口参数，如图5-15所示。单击OK按钮连接BTool工具，连接界面如图5-16所示。

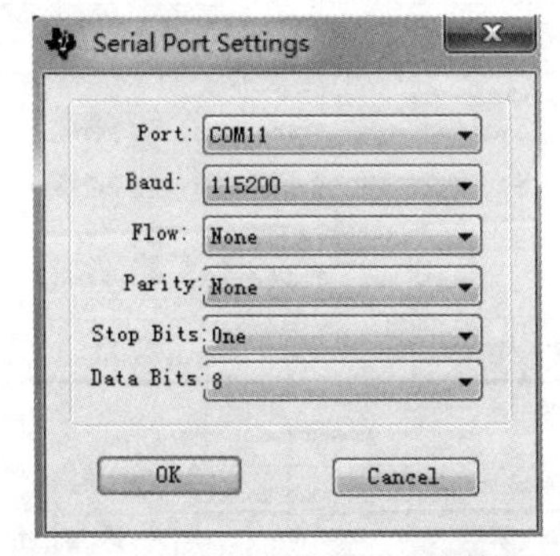

图5-15　BTool工具串口参数设置

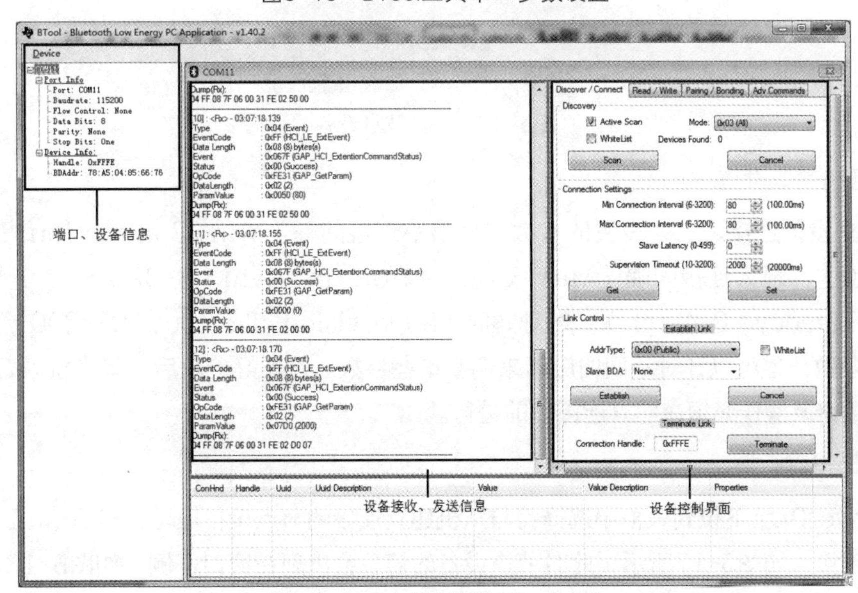

图5-16　PC成功连接BTool工具

第二步，制作蓝牙从机。

打开SimpleBLEPeripheral.eww工程，其路径为“…\ble\SimpleBLEPeripheral\CC2541DB”，并将其下载到另一个蓝牙模块之中。注意：参照本项目中的任务1进行修改，实现蓝牙模块与PC的串口通信功能，以便从机的信息在串口调试软件上显示。

第三步，使用BTool工具。

1．扫描节点设备

先使USB Dongle板（主机）和蓝牙模块（从机）复位，然后在BTool工具的设备控制界面区域内，切换至Discover/Connect选项卡，再单击Scan按钮，对正在发送广播的节点设备进行扫描。默认扫描10s，扫描完成后，会在窗口中显示扫描到的所有设备个数和设备地址，如图5-17所示。若不想等待10s，则可以单击Cancel按钮停止扫描，窗口中将显示当前已经扫描到的设备个数和设备地址。

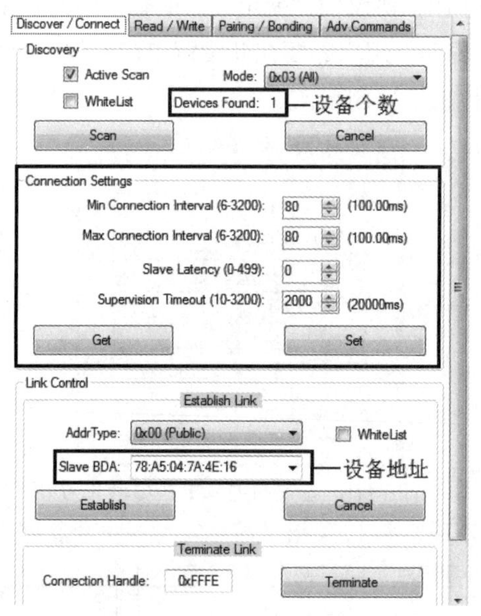

图5-17　扫描节点设备

2．连接参数设置

在建立设备连接之前，设置的参数包括最小连接间隔（Min Connection Interval（6-3200））最大连接间隔（Max Connection Interval（6-3200））、从机延时（Slave Latency（0-499））、管理超时（Supervision Timeout（0-3200））。可以使用默认参数，也可以针对不同的应用来调整这些参数。设置好参数后，单击Set按钮生效。注意：参数修改操作必须在建立连接之前进行。

3．建立连接

在Slave BDA下拉列表框中选择将与从机建立连接的节点设备地址，然后单击Establish按钮建立连接，如图5-17所示。此时节点设备的信息会出现在窗口左侧，如图5-18所示。同时在从机的串口调试端显示“Connected”（已连接提示字符），如图5-19所示。

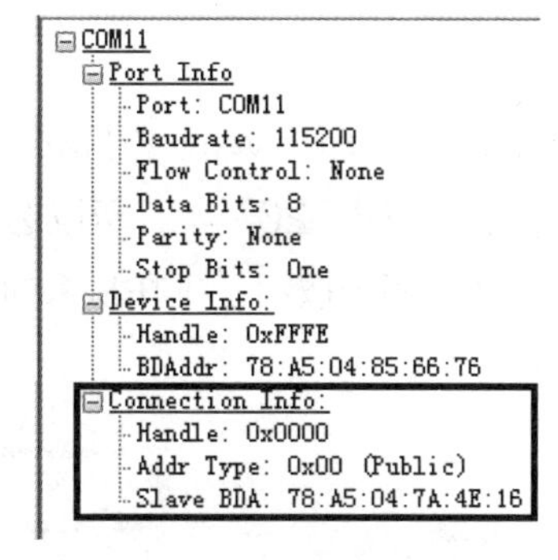

图5-18　已连接设备的信息

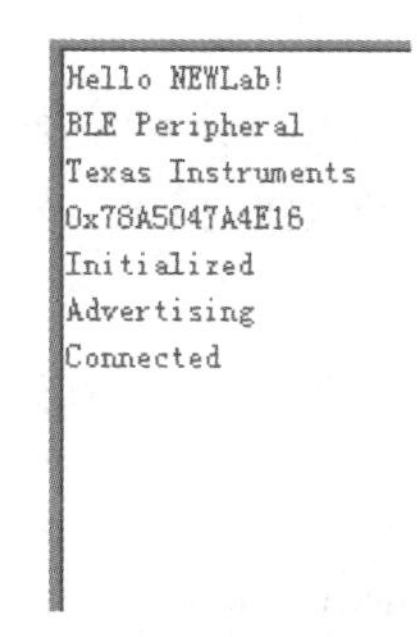

图5-19　从机串口显示信息

4．对SimpleProfile的特征值进行操作

SimpleGATTProfile中包含5个特征值，每个特征值的属性都不相同，见表5-2。

表5-2　SimpleGATTProfile 特征值属性

特征值编号	数据长度/bit	属性	句柄（handle）	UUID
CHAR1	1	可读可写	0x0025	FFF1
CHAR2	1	只读	0x0028	FFF2
CHAR3	1	只写	0x002B	FFF3
CHAR4	1	不能直接读写，通过通知发送	0x002E	FFF4
CHAR5	5	只读（加密时）	0x0032	FFF5

（1）使用UUID读取特征值

对SimpleProfile的第一个特征值CHAR1进行读取操作，UUID为0xFFF1。切换至Read/Write选项卡，并在Sub-Procedure下拉列表框中选择Read Using Characteristic UUID，在Characteristic UUID文本框中输入“F1:FF”，单击Read按钮，若读取成功，则可以看到CHAR1的特征值为“0x0001”，如图5-20所示。同时，在信息记录窗口可以看到CHAR1对应的Handle值为“0x0025”。

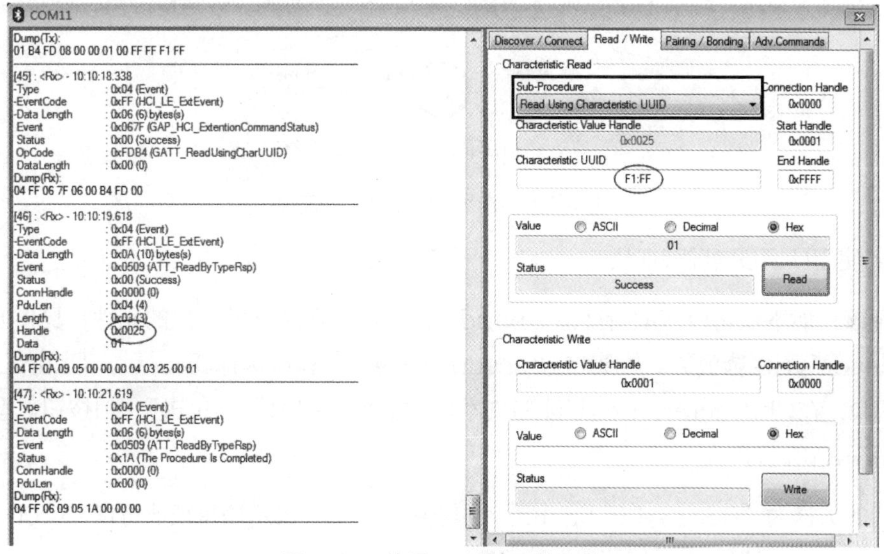

图5-20　使用UUID读取特征值

（2）写入特征值

现在向这个特征值写入一个新的值。在Characteristic Value Handle文本框中输入CHAR1的句柄（即0x0025），然后输入要写入的数（如“20”），可以选择“Decimal”（十进制数）或者“Hex”（十六进制数），再单击Write按钮，则在从机的串口调试端显示被写入的特征值，如图5-21和图5-22所示。

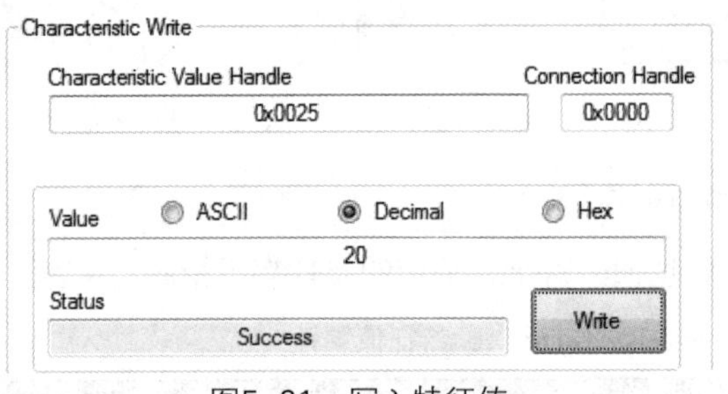

图5-21　写入特征值

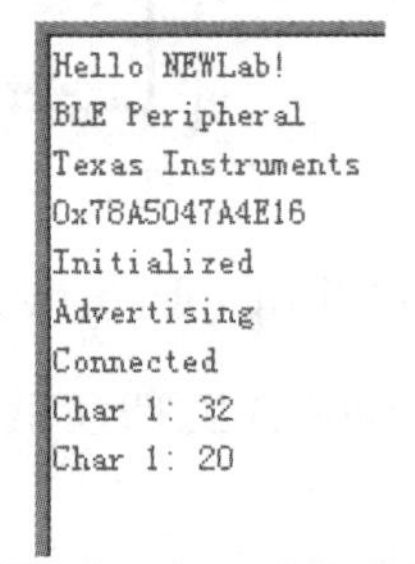

图5-22　从机串口信息

（3）使用handle读取特征值

现在采用UUID读取特征值，还可以采用handle 读取特征值，具体方法是：切换至Read/Write 选项卡，从Sub-Procedure下拉列表框中选择Read Characteristic Value / Descriptor，在Characteristic Value Handle文本框中输入“0x0025”，单击 Read 按钮。读取成功后，如图5-23所示，可以看到特征值为“14”。

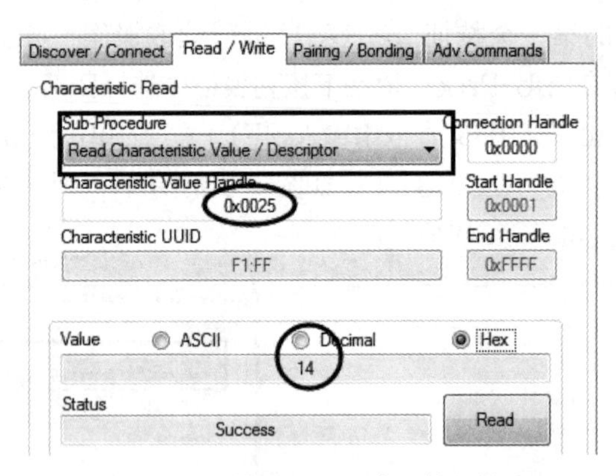

图5-23　使用handle读取特征值

（4）使用UUID发现特征值

利用该功能不仅可以获取特征值的handle，还可以得到该特征值的属性。具体方法是：切换至Read/Write选项卡，从Sub-Procedure下拉列表框中选择Discover Characteristic by UUID，在Characteristic UUID文本框中输入“f2:ff”，单击Read按钮。读取成功后，如图5-24所示。

读回的数据为“02 28 00 F2 FF”，其中，“02”表示该特征值可读，“00 28”表示handle，“FF F2”表示特征值的UUID。

注意：在图5-24中，显示的数据是低位字节数在前，高位字节数在后，不能把handle理解为“28 00”，也不能把特征值的UUID理解为“F2 FF”。

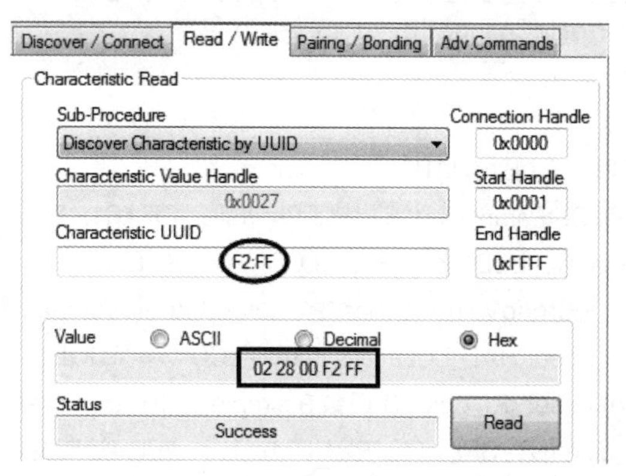

图5-24　使用 UUID 发现特征值

（5）读取多个特征值

前述内容仅对一个特征值进行读取，其实也可以同时对多个特征值进行读取。具体方法是：切换至Read/Write选项卡，从Sub-Procedure下拉列表框中选择Read Multiple Characteristic Value，在Characteristic Value Handle 文本框中输入“0x0025;0x0028”，单击Read按钮。读取成功后，如图5-25所示，可以读取到 CHAR1 和 CHAR2 两个特征值（即“14”和“02”）。

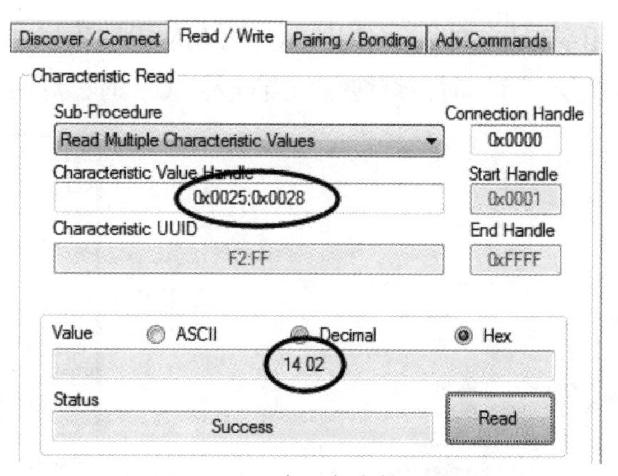

图5-25　读取多个特征值

通过上述内容的学习，读者应已基本上掌握了BTool的使用方法，对于其他功能，读者可以自行测试。关于HCI的命令可以参考TI_BLE_Vendor_Specific_HCI_Guide.pdf文档。

第四步，修改从机程序，实现无线点灯。

采用SimpleGATTProfile中的第一个特征值CHAR1来作为灯泡模块亮灭的标志。具体实施步骤如下：

1）修改服务器（从机）程序。打开SimpleBLEPeripheral.eww工程，在

simpleBLEPeripheral.c文件中找到static void simpleProfileChangeCB(uint8 paramID)特征值改变回调函数，增加粗体部分代码：

```
1.  static void simpleProfileChangeCB( uint8 paramID )
2.  { uint8 newValue;
3.    switch( paramID )
4.    { case SIMPLEPROFILE_CHAR1:
5.          SimpleProfile_GetParameter( SIMPLEPROFILE_CHAR1, &newValue ); //读取CHAR1的值
6.          #if (defined HAL_LCD) && (HAL_LCD == TRUE)
7.            HalLcdWriteStringValue( "Char 1:", (uint16)(newValue), 10,  HAL_LCD_LINE_3 );
8.          #endif // (defined HAL_LCD) && (HAL_LCD == TRUE)
9.          if(newValue) // set_PI_gpio () 函数在simple BLEPeripheral.c中定义
10.           {  set_PI_gpio (BT_SPI_nCS_PI_NUM); }     //PI_4控制继电器，特征值为真，点亮灯泡
11.           else // clean_PI_gpio ( ) 函数在simple BLEPeripheral.c中定义
12.           {  clean_PI_gpio (BT_SPI_nCS_PI_NUM); }  //特征值为假，则关灯泡
13.           break;
14.  ……
```

2）编译程序，并下载到蓝牙模块中，使主、从机建立连接。注意：应先在预编译中设置“HAL_LED=TRUE”（默认设置为HAL_LED=FALSE），然后编译、下载程序。

3）控制灯泡亮或灭。蓝牙模块JP701的SSO端连接继电器模块的J2。具体方法是：在Characteristic Value Handle文本框中输入CHAR1的句柄“0x0025”；然后输入“1”或者“0”，再单击Write按钮，如图5-26所示，则在从机的串口调试端显示被写入的特征值，如图5-27所示。当写入“1”时，灯泡亮；当写入“0”时，灯泡灭。

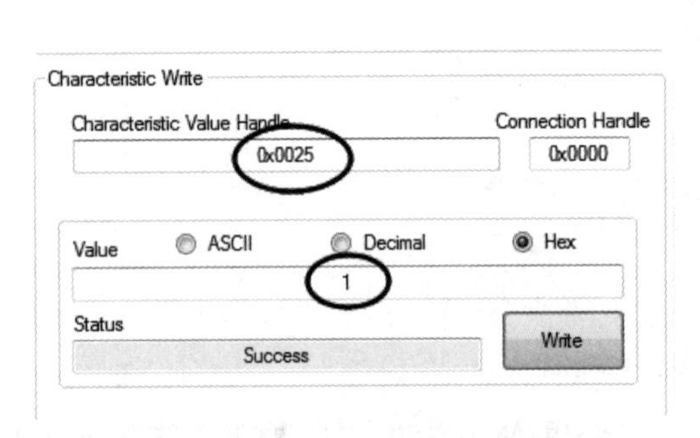

图5-26　写特征值控制灯泡的亮或灭

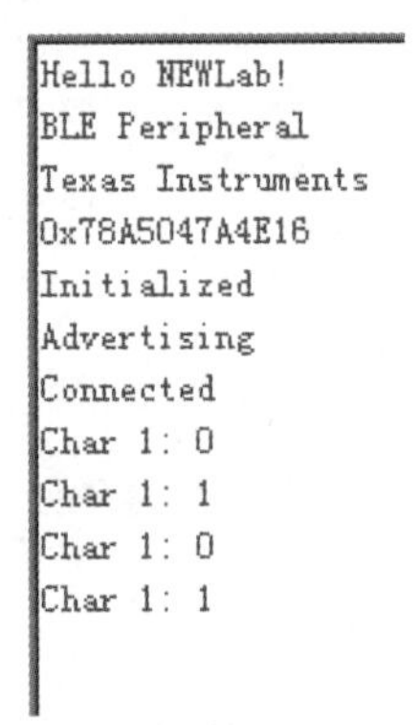

图5-27　从机的串口调试端显示被写入的特征值

技能拓展

1）增加节点设备数量，使USB Dongle板（主机）与多个节点设备（从机）建立连接，并通过BTool工具进行特征值读写。

2）采用蓝牙模块作为主、从机，通过主机的按键来控制从机上的LED1亮和灭。

任务4　基于BLE协议栈的串口透传

任务要求

采用两个蓝牙模块，分别与PC串口相连，一个模块作为从机（SimpleBLEPeripheral工程），另一个模块作为主机（SimpleBLECentral工程），使主、从机建立连接，并能进行无线串口数据透传，同时可以通过串口调试软件观察到主机和从机发送与接收的信息。

知识链接

扫码观看本任务操作视频

在Profiles中添加特征值

通过添加新的特征值，来进一步理解特征值的UUID、属性，以及参数设置、读写函数等概念和用法。新添加的特征值见表5-3。

表5-3　新添加的特征值

特征值编号	数据长度/bit	属性	UUID
CHAR6	10	可读可写	FFF6
CHAR7	10	不能直接读写，通过通知发送	FFF7

1．特征值的定义

打开SimpleBLEPeripheral.eww工程，其路径为“…\ble\SimpleBLEPeripheral\CC2541DB”。具体实施步骤如下：

1）在simpleGATTprofile.h文件中定义CHAR6和CHAR7的相关参数。

```
1. #define SIMPLEPROFILE_CHAR6        5  // RW uint8 - Profile Characteristic 6 value
2. #define SIMPLEPROFILE_CHAR7        6  // RW uint8 - Profile Characteristic 7 value
3. #define SIMPLEPROFILE_CHAR6_UUID          0xFFF6
4. #define SIMPLEPROFILE_CHAR7_UUID          0xFFF7
5. #define SIMPLEPROFILE_CHAR6_LEN         10
6. #define SIMPLEPROFILE_CHAR7_LEN         10
```

2）在simpleGATTprofile.c文件中添加CHAR6和CHAR7的UUID。

```
1. // Characteristic 6 UUID: 0xFFF6
2. CONST uint8 simpleProfilechar6UUID[ATT_BT_UUID_SIZE] =
3. {   LO_UINT16(SIMPLEPROFILE_CHAR6_UUID),
      HI_UINT16(SIMPLEPROFILE_CHAR6_UUID) };
```

```
4. // Characteristic 7 UUID: 0xFFF7
5. CONST uint8 simpleProfilechar7UUID[ATT_BT_UUID_SIZE] =
6. {    LO_UINT16(SIMPLEPROFILE_CHAR7_UUID),
        HI_UINT16(SIMPLEPROFILE_CHAR7_UUID) };
```

3）在simpleGATTprofile. c文件中设置CHAR6和CHAR7的属性。

```
1. // Characteristic 6 UUID: 0xFFF6
2. CONST uint8 simpleProfilechar6UUID[ATT_BT_UUID_SIZE] =
3. {    LO_UINT16(SIMPLEPROFILE_CHAR6_UUID),
        HI_UINT16(SIMPLEPROFILE_CHAR6_UUID) };
4. // Characteristic 7 UUID: 0xFFF7
5. CONST uint8 simpleProfilechar7UUID[ATT_BT_UUID_SIZE] =
6. {    LO_UINT16(SIMPLEPROFILE_CHAR7_UUID),
        HI_UINT16(SIMPLEPROFILE_CHAR7_UUID) };
```

4）在simpleGATTprofile. c文件中修改特征值属性表。

```
1. // Simple Profile Characteristic 6 Properties  可读可写
2. static uint8 simpleProfileChar6Props = GATT_PROP_READ | GATT_PROP_WRITE;
3. static uint8 simpleProfileChar6[SIMPLEPROFILE_CHAR6_LEN] ={9,8,7,6,5,4,3,2,1,0};
4. static uint8 simpleProfileChar6UserDesp[17] = "Characteristic 6\0";
5. // Simple Profile Characteristic 7 Properties  通知发送
6. static uint8 simpleProfileChar7Props = GATT_PROP_NOTIFY;
7. static uint8 simpleProfileChar7[SIMPLEPROFILE_CHAR7_LEN] = "abcdefghij";
8. static gattCharCfg_t simpleProfileChar7Config[GATT_MAX_NUM_CONN];
9. static uint8 simpleProfileChar7UserDesp[17] = "Characteristic 7\0";
```

5）在simpleGATTprofile. c文件中修改特征值属性表。

在特征值属性表数组simpleProfileAttrTbl内，把CHAR6和CHAR7特征值的申明、属性和描述加入属性表中，其中CHAR7比CHAR6多一项配置。

```
1. static gattAttribute_t simpleProfileAttrTbl[SERVAPP_NUM_ATTR_SUPPORTED] =
2. {  // Characteristic 6 申明、属性和描述
3.  {{ATT_BT_UUID_SIZE, characterUUID},GATT_PERMIT_READ, 0,&simpleProfileChar1Props },
4.   { { ATT_BT_UUID_SIZE, simpleProfilechar6UUID },
5.      GATT_PERMIT_READ | GATT_PERMIT_WRITE, 0, &simpleProfileChar1   },
6.   { { ATT_BT_UUID_SIZE, charUserDescUUID }, GATT_PERMIT_READ, 0,
7.      simpleProfileChar6UserDesp                                    },
8. // Characteristic 7 申明、属性、配置和描述
9.   { { ATT_BT_UUID_SIZE, characterUUID }, GATT_PERMIT_READ,
10.        0,&simpleProfileChar7Props                                 },
11.   { { ATT_BT_UUID_SIZE, simpleProfilechar7UUID }, 0, 0, &simpleProfileChar7    },
12.  {{ATT_BT_UUID_SIZE, clientCharCfgUUID },
```

```
13.         GATT_PERMIT_READ | GATT_PERMIT_WRITE, 0, (uint8 *)simpleProfileChar7Config   },
14.    { { ATT_BT_UUID_SIZE, charUserDescUUID }, GATT_PERMIT_READ, 0,
15.            simpleProfileChar7UserDesp                                              },
```

同时将“SERVAPP_NUM_ATTR_SUPPORTED”宏定义修改为“24”，即

```
#define SERVAPP_NUM_ATTR_SUPPORTED    24        //原来为17，现增加7个成员
```

2．特征值的相关函数与初始化

1）在simpleGATTprofile.c文件中修改设置参数函数。

```
1. bStatus_t SimpleProfile_SetParameter( uint8 param, uint8 len, void *value )
2. { bStatus_t ret = SUCCESS;
3.   switch ( param )
4.   {  ……
5.     case SIMPLEPROFILE_CHAR6:
6.       if ( len == SIMPLEPROFILE_CHAR6_LEN )
7.       { VOID osal_memcpy( simpleProfileChar6, value, SIMPLEPROFILE_CHAR6_LEN ); }
8.       else
9.       {     ret = bleInvalidRange;    }
10.        break;
11.      case SIMPLEPROFILE_CHAR7:
12.        if ( len == SIMPLEPROFILE_CHAR7_LEN )
13.        { VOID osal_memcpy( simpleProfileChar7, value, SIMPLEPROFILE_CHAR7_LEN );
14.          //当CHAR7改变时，从机将调用此函数通知主机CHAR7的值改变了
15.      GATTServApp_ProcessCharCfg( simpleProfileChar7Config, &simpleProfileChar7,
16.    FALSE, simpleProfileAttrTbl, GATT_NUM_ATTRS( simpleProfileAttrTbl ), INVALID_TASK_ID );
17.        }
18.        else
19.        {  ret = bleInvalidRange;  }
20.        break;
21.     ……
```

程序分析：对于CHAR7来说，使用通知机制，当从机改变自己的数据时，主机会主动来读取数据。

2）在simpleGATTprofile.c文件中修改获得参数函数。

```
1. bStatus_t SimpleProfile_GetParameter( uint8 param, void *value )
2. { bStatus_t ret = SUCCESS;
3.   switch ( param )
4.   {  ……
5.     case SIMPLEPROFILE_CHAR6:
6.       VOID osal_memcpy( value, simpleProfileChar6, SIMPLEPROFILE_CHAR6_LEN );
```

```
7.          break;
8.        case SIMPLEPROFILE_CHAR7:
9.          VOID osal_memcpy( value, simpleProfileChar7, SIMPLEPROFILE_CHAR7_LEN );
10.         break;
11.       ……
```

3）在simpleGATTprofile.c文件中修改读特征值函数。

```
1. static uint8 simpleProfile_ReadAttrCB( uint16 connHandle, gattAttribute_t *pAttr,
2.                               uint8 *pValue, uint8 *pLen, uint16 offset, uint8 maxLen )
3. {           switch ( uuid )
4.       {      ……
5.              case SIMPLEPROFILE_CHAR6_UUID:
6.                *pLen = SIMPLEPROFILE_CHAR6_LEN;
7.                 VOID osal_memcpy( pValue, pAttr->pValue, SIMPLEPROFILE_CHAR6_LEN );
8.              break;
9.              case SIMPLEPROFILE_CHAR7_UUID:
10.               *pLen = SIMPLEPROFILE_CHAR7_LEN;
11.                VOID osal_memcpy( pValue, pAttr->pValue, SIMPLEPROFILE_CHAR7_LEN );
12.             break;
13.       ……
```

4）在simpleGATTprofile.c文件中修改写特征值函数。注意：CHAR7没有写特征值函数。

```
1. static bStatus_t simpleProfile_WriteAttrCB( uint16 connHandle, gattAttribute_t *pAttr,
2.                                   uint8 *pValue, uint8 len, uint16 offset )
3. {          case SIMPLEPROFILE_CHAR6_UUID:
4.             if ( offset == 0 )  //验证数据，确定操作无误
5.             { if ( len != SIMPLEPROFILE_CHAR6_LEN )
6.               {   status = ATT_ERR_INVALID_VALUE_SIZE;    }
7.             }
8.             else
9.             {     status = ATT_ERR_ATTR_NOT_LONG;          }
10.             if ( status == SUCCESS )  //写数据
11.             {   VOID osal_memcpy( pAttr->pValue, pValue, SIMPLEPROFILE_CHAR6_LEN );
12.                 notifyApp = SIMPLEPROFILE_CHAR6;
13.             }
14.             break;
15.         case GATT_CLIENT_CHAR_CFG_UUID:
16.             ……
```

程序分析：上述ReadAttrCB和WriteAttrCB两个函数包含在gattServiceCBs_t 类型的结构体里，在simpleGATTprofile.c文件中定义。具体代码如下：

```
1. CONST gattServiceCBs_t simpleProfileCBs =
2. { simpleProfile_ReadAttrCB,  // Read callback function pointer
3.   simpleProfile_WriteAttrCB, // Write callback function pointer
4.   NULL                       // Authorization callback function pointer
5. };
```

这个结构体在simpleGATTprofile.c文件中，使用GATTServApp_RegisterService（）注册服务时，被作为底层读写的回调函数。在底层协议栈（被封装成库）对应用层读写特征值时，它们是被调用的。其实读者只需知道怎么注册服务、如何修改这两个函数即可，具体怎么被调用不用关心，毕竟底层调用是无法跟踪的。

另外，这两个函数是从机自动调用的，其中ReadAttrCB函数是从机向主机发送数据时（采用通知的方式），主机自动来读取数据，当数据读取完成毕时，主机返回信息，从机自动调用ReadAttrCB函数。WriteAttrCB函数是主机向从机写数据，从机接到主机申请后，自动调用simpleProfile_WriteAttrCB→simpleProfileChangeCB处理。

5）在simpleBLEperipheral.c文件中进行CHAR6和CHAR7的初始化。

```
1. void SimpleBLEPeripheral_Init( uint8 task_id )
2. {    ……
3.      uint8 charValue6[SIMPLEPROFILE_CHAR6_LEN] = {9,8,7,6,5,4,3,2,1,0};
4.      uint8 charValue7[SIMPLEPROFILE_CHAR7_LEN] = "abcdefghij";
5. SimpleProfile_SetParameter( SIMPLEPROFILE_CHAR6, SIMPLEPROFILE_CHAR6_LEN,
charValue6 );
6. SimpleProfile_SetParameter( SIMPLEPROFILE_CHAR7, SIMPLEPROFILE_CHAR7_LEN,
charValue7 );
7.    ……
```

6）在simpleBLEperipheral.c文件中修改特征值改变回调函数，即当特征值发生改变时，串口会打印输出改变后的值。

```
1. static void simpleProfileChangeCB( uint8 paramID )
2. {  uint8 newValue;
3.    uint8 *newCharValue;
4.    switch( paramID )
5.    { ……
6.      case SIMPLEPROFILE_CHAR6:
7.         SimpleProfile_GetParameter( SIMPLEPROFILE_CHAR6, newCharValue );
8.         //NPI_WriteTransport("Char 6:",7);
9.         NPI_WriteTransport(newCharValue,SIMPLEPROFILE_CHAR6_LEN);
10.        break;
11.     ……
```

【例5-1】采用BTool工具，对新添加的CHAR6特征值进行读写操作；对CHAR7特征值设置通知机制，从机周期性地改变CHAR7的特征值，并且BTool将会收到从机发送的数据。

解：参照本项目中任务3的步骤制作USB Dongle板（主机），并以SimpleBLEPeripheral.eww工程作为从机。具体实施步骤如下：

1）修改从机程序，实现周期性地改变CHAR7的特征值，并把CHAR6的值复制给CHAR7。

由于从机启动之后，会触发一个周期事件SBP_PERIODIC_EVT，并且该事件会每隔5s周期性地被触发，从而会周期性地调用performPeriodicTask()函数，关键代码如下：

```
1. uint16 SimpleBLEPeripheral_ProcessEvent( uint8 task_id, uint16 events )
2. {  ……
3.    if ( events & SBP_PERIODIC_EVT )    //周期性事件
4.    { if ( SBP_PERIODIC_EVT_PERIOD )
5.      {     osal_start_timerEx( simpleBLEPeripheral_TaskID, SBP_PERIODIC_EVT,
6.                               SBP_PERIODIC_EVT_PERIOD );
7.      }
8.      performPeriodicTask();    //周期性应用函数
9.      return (events ^ SBP_PERIODIC_EVT);
10.   }
11.     ……
12. //****************************************************************************
13. static void performPeriodicTask( void )
14. {  uint8 stat;
15.    uint8 *profile_value;
16.    stat = SimpleProfile_GetParameter( SIMPLEPROFILE_CHAR6, profile_value);
17.    if( stat == SUCCESS )
18.    {     SimpleProfile_SetParameter( SIMPLEPROFILE_CHAR7, SIMPLEPROFILE_CHAR7_LEN,
19.                                      profile_value);
20.    }
21. }
```

程序分析：第16行，获得CHAR6的特征值；第18行，修改CHAR7的值，把CHAR6的值复制到CHAR7中。

2）编译、下载程序，制作从机。

3）使用BTool工具读写CHAR6的特征值。

① 建立连接，采用UUID读出CHAR6的特征值，采用Handle修改CHAR6的特征值，如图5-28所示，并在串口打印输出写入的数据。切记：在BTool上单击Write按钮之前，在

串口调试软件上将数据显示方式修改为“十六进制显示”，即选中“十六进制”复选框，如图5-29所示。

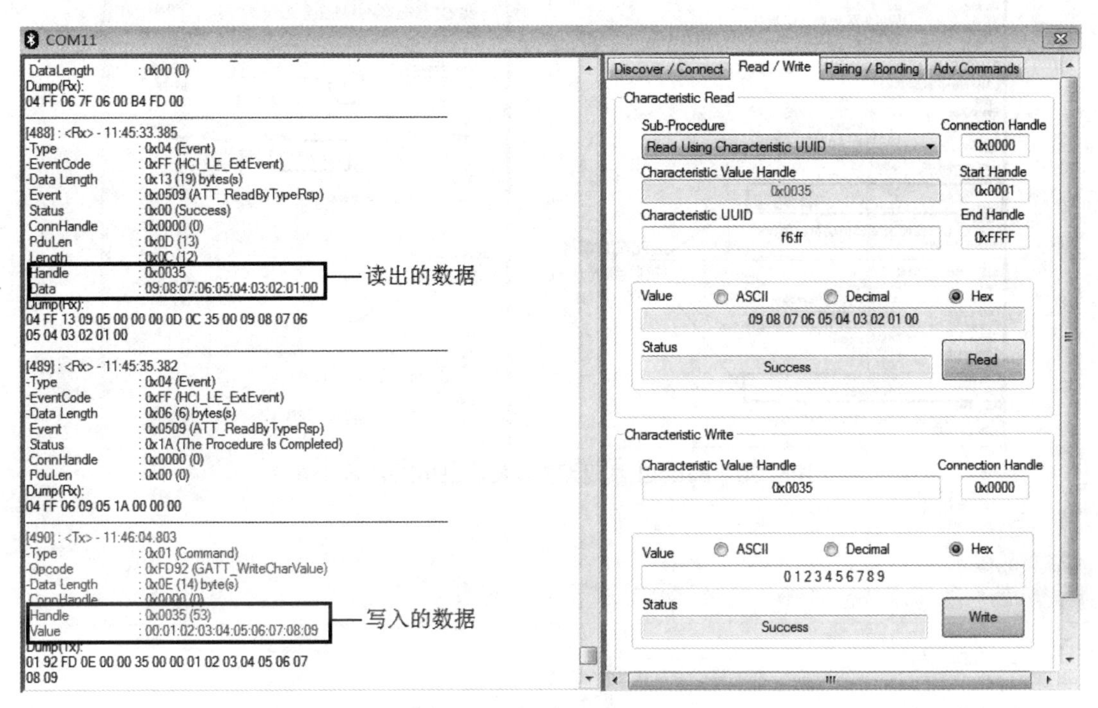

图5-28　读写CHAR6的特征值

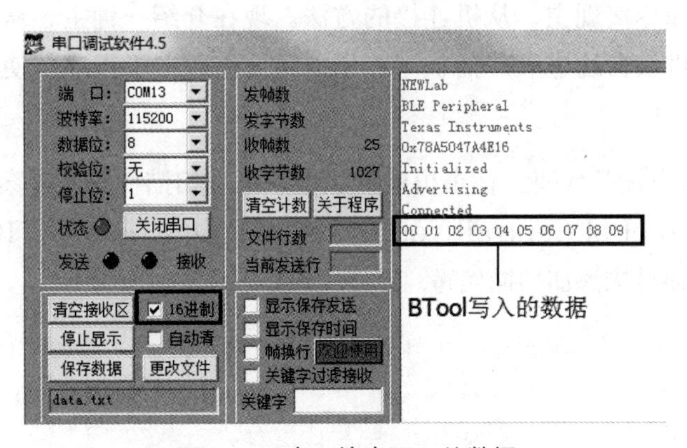

图5-29　串口输出写入的数据

② 采用UUID发现特性，获取CHAR7的句柄（0x0038）。注意：特征值的句柄是有规律分配的，CHAR1的句柄为0x0025，CHAR1的句柄为0x0028，可以看出每个特征值的句柄相隔3个单元。使能CHAR7的通知机制，也就是在CHAR7的handle+1写入0x0001（01:00），即向0x0039中写入0x0001。此时，可在设备信息窗口看到每隔5s，BTool会收到从机发来的数据，即CHAR6的值。可以修改CHAR6的特征值，观察CHAR7的值变化，如图5-30所示。若要取消CHAR7的通知机制，只要向0x0039中写入0x0000（00:00）即可。

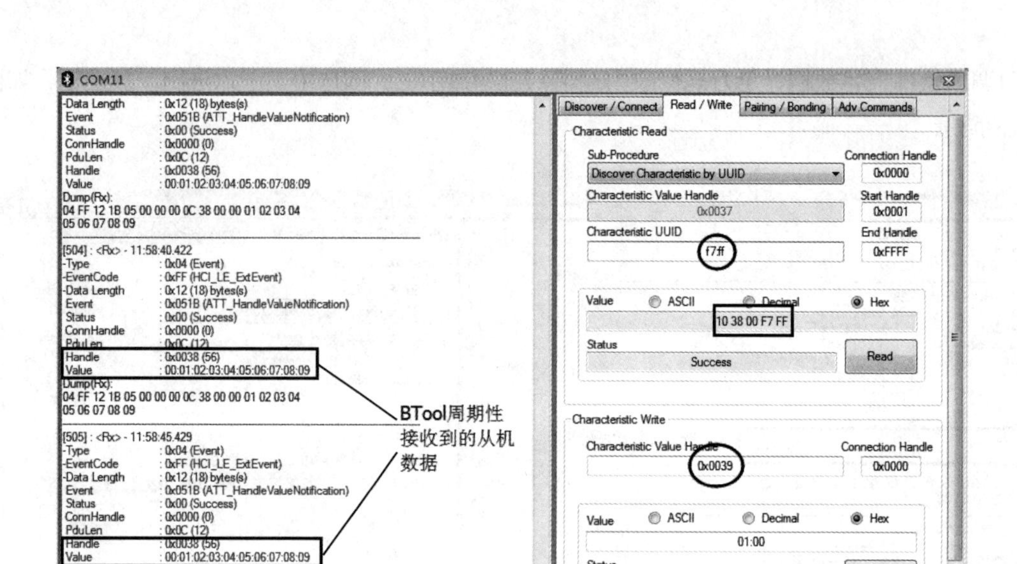

图5-30　BTool工具周期性地接收CHAR7的特征值

任务实施

第一步，实现主、从机上电自动连接。

TI提供的SimpleBLECentral工程必须采用按键扫描、连接，本项目任务2中已介绍了通过串口发送命令实现主、从机连接的方法。现在介绍一种主、从机上电自动连接的方法，上电时，从机会自动进入广播状态，所以只要修改主机程序，使其自动进行扫描和连接两个环节。

1）添加扫描节点设备代码。在主机的什么地方添加扫描代码？答案是在设备启动初始化完成之后。在simpleBLECentralEventCB（）函数中的GAP_DEVICE_INIT_DONE_EVENT初始化完成事件内添加扫描代码，具体代码如下：

```
1.  static void simpleBLECentralEventCB( gapCentralRoleEvent_t *pEvent )
2.  { switch ( pEvent->gap.opcode )
3.    {   case GAP_DEVICE_INIT_DONE_EVENT:  //初始化完成
4.         { LCD_WRITE_STRING( "BLE Central", HAL_LCD_LINE_1 );
5.           LCD_WRITE_STRING( bdAddr2Str( pEvent->initDone.devAddr ),  HAL_LCD_LINE_2 );
6.         }
7.  //****************************添加扫描节点设备代码 ****************************
8.        if ( !simpleBLEScanning & simpleBLEScanRes == 0 )
9.        {  simpleBLEScanning = TRUE;
10.          simpleBLEScanRes = 0;
11.          GAPCentralRole_StartDiscovery( DEFAULT_DISCOVERY_MODE, //发起扫描请求
12.                 DEFAULT_DISCOVERY_ACTIVE_SCAN, DEFAULT_DISCOVERY_WHITE_LIST );
```

```
13.            LCD_WRITE_STRING( "Discovering...", HAL_LCD_LINE_1 );
14.        }
15.        else
16.        {    LCD_WRITE_STRING( "No Discover", HAL_LCD_LINE_1 );     }
17.        break;  ……
```

程序分析：主机初始化之后会在串口打印输出BLE Central、主机设备地址等信息，再进入节点设备扫描进程，会在串口打印输出“Discovering...”信息，完成扫描需要10s。

2）添加连接节点设备代码。完成扫描节点设备后，则会触发GAP_DEVICE_DISCOVERY_EVENT设备发现事件，所以连接操作代码应放在该事件内，具体代码如下：

```
1. static void simpleBLECentralEventCB( gapCentralRoleEvent_t *pEvent )
2. { switch ( pEvent->gap.opcode )
3.   {  ……
4.        case GAP_DEVICE_DISCOVERY_EVENT:  //完成扫描事件
5.         {   simpleBLEScanning = FALSE;
6.            if ( DEFAULT_DEV_DISC_BY_SVC_UUID == FALSE )
7.            { simpleBLEScanRes = pEvent->discCmpl.numDevs;
8.              osal_memcpy( simpleBLEDevList, pEvent->discCmpl.pDevList,
9.                              (sizeof( gapDevRec_t ) * pEvent->discCmpl.numDevs) );
10.            }
11.         LCD_WRITE_STRING_VALUE( "Devices Found", simpleBLEScanRes, 10,
                                      HAL_LCD_LINE_1 );
12.            if ( simpleBLEScanRes > 0 )
13.            {  LCD_WRITE_STRING( "<- To Select", HAL_LCD_LINE_2 );     }
14. //****************************添加连接节点设备代码 ****************************
15.            if ( simpleBLEState == BLE_STATE_IDLE )
16.            {  uint8 addrType;
17.               uint8 *peerAddr;
18.               simpleBLEScanIdx = 0;
19.               peerAddr = simpleBLEDevList[simpleBLEScanIdx].addr;
20.               addrType = simpleBLEDevList[simpleBLEScanIdx].addrType;
21.               simpleBLEState = BLE_STATE_CONNECTING;
22.               GAPCentralRole_EstablishLink(DEFAULT_LINK_HIGH_DUTY_CYCLE,
23.                           DEFAULT_LINK_WHITE_LIST, addrType, peerAddr ); //发起连接请求
24.            }
25.            simpleBLEScanIdx = simpleBLEScanRes; // initialize scan index to last device
26.         }
27.         break; ……
```

程序分析：根据节点设备响应主机连接请求的事件GAP_LINK_ESTABLISHED_

EVENT，进一步判断是否能成功连接，具体代码如下：

```
1. static void simpleBLECentralEventCB( gapCentralRoleEvent_t *pEvent )
2. { switch ( pEvent->gap.opcode )
3.    { ……
4.       case GAP_LINK_ESTABLISHED_EVENT: //完成建立连接
5.       {    if ( pEvent->gap.hdr.status == SUCCESS )
6.            {     ……
7.                LCD_WRITE_STRING( "Connected", HAL_LCD_LINE_1 );
8.                LCD_WRITE_STRING( bdAddr2Str( pEvent->linkCmpl.devAddr ), HAL_LCD_LINE_2 );
9.            }
10.           else
11.           {            ……
12.              LCD_WRITE_STRING( "Connect Failed", HAL_LCD_LINE_1 );
13.          LCD_WRITE_STRING_VALUE( "Reason:", pEvent->gap.hdr.status, 10,
                                         HAL_LCD_LINE_2 );
14.            }
15.         }
16.         break;
17.      case GAP_LINK_TERMINATED_EVENT:    //断开连接
18.         { ……
19.              LCD_WRITE_STRING( "Disconnected", HAL_LCD_LINE_1 );
20.   LCD_WRITE_STRING_VALUE( "Reason:", pEvent->linkTerminate.reason,10,
                                         HAL_LCD_LINE_2 );
21.         }
22.         break;
23.      case GAP_LINK_PARAM_UPDATE_EVENT: //更新参数
24.         {  LCD_WRITE_STRING( "Param Update", HAL_LCD_LINE_1 );
25.         }
26.         break; ……
```

程序分析：上述为GAP_LINK_ESTABLISHED_EVENT、GAP_LINK_TERMINATED_EVENT及GAP_LINK_PARAM_UPDATE_EVENT这3个事件的处理代码，每个事件的处理结果都会显示在串口调试窗口。

3）给主、从设备上电，实现自动连接。

① 编辑程序、下载到主机中。切记：在Workspace栏内选择“CC2541EM”。

② 从机采用本项目任务2或任务3的SimpleBLEPeripheral.eww，只要LCD上显示的内容能在串口显示即可。

③ 先给从机上电，再给主机上电，主、从机串口打印输出信息，如图5-31所示。

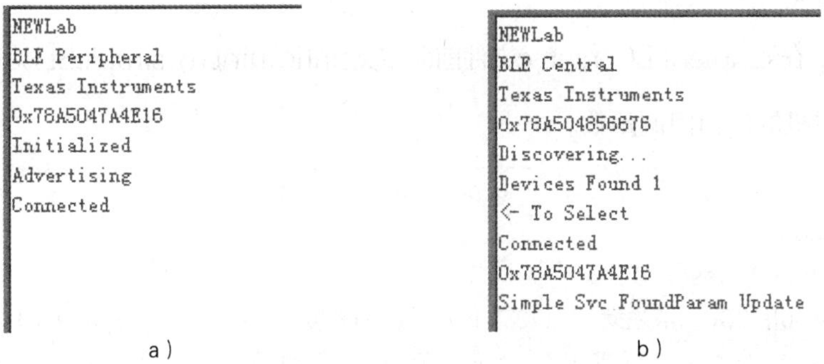

```
NEWLab
BLE Peripheral
Texas Instruments
0x78A5047A4E16
Initialized
Advertising
Connected
```

a)

```
NEWLab
BLE Central
Texas Instruments
0x78A504856676
Discovering...
Devices Found 1
<- To Select
Connected
0x78A5047A4E16
Simple Svc FoundParam Update
```

b)

图5-31 主从机自动连接过程中串口打印输出的信息
a）主机串口信息 b）从机串口信息

第二步，实现主机向从机单方向串口传输。

在主、从机自动连接的基础上，添加CHAR6和CHAR7两个特征值，具体参照“在Profiles中添加特征值”部分的内容。

1）主机采用UUID方式读取CHAR6句柄。

在simpleBLEGATTDiscoveryEvent（）函数中修改代码，如粗体部分代码：

```
1. static void simpleBLEGATTDiscoveryEvent( gattMsgEvent_t *pMsg )
2. {  ……
3.       if ( simpleBLEDiscState == BLE_DISC_STATE_SVC )
4.       {   ……
5.           if ( simpleBLESvcStartHdl != 0 )
6.           {  simpleBLEDiscState = BLE_DISC_STATE_CHAR;
7.               req.startHandle = simpleBLESvcStartHdl;
8.               req.endHandle = simpleBLESvcEndHdl;
9.               req.type.len = ATT_BT_UUID_SIZE;
10.              req.type.uuid[0] = LO_UINT16(SIMPLEPROFILE_CHAR6_UUID);  //CHAR6的UUID
11.              req.type.uuid[1] = HI_UINT16(SIMPLEPROFILE_CHAR6_UUID);
12.              //利用UUID方式读取CHAR6句柄，存在simpleBLEConnHandle之中
13.              GATT_ReadUsingCharUUID( simpleBLEConnHandle, &req, simpleBLETaskId );
14.          }
15.      }
16.      else if ( simpleBLEDiscState == BLE_DISC_STATE_CHAR )
17.   { if ( pMsg->method == ATT_READ_BY_TYPE_RSP &&
                          pMsg->msg.readByTypeRsp.numPairs > 0 )
18.       {    //获取CHAR6的Handle
19.           simpleBLECharHd6 = BUILD_UINT16( pMsg->msg.readByTypeRsp.dataList[0],
20.                                 pMsg->msg.readByTypeRsp.dataList[1] );
21.           LCD_WRITE_STRING( "Simple Svc Found", HAL_LCD_LINE_1 );
22.           simpleBLEProcedureInProgress = FALSE;
```

```
23.        }
```

程序分析：在simpleBLECenter.c文件前面定义static uint16 simpleBLECharHd6 =0。

2）修改主机的串口回调函数。

```
1.  static void NpiSerialCallback( uint8 port, uint8 events )
2.  { (void)port;
3.    uint8 numBytes = 0;
4.    uint8 buf[128];    //注意：buf[0]存串口数据的长度；从buf[1]单元开始存串口数据。
5.    if (events & HAL_UART_RX_TIMEOUT) //串口有数据
6.    {  numBytes = NPI_RxBufLen(); //读出串口缓冲区有多少字节
7.       if(numBytes)
8.       {     if( simpleBLEState == BLE_STATE_CONNECTED&&simpleBLECharHd6 != 0
9.                  &&simpleBLEProcedureInProgress == FALSE)
10.            {  if(simpleBLEChar6DoWrite )  //成功写入后，再写入
11.                {  attWriteReq_t req;
12.                    if(numBytes >= SIMPLEPROFILE_CHAR6_LEN)
13.                    {     buf[0] = SIMPLEPROFILE_CHAR6_LEN-1; }
14.                    else
15.                    {       buf[0] = numBytes;      }
16.                    NPI_ReadTransport(&buf[1],buf[0]); //读取串口数据
17.                    req.handle = simpleBLECharHd6;      //0x0035
18.                    req.len = SIMPLEPROFILE_CHAR6_LEN;
19.                    osal_memcpy(req.value,buf,SIMPLEPROFILE_CHAR6_LEN);
20.                    req.sig = 0;
21.                    req.cmd = 0;
22.                    GATT_WriteCharValue( simpleBLEConnHandle, &req,simpleBLETaskId );
23.                  simpleBLEChar6DoWrite = FALSE; //每写1次，赋FALSE1次
24.                }
25.          }
26.          else
27.          { NPI_WriteTransport("No Ready\n", 9 );
28.            NPI_ReadTransport(buf,numBytes);            //串口数据释放
29.          }
30.         ……
```

程序分析：

① 每个特征值的句柄相隔3，所以CHAR6的句柄为0x0035，因此，可以第17行可以直接写成“req. handle=0x0035”，也就是说，上述“主机采用UUID方式读取CHAR6句柄”代码可以省略，此时第8行可以修改为“if(simpleBLEState == BLE_STATE_CONNECTED)”。

② 第10行，在simpleBLECenter.c文件前面定义static bool simpleBLEChar6DoWrite=TRUE，该变量是写入完成标志位。当主机写入后，主机接到从机返回的信息，会触发系统事件SYS_EVENT_MSG，调用BLECentral_ProcessEvent→Central_ProcessOSALMsg→BLECentralProcessGATTMsg（）函数，添加部分如粗体部分代码：

```
1. static void simpleBLECentralProcessGATTMsg( gattMsgEvent_t *pMsg )
2. { ……
3. else if ( ( pMsg->method == ATT_WRITE_RSP ) || ( ( pMsg->method == ATT_ERROR_RSP )
&&
4.          ( pMsg->msg.errorRsp.reqOpcode == ATT_WRITE_REQ ) ) )
5.   { if ( pMsg->method == ATT_ERROR_RSP == ATT_ERROR_RSP )
6.     {    ……    }
7.     else
8.     { LCD_WRITE_STRING_VALUE( "Write sent:", simpleBLECharVal++, 10, HAL_LCD_LINE_1 );
9.       simpleBLEChar6DoWrite = TRUE;    //该标志用于表明上一次已经成功写数据到从机
10.     }                                 //为下次写操作做好准备
11.          ……
```

3）修改从机的特征值改变回调函数。

```
1. static void simpleProfileChangeCB( uint8 paramID )
2. {    ……
3.     case SIMPLEPROFILE_CHAR6:
4.      SimpleProfile_GetParameter( SIMPLEPROFILE_CHAR6, newCharValue );  //获取CHAR6的值
5.       if(newCharValue[0] >= SIMPLEPROFILE_CHAR6_LEN - 1 ) //判断
6.       {    NPI_WriteTransport(newCharValue,SIMPLEPROFILE_CHAR6_LEN-1);
7.            NPI_WriteTransport("\n",1);
8.       }
9.       else
10.        { NPI_WriteTransport(&newCharValue[1],newCharValue[0]);
11.        }
12.      break;      ……
```

程序分析：newCharValue[0]存放的是数据的长度，从newCharValue[1]单元开始是数据，所以第5行对数据的长度进行判断。

4）编译、下载主从机程序，并依次复位从机、主机。

在主机（simpleBLECentral）对应的串口调试软件上发送“12456789”字符，就可以在从机（SimpleBLEPeripheral）对应的串口调试软件上打印输出该字符，如图5-32和图5-33所示。

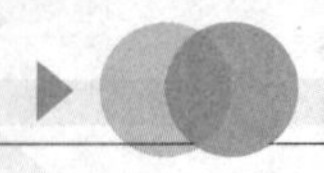

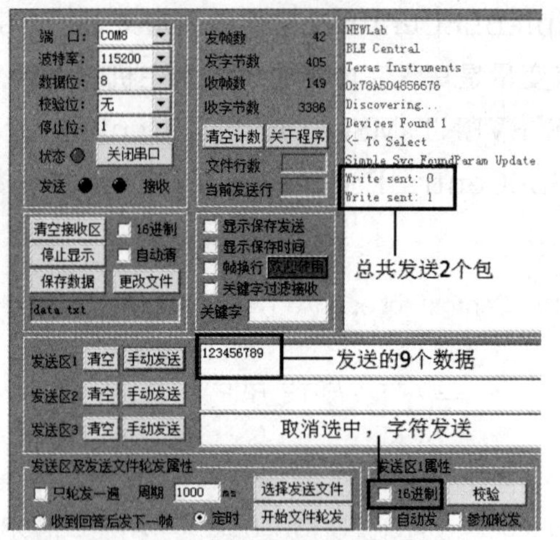

图5-32 主机向从机发送数据

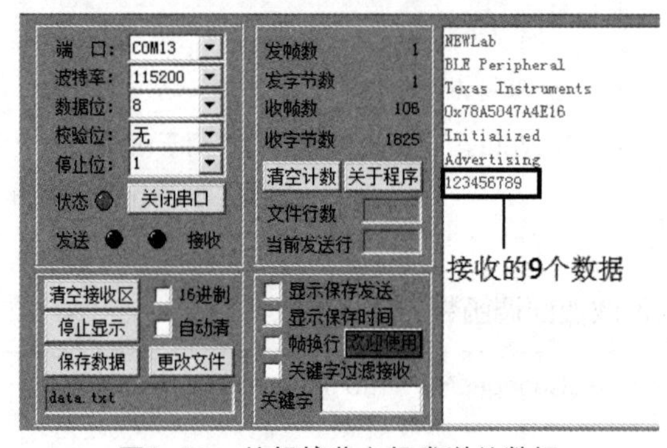

图5-33 从机接收主机发送的数据

第三步，添加从机向主机发送数据的代码，实现主、从机串口透传。

采用通知机制，从机接收串口数据，并对CHAR7写入数据，再通知主机来读取。具体实施步骤如下：

1）主机打开CHAR7的通知功能。对CHAR7的Handle+1写入0x0001，即打开CHAR7的通知功能，CHAR7的Handle为0x0038，所以对0x0039写入0x0001。把这些代码放在主机连接参数更新完成之后。

```
1. static void simpleBLECentralEventCB( gapCentralRoleEvent_t *pEvent )
2. {   ……
3.     case GAP_LINK_PARAM_UPDATE_EVENT: //更新参数
4.       { attWriteReq_t req;
5.         LCD_WRITE_STRING( "Param Update", HAL_LCD_LINE_1 );
6.         req.handle = 0x0039;
7.         req.len = 2;
8.         req.value[0] = 0x01;
9.         req.value[1] = 0x00;
10.        req.sig = 0;
```

```
11.             req.cmd = 0;
12.             GATT_WriteCharValue( simpleBLEConnHandle, &req, simpleBLETaskId );
13.             NPI_WriteTransport("Enable Notice\n",14);
14.         }
15.         break;    ……
```

2）主机响应CHAR7的通知，得到从机发送的数据，并上传给PC。

使能通知功能后，若服务器（从机）有数据更新的通知，则客户端（主机）接到通知，并触发GATT事件。在GATT事件处理函数中添加如下代码：

```
1. static void simpleBLECentralProcessGATTMsg( gattMsgEvent_t *pMsg )
2. {    ……
3.    else if ( simpleBLEDiscState != BLE_DISC_STATE_IDLE )
4.    {  simpleBLEGATTDiscoveryEvent( pMsg );  }
5.    else if ( ( pMsg->method == ATT_HANDLE_VALUE_NOTI ) )  //通知事件
6.    { if( pMsg->msg.handleValueNoti.handle == 0x0038)
7.       { if(pMsg->msg.handleValueNoti.value[0]>=10)
8.          { NPI_WriteTransport(&pMsg->msg.handleValueNoti.value[1],10 );//串口输出
9.             NPI_WriteTransport("...\n",4 );
10.         }
11.         else
12.         { NPI_WriteTransport(&pMsg->msg.handleValueNoti.value[1],//串口输出
13.             pMsg->msg.handleValueNoti.value[0] );
14.         }     }  }  }
```

3）从机接收串口数据，并更新CHAR7特征值数据。

```
1. static void NpiSerialCallback( uint8 port, uint8 events )
2. {   (void)port;
3.      uint8 numBytes = 0;
4.      uint8 buf[128];
5.      if (events & HAL_UART_RX_TIMEOUT) //串口有数据
6.      { numBytes = NPI_RxBufLen(); //读出串口缓冲区有多少字节
7.         if(numBytes)
8.         { if(numBytes >= SIMPLEPROFILE_CHAR7_LEN)
9.            {   buf[0]. = SIMPLEPROFILE_CHAR7_LEN-1;        }
10.           else
11.           {   buf[0] = numBytes;       }
12.           NPI_ReadTransport(&buf[1],buf[0]);
13.           SimpleProfile_SetParameter( SIMPLEPROFILE_CHAR7,SIMPLEPROFILE_CHAR7_LEN, buf );
14.        }    }    }
```

程序分析：第13行，将串口接收到的数据写入CHAR7特征值。此时，服务器（从机）将通知客户端（主机）CHAR7的值有所更新，主机会来读取该值。

```
1. bStatus_t SimpleProfile_SetParameter( uint8 param, uint8 len, void *value )
2. {      ……
3.        case SIMPLEPROFILE_CHAR7:
4.         if ( len == SIMPLEPROFILE_CHAR7_LEN )
5.         {  VOID osal_memcpy( simpleProfileChar7, value, SIMPLEPROFILE_CHAR7_LEN );
6.         GATTServApp_ProcessCharCfg( simpleProfileChar7Config, simpleProfileChar7, FALSE,
7.         simpleProfileAttrTbl,  GATT_NUM_ATTRS( simpleProfileAttrTbl ), INVALID_TASK_ID );
8.         }
9. ……
```

程序分析：第6行，当CHAR7改变时，服务器（从机）调用GATTServApp_ProcessCharCfg（）函数，通知客户端（主机）CHAR7的值有所更新。

4）编译、下载主、从机程序，并依次复位从机、主机。主从机双向传输效果如图5-34和图5-35所示。

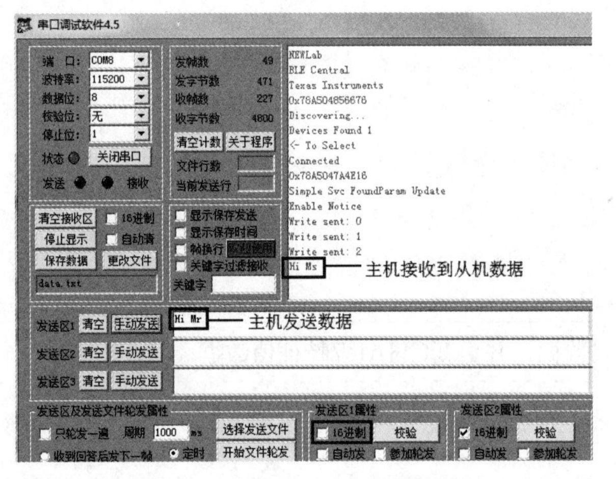

图5-34　主机发送与接收数据效果

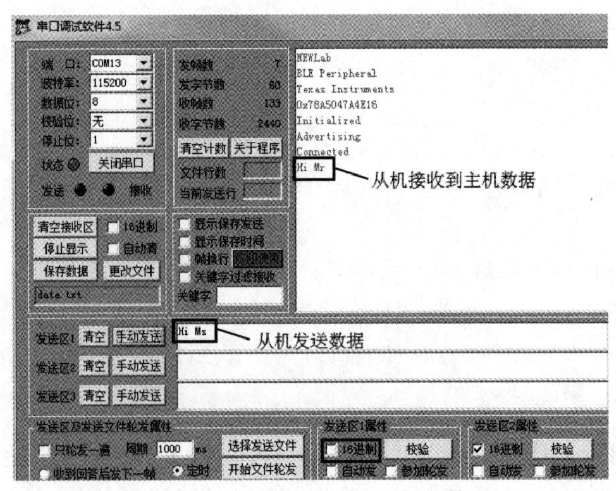

图5-35　从机发送与接收数据效果

技能拓展

1）定义AT命令，通过串口发送AT命令实现主、从机连接。

2）采用Texas Instruments PacketSniffer、CC2541USBdongle等工具实现蓝牙低功耗BLE协议分析仪，分析串口透传数据。

任务5 智能手机与蓝牙模块的通信

任务要求

采用iOS系统的苹果手机或Android系统的智能手机作为主机，蓝牙模块作为从机，使主、从机建立连接，并能进行简单的无线数据传输，要求在手机上查看到蓝牙模块发来的信息，同时在蓝牙模块对应的串口调试软件查看到手机发来的信息，即实现智能手机与蓝牙模块的透传。

扫码观看本任务操作视频

任务实施

第一步，从机特征值参数的修改。

以本项目中的任务4为基础，采用CHAR6特征值作为主机发送从机的写操作特征值以及从机发送主机的通知特征值。

1）在simpleGATTprofile. c文件中修改CHAR6的属性。

```
1. // Simple Profile Characteristic 6 Properties  可读、可写、通知发送
2. static uint8 simpleProfileChar6Props =GATT_PROP_READ | GATT_PROP_WRITE_NO_RSP
3.                                       | GATT_PROP_NOTIFY;
4. static uint8 simpleProfileChar6[SIMPLEPROFILE_CHAR6_LEN] ={9,8,7,6,5,4,3,2,1,0};
5. static gattCharCfg_t simpleProfileChar6Config[GATT_MAX_NUM_CONN];
6. static uint8 simpleProfileChar6UserDesp[17] = "Characteristic 6\0";
```

2）在simpleGATTprofile. c文件中修改特征值属性表中的CHAR6。

```
1. static gattAttribute_t simpleProfileAttrTbl[SERVAPP_NUM_ATTR_SUPPORTED] =
2. // Characteristic 6 申明、属性、配置和描述
3.  { { ATT_BT_UUID_SIZE, characterUUID },GATT_PERMIT_READ,0,&simpleProfileChar6Props},
4.  { { ATT_BT_UUID_SIZE, simpleProfilechar6UUID }, GATT_PERMIT_READ |
5.      GATT_PERMIT_WRITE, 0, simpleProfileChar6 },
```

```
6.  { { ATT_BT_UUID_SIZE, clientCharCfgUUID }, GATT_PERMIT_READ |
7.       GATT_PERMIT_WRITE, 0, (uint8 *)simpleProfileChar6Config  },
8.   { { ATT_BT_UUID_SIZE, charUserDescUUID }, GATT_PERMIT_READ, 0,
9.           simpleProfileChar6UserDesp                                  },
```

同时将“SERVAPP_NUM_ATTR_SUPPORTED”宏定义修改为“25”，即

```
#define SERVAPP_NUM_ATTR_SUPPORTED      25    //原来为24
```

3）在simpleGATTprofile.c文件中修改设置参数函数。

```
1. static uint8 simpleProfileChar6Len = 0;//在simpleGATTprofile.c文件开头中定义
2. bStatus_t SimpleProfile_SetParameter( uint8 param, uint8 len, void *value )
3. {      ……
4.     case SIMPLEPROFILE_CHAR6:
5.     //切记：在simpleGATTprofile.h文件，修改为“#define SIMPLEPROFILE_CHAR6_LEN  19”
6.         if ( len <= SIMPLEPROFILE_CHAR6_LEN )
7.         { VOID osal_memcpy( simpleProfileChar6, value, len );
8.           simpleProfileChar6Len = len;
9.           GATTServApp_ProcessCharCfg( simpleProfileChar6Config, simpleProfileChar6, FALSE,
10.                          simpleProfileAttrTbl, GATT_NUM_ATTRS( simpleProfileAttrTbl ),
11.                          INVALID_TASK_ID );  // 特征值通知功能已经使能才有效
12.         }
13.         else
14.         {  ret = bleInvalidRange;      }
15.         break;
16.      ……
```

4）在simpleGATTprofile.c文件中修改获得参数函数。

```
1. bStatus_t SimpleProfile_GetParameter( uint8 param, void *value, uint8 *returnBytes)
2. {     ……
3.       case SIMPLEPROFILE_CHAR6:
4.         VOID osal_memcpy( value, simpleProfileChar6, simpleProfileChar6Len );
5.         *returnBytes = simpleProfileChar6Len; //将数据长度反馈给“特征值改变函数”
6.         break;
7.      ……
```

程序分析：GetParameter比原来增加了一个形参，用于反馈数据长度。

5）在simpleGATTprofile.c文件中修改读特征值函数。

```
1. static uint8 simpleProfile_ReadAttrCB( uint16 connHandle, gattAttribute_t *pAttr,
2. uint8 *pValue, uint8 *pLen, uint16 offset, uint8 maxLen )
3. {          switch ( uuid )
```

```
4.      {    ……
5.              case SIMPLEPROFILE_CHAR6_UUID:
6.              *pLen = simpleProfileChar6Len;
7.              VOID osal_memcpy( pValue, pAttr->pValue, simpleProfileChar6Len );
8.              extern bool simpleBLEChar6DoWrite2;//该变量在simpleBLEPeripheral.c中定义
9.              simpleBLEChar6DoWrite2 = TRUE; //主机自动读取数据的结束标志位
10.         break;
11.      ……
```

程序分析：第9行，变量simpleBLEChar6DoWrite2用于表明上一次从机向主机发送数据已经成功（从机通知主机方式，即从机通知主机来读），可用于判断读数据完成与否，以确保数据的完整性。

6）在simpleGATTprofile.c文件中修改写特征值函数。

```
1. static bStatus_t simpleProfile_WriteAttrCB( uint16 connHandle, gattAttribute_t *pAttr,
2.                                   uint8 *pValue, uint8 len, uint16 offset )
3. {          case SIMPLEPROFILE_CHAR6_UUID:
4.         if ( offset == 0 )  //验证数据，确定操作无误
5.         { if ( len > SIMPLEPROFILE_CHAR6_LEN )
6.           {  status = ATT_ERR_INVALID_VALUE_SIZE;    }
7.         }
8.         else
9.         {     status = ATT_ERR_ATTR_NOT_LONG;          }
10.          if ( status == SUCCESS ) //写数据
11.            {   VOID osal_memcpy( pAttr->pValue, pValue, len );
12.             simpleProfileChar6Len = len;
13.             notifyApp = SIMPLEPROFILE_CHAR6;
14.          }
15.          break;    ……
```

第二步，从机接收主机发送的数据。

主机向CHAR6发送数据时，从机的响应过程为“自动调用simpleProfile_WriteAttrCB→simpleProfileChangeCB”。

```
1. static void simpleProfileChangeCB( uint8 paramID )
2. {   uint8 returnBytes;
3.     ……
4.     case SIMPLEPROFILE_CHAR6:
5.     SimpleProfile_GetParameter( SIMPLEPROFILE_CHAR6, newChar6Value, &returnBytes );
6.     if(returnBytes > 0)
7.     {    NPI_WriteTransport(newChar6Value,returnBytes);      }
8.     break;   ……
```

程序分析：第5行，得到主机发送的数据；第7行，把数据显示到串口。

第三步，智能手机编程（主机）。

可以采用iOS系统的苹果手机或Android系统的智能手机作为主机。手机的配置要求如下：

1）对iOS系统来说，只有iPhone 4S（含）以后的设备才支持BLE技术。该任务使用的是iPhone 5，测试的App是从App Store下载的LightBlue程序。

2）对Android系统来说，Android 4.3以上的系统才支持BLE技术。该任务使用的是Android 4.4.2系统，测试该任务的手机是华为荣耀6、荣耀6Plus，测试的APP（BLETool）可以在本书配套的资源中找到。

第四步，从机接收串口的数据，并向主机发送。

在simpleBLEPeripheral.c文件中修改NpiSerialCallback（）函数，当串口接收到数据后，就会马上调用该函数，实现串口回调函数功能。在实际测试中发现，此函数被频繁调用，测试方法如下：

```
1. static void NpiSerialCallback( uint8 port, uint8 events ) //第一种测试
2. {           (void)port;
3.             if (events & HAL_UART_RX_TIMEOUT)    //串口有数据
4.             {           NPI_WriteTransport("FAIL\n", 5);         }
5. } //测试结果：串口发送一次数据，串口调试软件频繁接收到数据。原因：如果不执行
   //NPI_ReadTransport函数进行读取，那么这个回调函数就会频繁地被执行
6. //**********************************************************************
7. static void NpiSerialCallback( uint8 port, uint8 events ) //第二种测试
8. {    (void)port;
9.      uint8 *buffer = osal_mem_alloc(readMaxBytes);
10.     if (events & HAL_UART_RX_TIMEOUT)    //串口有数据
11.     {   NPI_ReadTransport(buffer,NPI_RxBufLen());     //读串口数据
12.         NPI_WriteTransport("FAIL\n", 5);
13.     } }//测试结果，串口发送一次数据，串口接收到2个以上的"FAIL"
```

按常理来说，串口发送一次数据，串口回调函数就对应地处理一次完整的数据，但是根据测试结果可知，该回调函数不是这样处理的。因此，采用时间的处理方法，即接收的数据够多或者超时，就读取一次数据。具体代码如下：

```
1. static void NpiSerialCallback( uint8 port, uint8 events ) //第一种测试
2. {    (void)port;
3.      static uint32 last_time;                          //上次记录时间
4.      static uint32 last_time_data_len = 0;             //上次记录时间的数据长度
5.      uint32 current_time;                              //当前记录时间
6.      bool ret;
```

```
7.      uint8 readMaxBytes = SIMPLEPROFILE_CHAR6_LEN; //发送数据的最大值15
8.      if (events & HAL_UART_RX_TIMEOUT)           //串口有数据
9.          {   uint8 numBytes = 0;
10.             numBytes = NPI_RxBufLen();            //读出串口缓冲区有多少字节
11.         if(numBytes == 0)                          //没有读到数据，直接退出
12.         {   last_time_data_len = 0;
13.             return;
14.         }
15.         if(last_time_data_len == 0)                //第一次有数据
16.         {   last_time = osal_GetSystemClock();     //有数据来时，予以记录
17.             last_time_data_len = numBytes;
18.     }
19.         else                                       //第二次以后有数据
20.         {   current_time = osal_GetSystemClock();     //记录当前时间
21.             if(( (current_time - last_time) > 20)) /*上次时间与当前时间相差20ms以上*/
22.           { uint8 sendBytes = 0;
23.             uint8 *buffer = osal_mem_alloc(readMaxBytes);
24.             if(!buffer)
25.             { NPI_WriteTransport("FAIL", 4);
26.               return;
27.             }
28.             if(numBytes > readMaxBytes)            //判断收到的数据长度是否大于最大值
29.             { sendBytes = readMaxBytes; }          //若大于最大值，则取最大值
30.             else
31.             { sendBytes = numBytes;     }          //若不大于最大值，则取真实数据长度
32.             if(simpleBLEChar6DoWrite2)             //写入成功后再写入
33.             { NPI_ReadTransport(buffer,sendBytes);     //释放串口数据
34.  #if 0                          // 这种速度慢 SimpleProfile_SetParameter
35.               simpleBLEChar6DoWrite2 = FALSE;
36.               SimpleProfile_SetParameter( SIMPLEPROFILE_CHAR6,numBytes, buffer );
37.  #else                          // 这种速度快 GATT_Notification
38.               static attHandleValueNoti_t pReport;
39.               pReport.len = numBytes;
40.               pReport.handle = 0x0035;
41.               osal_memcpy(pReport.value, buffer, numBytes);
42.               GATT_Notification( 0, &pReport, FALSE );
43.  #endif
44.             }
45.             else        //释放串口数据，否则就会降低CPU的运行速度
46.             {  NPI_ReadTransport(buffer,sendBytes); }
47.             last_time = current_time;
```

```
48.            last_time_data_len = numBytes - sendBytes;
49.            osal_mem_free(buffer);
50.        } }  } }
```

程序分析：第32行，simpleBLEChar6DoWrite2变量初始化时为TRUE，所以该if有效，执行到35行时，该变量赋FALSE值。重要的是，当从机通知主机来读数据时，主机返回信息给从机，从机会自动调用simpleProfile_ReadAttrCB（）函数，在该函数的“…CHAR6_UUID:”处执行simpleBLEChar6DoWrite2 = TRUE，说明本次从机通知主机来读数据过程结束，同时，为从机下次向主机发送数据做好准备。

第五步，从机与主机相互发送、接收数据测试。

编译从机程序，并下载到蓝牙模块中。主机与从机建立连接，值得注意的是，主机与从机建立连接时，主机自动开启CHAR6特征值的通知功能，可以在simpleProfile_WriteAttrCB函数的开头加上NPI_WriteTransport("CHINA\n", 7)测试。当主机与从机建立连接时，串口显示“CHINA”字符，说明连接时主机向从机写数据了，而写的数据就是开启CHAR6的通知功能。

1．采用iOS手机作为主机测试

1）给从机模块上电，再在iPhone 5手机上运行LightBule软件，该软件会搜索到从机“SimpleBLEPeripheral”，单击该名称进行连接。连接之后，发现CHAR1～CHAR7特征值信息，如图5-36所示。

2）选择CHAR6进入该特征值的读写操作界面，如图5-37所示。打开监听数据状态，使之显示“Stop listening”；从机对应的串口发送“12345”等信息（切记：要按十六进制方式发送），则主机可以接收到这些数据，并按十六进制方式显示，如图5-38所示。

图5-36　连接之后发现的服务

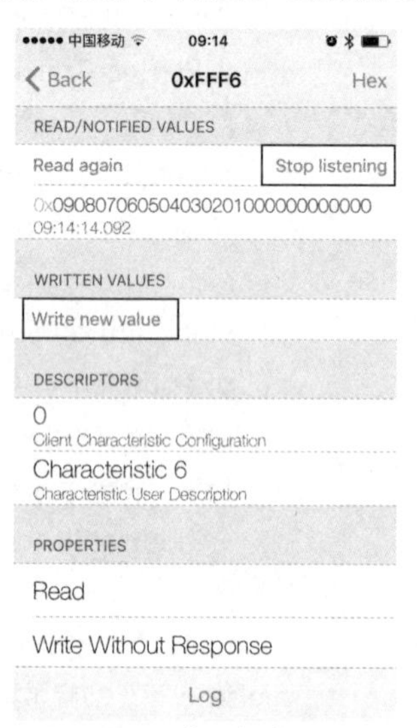

图5-37　读写操作界面

3）单击Write new value，如图5-37所示，进入写操作界面，如图5-39所示。输入要写的数据，如“0123456789”，然后单击Done按钮，此时从机的串口上将显示相应信息，如图5-40所示。

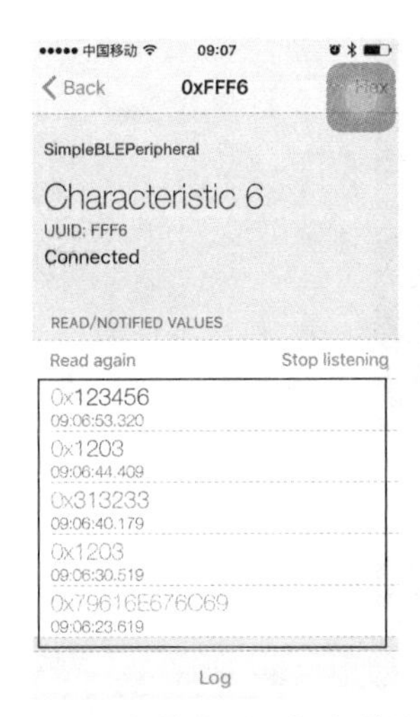

图5-38　主机接收到从机发送的数据

图5-39　写操作界面

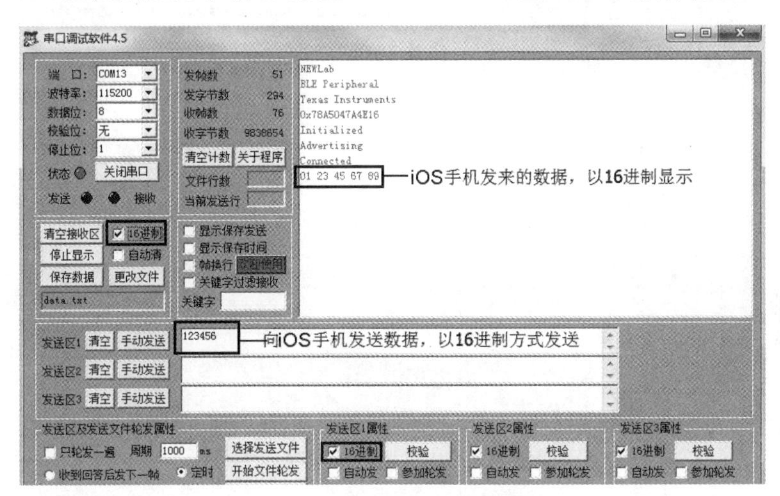

图5-40　从机发送与接收数据界面

2．采用Android手机作为主机测试

1）给从机模块上电，再在荣耀6Plus手机上运行BLETool软件，如图5-41所示，进入发送与接收界面。也可以采用com. wutl. ble. apk软件，该软件能显示所有的服务。

图5-41　运行BLETool软件

2）在BLETool软件的发送栏内输入“hello!”字符，并单击“发送”按钮，则在从机的串口上会显示相应信息；在串口发送“hello　NEWLab”字符，则在BLETool软件的接收窗口显示相应信息，如图5-42和图5-43所示。

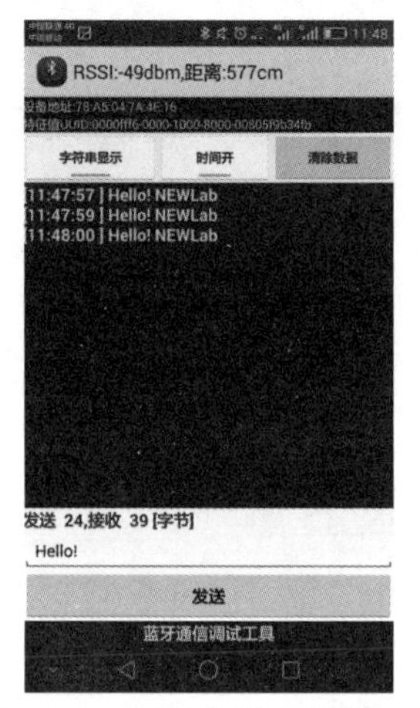

图5-42　手机发送与接收界面

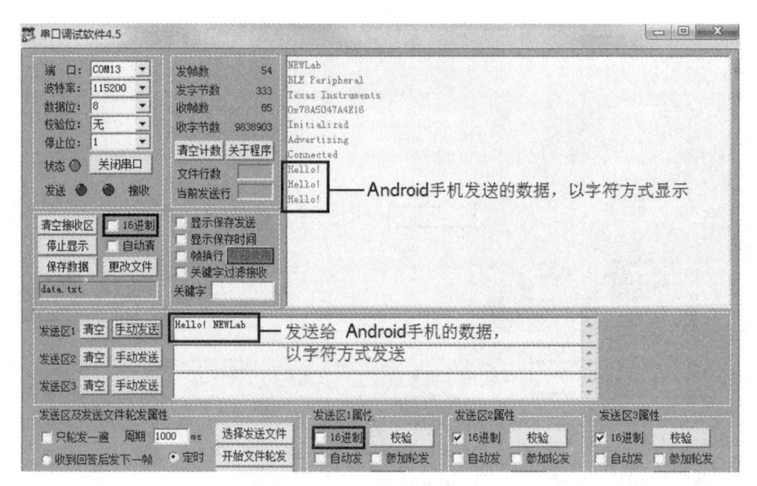

图5-43　从机发送与接收界面

技能拓展

把主机和从机合并成一个工程，编译一个固件，下载到芯片后，在主、从机未连接之前，可以通过串口AT命令切换为主机或从机功能，实现主从一体模块。

习 题 5

一、选择题

1．基于BLE的无线网络所使用的工作频段为868MHz、915MHz和（　　）。

A．685MHz　　B．990MHz　　C．2.0GHz　　D．2.4GHz

2．BLE是一种标准，定义了短距离、低数据传输速率无线通信所需要的一系列通信协议，其最大数据传输速率为（　　）。

A．250kbit/s　　B．150kbit/s　　C．250Mbit/s　　D．150Mbit/s

3．BLE协议栈中定义了GAP和GATT两个基本配置文件，下列说法中，不正确的是（　　）。

A．GAP层负责设备访问模式和进程，包括设备发现、建立连接、设备配置等

B．GATT层用于已连接的设备之间的数据通信

C．连接之前调用GATT层的函数

D．连接之前调用GAP层的函数

4．下列关于设备连接过程的描述中，不正确的是（　　）。

A．节点设备初始化，进入广播状态，可让集中器设备发现

B．集中器设备发送搜索请求信号，节点设备回应搜索请求信息

C．节点设备发起连接请求，集中器设备回应连接请求信息

D．一般情况，先给节点设备上电，再给集中器上电

5．连接之后，主机发送的GATT数据服务发现请求，要发现的主服务的UUID为（　　）。

A．FFF0　　B．FFF1　　C．FFF2　　D．FFF3

6．连接之后，主机从天线收到返回信息的程序执行过程为（　　）。

① SimpleBLECentral_ProcessEvent。

② SimpleBLECentralProcessGATTMsg。

③ SimpleBLECentralGATTDiscoveryEvent。

A．①→②→③　　B．③→①→②

C．②→①→③　　D．②→③→①

7．在主、从机已建立连接的状态下，主机通过特征值的句柄对特征值的写操作，主机执行过程为（　　）。

① 调用GATT_WriteCharValue 函数实现向从机发送数据。

② SimpleBLECentral_ProcessEvent。

③ simpleBLECentral_ProcessOSALMsg。

④ simpleBLECentralProcessGATTMsg。

A. ①→②→③→④　　B. ①→③→④→②

C. ②→④→①→③　　D. ②→③→①→④

8. 在主、从机已建立连接的状态下，主机通过特征值的句柄对特征值的读操作，主机执行过程为（　　）。

① 调用 GATT_ReadCharValue函数读取从机的数据。

② SimpleBLECentral_ProcessEvent。

③ simpleBLECentral_ProcessOSALMsg。

④ simpleBLECentralProcessGATTMsg。

A. ①→②→③→④　　B. ①→③→④→②

C. ②→④→①→③　　D. ②→③→①→④

9. 在主、从机已建立连接的状态下，主机通过特征值的句柄对特征值的读操作，从机执行的函数为（　　）。

A. SimpleBLEPeripheral_ProcessEvent

B. simpleProfileChangeCB

C. simpleProfile_ReadAttrCB

D. simpleProfile_WriteAttrCB

10. 若定义CHAR6特征值属性为可读、可写和通知功能，则static uint8 simpleProfileChar6Props =（　　）。

A. GATT_PROP_READ | GATT_PROP_WRITE;

B. GATT_PROP_READ | GATT_PROP_NOTIFY;

C. GATT_PROP_READ | GATT_PROP_WRITE | GATT_PROP_NOTIFY;

D. GATT_PROP_WRITE | GATT_PROP_NOTIFY;

二、综合实践题

1. 采用BLE协议栈中的HIDAdvRemote（SmartRF开发板工程）和HIDAdvRemoteDongle（Usb Dongle工程）制作蓝牙鼠标。

2. 采用BLE协议栈中的KeyFob（从机）和手机制作一套蓝牙防丢器，要求手机能设置防丢器报警距离，如果KeyFob离开手机太远，那么手机就会报警通知用户。

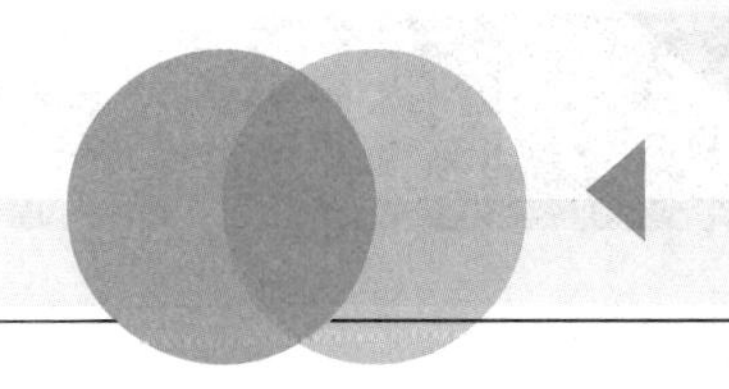

Project 6

项目6 GPRS无线通信应用

G510是FIBOCOM推出的一款4频段GPRS无线通信模块，本项目基于G510介绍使用AT指令来控制GPRS无线通信模块的相关内容。读者通过学习本项目的内容，能够使用AT指令实现拨打与接听电话、短信的读取与发送、GPRS通信等功能。

教学目标

知识目标	1. 掌握基本AT指令的知识
	2. 掌握拨打与接听电话的知识
	3. 掌握短信读取与发送的知识
	4. 掌握创建无线连接的知识
	5. 掌握Socket连接的知识
	6. 掌握串口发送与接收的知识
技能目标	1. 会搭建GPRS模块开发环境
	2. 能熟练使用基本AT指令
	3. 能熟练使用指令实现拨打与接听电话功能
	4. 能熟练使用指令发送与读取短信
	5. 熟练使用串口发送和接收功能
素质目标	1. 熟悉并理解英文缩写词汇表述方式
	2. 具有自主学习、分析问题、解决问题和再学习的能力
	3. 逐步养成项目组员之间的沟通、讨论习惯

任务1 拨打与接听电话

任务要求

准备一张未停机并开通GPRS功能的中国移动或中国联通SIM卡，基于NEWLab平台搭建GPRS模块开发环境，能通过串口调试助手发送AT指令实现拨打与接听电话的功能。

扫码观看本任务操作视频

知识链接

1．基本AT指令

AT即Attention，AT指令集是从终端设备（Terminal Equipment，TE）或数据终端设备（Data Terminal Equipment，DTE）向终端适配器（Terminal Adapter，TA）或数据电路终端设备（Data Circuit Terminal Equipment，DCE）发送的。通过TA、TE发送AT指令来控制移动台（Mobile Station，MS）的功能，与GSM网络业务进行交互。用户可以通过AT指令进行呼叫、短信、电话本、数据业务、传真等方面的控制。

AT指令是以AT开头、回车（<CR>）结尾的特定字符串，AT后面紧跟的字母和数字表明AT指令的具体功能。几乎所有AT指令（除了“A/”及“+++”两个指令外）都以一个特定的命令前缀开始，以一个命令结束标志符结束。命令前缀一般由AT两个字符组成，命令结束符通常为回车（<CR>）。模块的响应通常紧随其后，格式为：<回车><换行><响应内容><回车><换行>。

（1）AT+CPIN?

该指令用于查询SIM卡的状态，主要是PIN码，如果该指令返回“+CPIN:READY”，则表明SIM卡状态正常；如果返回其他值，则有可能没有SIM卡。

（2）AT+CSQ

该指令用于查询信号质量，返回SIM900A模块的接收信号强度，如返回“+CSQ: 24,0”，则表示信号强度是24（最大有效值是31）。如果信号强度过低，则要检查天线是否接好。

（3）AT+COPS?

该指令用于查询当前运营商，该指令只有在连上网络后，才返回运营商；否则返回空。如返回“+COPS:0,0,‘CHINA MOBILE’”，则表示当前选择的运营商是中国移动。

（4）AT+CGMI

该指令用于查询模块制造商，如返回“Fibocom，”则说明G510模块是由FIBOCOM

公司生产的。

（5）AT+CGMM

该指令用于查询模块型号，如返回“‘GSM850/900/1800/1900’，‘G510’，”则说明G510模块型号有3种。

（6）AT+CGSN

该指令用于查询产品序列号（即IMEI号），每个模块的IMEI号都是不一样的，具有全球唯一性，如返回“866717025975980”，则说明模块的产品序列号是866717025975980。

（7）AT+CNUM

该指令用于查询本机号码，必须在SIM卡在位时才可查询，如返回“+CNUM:“"，"1384593××××"，129，7，4”，则表明本机号码为1384593××××。另外，不是所有SIM卡都支持这个指令，有个别SIM卡无法通过此指令得到其号码。

（8）ATE1

该指令用于设置回显模式（默认开启），即模块将收到的AT指令完整地返回给发送设备，启用该功能，有利于调试模块。如果不需要开启回显模式，则发送ATE0指令即可关闭，收到的指令将不再返回给发送设备，这样方便程序控制。

2．拨打与接听电话指令

（1）ATE1

该指令用于设置回显，即模块将收到的指令完整地返回给发送设备，方便调试。

（2）ATD

该指令用于拨打任意电话号码，格式为“ATD+号码+;”，末尾的“;”必须加上，否则不能成功拨号，如发送“ATD10086;”，即可拨打10086。

（3）ATA

该指令用于应答电话，当收到来电时，向模块发送“ATA”，即可接听来电。

（4）ATH

该指令用于挂断电话，要想结束正在进行的通话，只需向模块发送“ATH”，即可挂断。

（5）AT+COLP

该指令用于设置被叫号码显示，这里通过发送“AT+COLP=1”开启被叫号码显示，当成功拨通时（被叫接听电话），模块会返回被叫号码。

（6）AT+CLIP

该指令用于设置来电显示，通过发送“AT+CLIP=1”，可以实现设置来电显示功能，模块接收到来电时，会返回来电号码。

（7）AT+VTS

该指令用于产生DTMF音，只有在通话进行中才有效，用于向对方发送DTMF音，比如在拨打10086查询时，可以通过发送“AT+VTS=1”，模拟发送按键1。

发送给模块的指令，如果执行成功，则会返回对应信息和“OK”；如果执行失败/指令无效，则会返回“ERROR”。

需要注意的是，所有指令都必须以ASCII编码字符格式发送，不要在指令里面夹杂中文符号。同时，很多指令都带有查询或提示功能，可以通过“指令+?”来查询当前设置，通过“指令+=?”的方式来获取设置提示。

第一步，搭建GPRS模块与PC串口通信电路。

方法1：将GPRS模块中JP603接口的RDX1与JP604的EP602相连，JP603接口的TDX1与JP605的EP601相连。

方法2：通过DIY板将GPRS模块的串口连接到NEWLab平台上，并将GPRS模块中的JP603接口的RDX1和TDX1分别连接到DIY板的TXD和RXD接口上。

第二步，选择GPRS模块外接5V电源，输出电流要求大于2A。

GPRS模块进行数据传输时，最大电流可以达到90mA。G510模块的瞬间电流可能高达2A@4V，即输入端的瞬间电流值可能高达740mA@12V（效率90%）。故给模块选择电源时，要能满足瞬间电流峰值。

GPRS模块中的降压电路如图6-1所示。当MP2161芯片的第8脚（EN）为高电平时，该芯片工作，TP221测试点电压为3.6V。

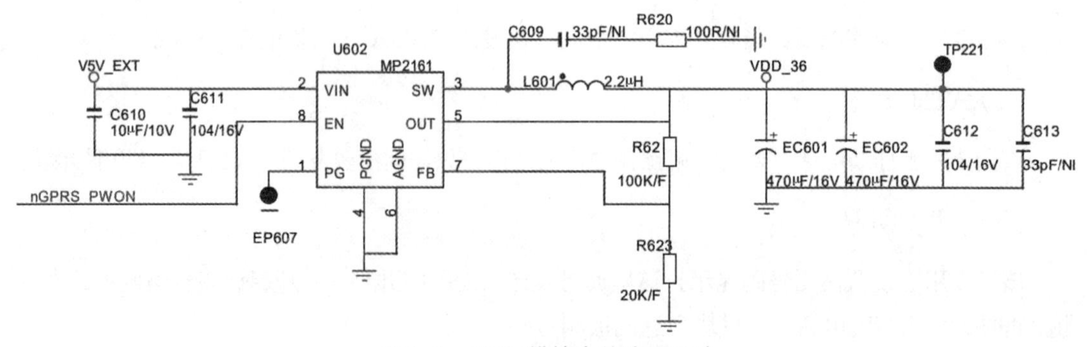

图6-1　GPRS模块中的降压电路

GPRS模块中的TP19测试点的电压为3.3V，将TP19与PWON（或JP602的nGPRS PWON）接线端相连，即可使MP2161芯片的第8脚（EN）为高电平，使该芯片工作，此时测量TP221测试点电压为3.6V。

第三步，给GPRS模块SIM卡槽中插入手机卡。

将准备好的SIM卡插入GPRS模块SIM卡槽中，要求手机卡未停机并开通GPRS功能，否则不能测试GPRS功能。

第四步，将GPRS模块插入NEWLab平台上，搭建通信环境。

1）将GPRS模块插入NEWLab平台上。

2）NEWLab平台通过串口线与PC相连。

3）给GPRS模块外接入5V电源，输出电流要求大于2A，使MP2161芯片的第8脚（EN）为高电平，TP221测试点电压为3.6V。

4）启动G510芯片。当G510芯片的第14脚（POWER_ON）有信号为低电平并且持续超过800ms时，模块将开机。具体做法是：将带插针的导线一端插入JP602的PWRKEY槽中，另一端触碰TP19测试点，并维持1s左右的时间。若G510芯片的第13脚（VDD）（即ＴＰ２１７测试点处）输出2.8V的电压，则说明G510正常工作。

第五步，启动GPRS模块，拨打电话。

1）打开串口调试助手sscom33.exe，选择正确的COM号，然后设置波特率为“115200”，选中“发送新行”复选框（必选！即sscom自动添加回车换行功能），然后单击“发送”按钮，发送AT，若返回“OK”，则说明此模块工作正常，如图6-2所示。

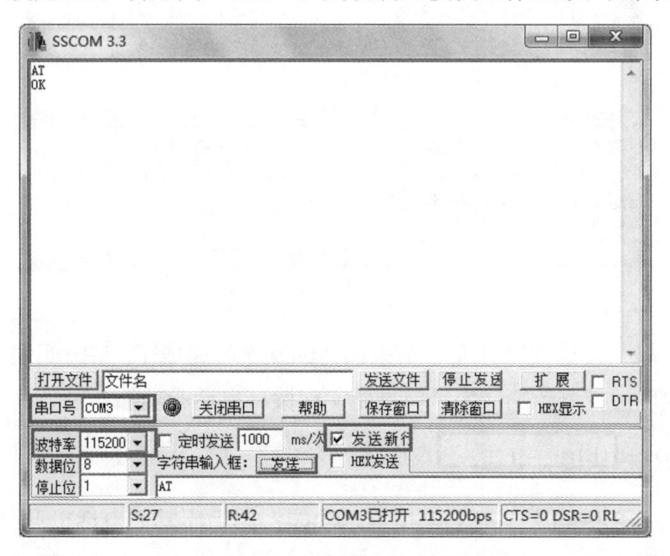

图6-2　基本AT指令1

2）发送“ATE1”，设置回显；再发送“AT+COLP=1”，设置被叫号码显示，如图

6-3所示。

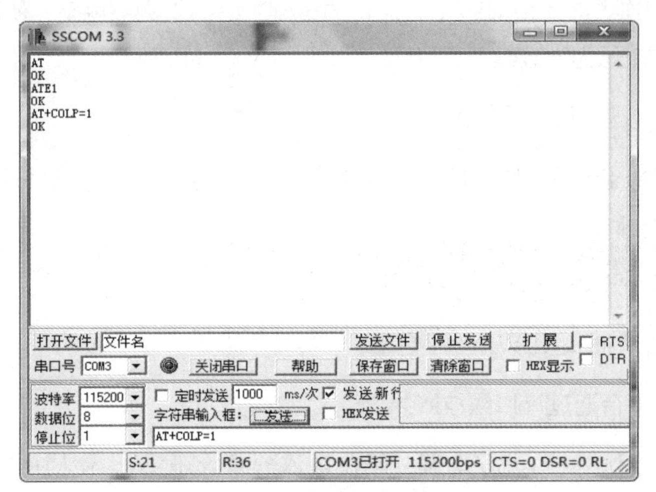

图6-3　基本AT指令2

3）通过ATD指令拨打电话，如“ATD10086;”，用于拨打10086。或者“ATD1384125××××;”，用于拨打手机1384125××××。通过发送“ATH”，挂断，结束本次通话，如图6-4所示。

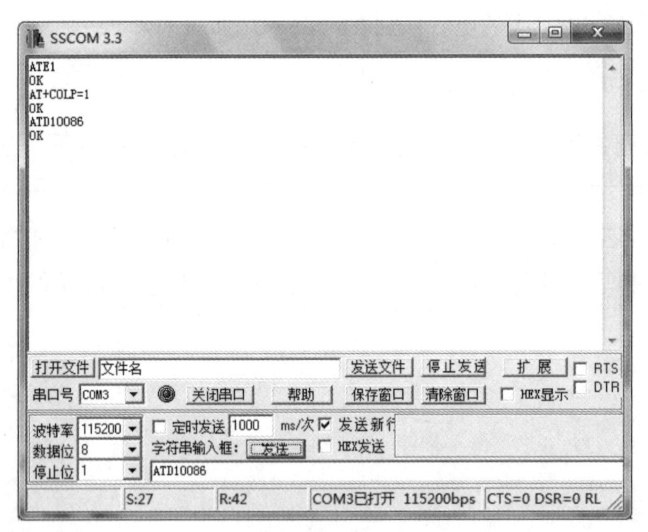

图6-4　拨打电话指令

至此，一次拨号、发送DTMF音、结束通话的操作就完成了。由于GPRS模块没有设计语音电路，故无法展现拨打电话的音效，但是能实现拨打电话的功能。

第六步，GPRS模块接听电话。

1）发送“AT+CLIP=1”，开启来电显示功能，然后用其他电话机/手机拨打模块上SIM卡的号码。然后，模块在接收到来电时，会通过耳机输出来电铃声（如果设计了语音电路），并且可以在串口接收到来电号码，如“+CLIP: "18676××××××",161,,,"",0”，表示当前接入号码为18676××××××，如图6-5所示。

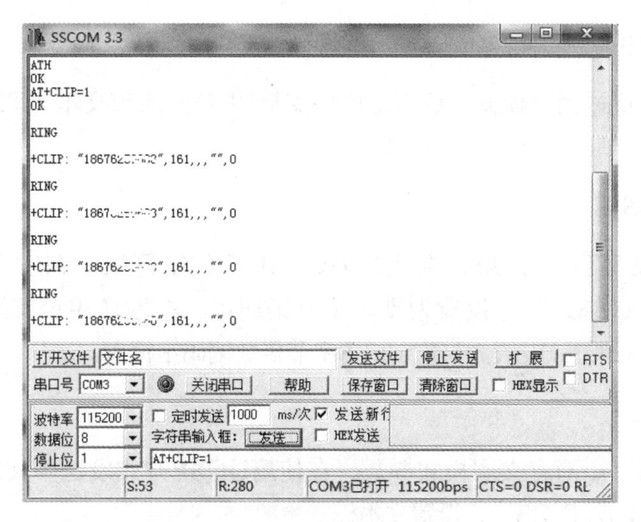

图6-5　来电显示

2）发送“ATA”，即可接听来电，并进行通话。当对方挂断电话时，GPRS模块会返回“NO CARRIER”，并结束此次通话。当然，也可以通过发送“ATH”，来主动结束通话。

在此GPRS模块上设计语音电路，能实现使用手机拨打与接听电话的功能。

任务2　短信的读取与发送

在本项目任务1的基础上，能通过串口调试助手发送AT指令，实现短信的读取与发送功能。

扫码观看本任务操作视频

短信的读取与发送指令

（1）AT+CNMI

该指令用于设置新消息指示。发送“AT+CNMI=2, 1”，设置新消息提示，当收到新消息且SIM卡未满时，SIM900A模块会返回数据给串口，如“+CMTI:"SM", 2”，表示收到接收到新消息，存储在SIM卡的位置2。

（2）AT+CMGF

该指令用于设置短消息模式，GPRS模块支持PDU模式和文本（TEXT）模式，发送“AT+CMGF=1”，即可设置为文本模式。

（3）AT+CSCS

该指令用于设置TE字符集，默认的为GSM 7位字符集，在发送英文短信时，发送“AT+CSCS="GSM"”，设置为默认字符集即可。在发送中英文短信时，需要发送“AT+CSCS="UCS2"”，设置为16位通用8字节倍数编码字符集。

（4）AT+CSMP

该指令用于设置短消息文本模式参数，在使用UCS2方式发送中文短信时，需要发送“AT+CSMP=17,167,2,25”，设置文本模式参数。

（5）AT+CMGR

该指令用于读取短信，比如发送“AT+CMGR=1”，就可以读取SIM卡存储在位置1的短信。

（6）AT+CMGS

该指令用于发送短信，在GSM字符集下，最大可以发送180个字节的英文字符，在UCS2字符集下，最大可以发送70个汉字（包括字符/数字）。该指令将在后面详细介绍。

（7）AT+CPMS

该指令用于查询/设置优选消息存储器，通过发送“AT+CPMS?”，可以查询当前SIM卡最大支持多少条短信存储，以及当前存储了多少条短信等信息。如返回：+CPMS: “SM”,1,50,”SM”,1,50,”SM”,1,50，表示当前SIM卡最大存储50条信息，目前已经有1条存储的信息。

任务实施

第一步，GPRS模块读取英文短信。

1）发送“AT+CMGF=1”，设置为文本模式，然后发送“AT+CSCS="GSM"”，设置GSM字符集，然后发送“AT+CNMI=2,1”，设置新消息提示。

2）用其他手机发送一条英文短信“NEWLab www.newland-edu.com”到GPRS模块上（如果不知道模块号码，则可以发送“AT+CNUM”进行查询。注意：有些卡不支持查询）。

3）GPRS模块接收到短信后，会给出诸如“+CMTI:"SM",5”这样的提示，表明收到了新的短信，存放在SIM卡位置2。然后，发送“AT+CMGR=5”，即可读取该短信，如图6-6所示。

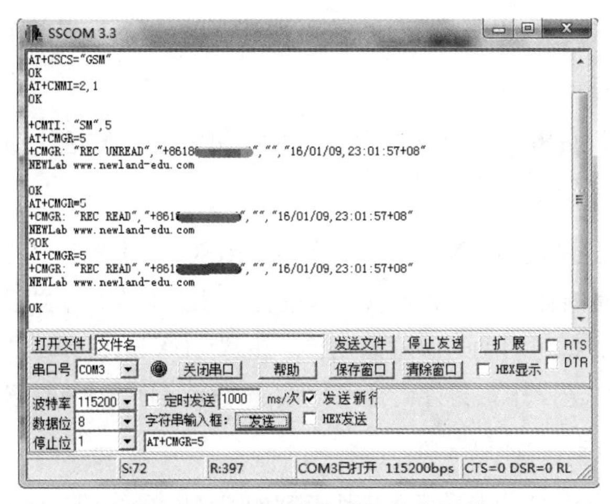

图6-6　GPRS模块读取英文短信

从图6-6可以看到，第一次发送“AT+CMGR=5”时，GPRS模块返回如下信息（省略了多余的回车换行和“OK”等字符串，下同）：

+CMGR:“REC UNREAD”,” +86186xxxx xxxx “,” ”,” 16/01/09,23:01:57+08”
NEWLab www.newland-edu.com

其中，“REC UNREAD”表示该短信没有被读取过，即未读短信；“+86186××××××××”表示此短信发送方的电话号码；“16/01/09, 23:01:57+08”表示的是此短信的接收日期和时间信息；“NEWLab www. newland-edu. com”则表示读取到的短信内容——与发送的内容一致，说明发送成功。

在图6-6中，发送了3次“AT+CMGR=5”，读取了3次，可以看到第一次读取时，短信为“REC UNREAD”，第二次和第三次发送时，短信状态变为“REC READ”，表示此短信已经被读取。

第二步，GPRS模块发送英文短信。

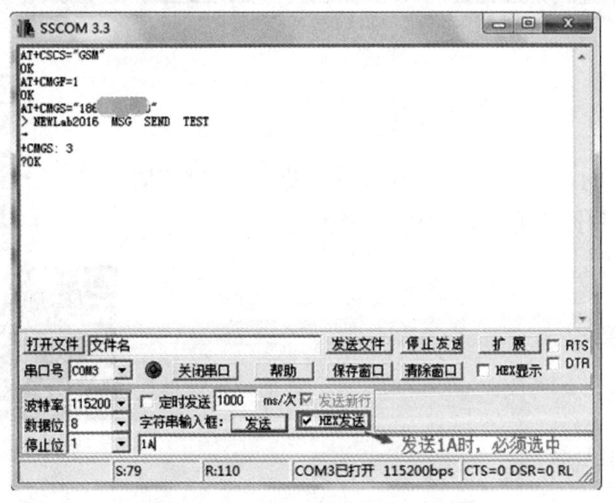

图6-7　GPRS模块发送英文短信

1）发送“AT+CSCS="GSM"”，设置GSM字符集，然后发送“AT+CMGF=1”，设置文本模式。

2）假设要给号码为186××××××××的手机发送一条短信，可发送“AT+CMGS="186××××××××"”，然后模块返回“>”。

3）再输入需要发送的内容“NEWLab2016 MSG SEND TEST”。注意：此处不用发送回车。在发送完内容以后，最后以十六进制（Hex）格式单独发送（不用添加回车）“1A”（即0X1A），即可启动一次短信发送。注意：0X1A，即“Ctrl+Z”的键值，用于通知GPRS模块执行发送操作。另外，还可以发送“0X1B”（即“Esc”的键值），通知SIM900A取消本次操作，不执行发送。

4）稍等片刻，在短信成功发送后，模块返回如“+CMGS: 3”的确认信息，表示短信成功发送，如图6-7所示。手机上的短信如图6-8所示。

图6-8　手机上的短信

技能拓展

1）通过查询FIBOCOM G510《G5/G6-Family AT Commands User Mannal》实现删除与批量删除短信的功能。

2）利用汉字与Unicode码转换工具，实现发送与查看中文短信的功能。

任务3　GPRS通信

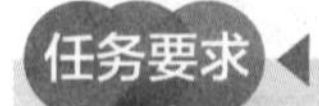

任务要求

在本项目任务1的基础上，通过串口调试助手发送AT指令，实现GPRS模块与计算机的TCP数据传输。

知识链接

扫码观看本任务操作视频

GPRS通信指令

（1）AT+CGCLASS

该指令用于设置GPRS移动类别工作。若不支持要求的类别，则返回“ERROR”响应。

发送“AT+CGCLASS="B"”，设置移动类别为B。

（2）AT+CGDCONT

该指令用于设置PDP上下文。发送“AT+CGDCONT=1, "IP", "CMNET"”，设置PDP上下文标志为1，采用互联网协议（IP），接入点为“CMNET”。

（3）AT+CGATT

该指令用于设置附着和分离GPRS业务。发送“AT+CGATT=1”，附着GPRS业务；发送“AT+CGATT=0”，分离GPRS业务。

（4）AT+MIPCALL

该指令用于建立与关闭GPRS无线连接。发送“AT+MIPCALL=1, "CMNET"”，表示建立GPRS无线连接，建立成功后，会获得动态IP。发送“AT+MIPCALL=0”，表示关闭GPRS连接。

（5）AT+MIPOPEN

该指令用于建立TCP连接或UDP连接，其格式为“AT+MIPOPEN=Socket_ID, Source_Port, Remote_IP, Remote_Port, Protocol”。

发送“AT+MIPOPEN=1, , "27. 43. 33. 107", 8088, 0”，Protocol为0，用于开启一个Socket，建立TCP连接。若Protocol为1，则为UDP连接。

（6）AT+MIPSETS

该指令用于设置最大缓存大小及超时时间，其格式为“AT+MIPSETS=Socket_ID, Size, Timeout”，其中Size是默认值为1372, 1≤Size≤2048；Timeout的默认值为0，0≤Time≤1000ms。发送“AT+MIPSETS=1, 1372, 300”，表示设置缓存最大为1372（686字节），超时时间为300ms。

（7）AT+MIPSEND

该指令用于发送数据，其格式为“AT+MIPSEND=Socket_ID, Data”，其中Data为十六进制数据格式。“发送AT+MIPSEND=1, "313233343536"”，表示发送“313233343536”的十六进制数据。

任务实施

第一步，内网IP映射到外网。

要实现GPRS模块与计算机的TCP和UDP数据传输功能，需要确保所用计算机具有公网IP，否则无法实现通信，且最好关闭防火墙及杀毒软件。对于ADSL用户（没有用路由器）其计算机直接拥有1个公网IP，可以通过百度直接搜索“IP”，第一项显示的就是本机IP，如图6-9所示。

图6-9　公网IP

对于使用了路由器的ADSL用户，其计算机IP与公网IP是不同的，查询方法及结果如图6-10所示。

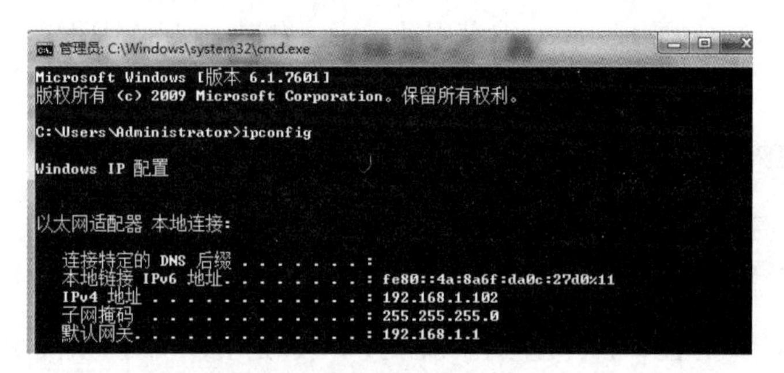

图6-10　使用路由器后的电脑IP

此时需要对路由器进行转发规则设置，登录路由器的设置页面，选择“转发规则”→“DMZ主机”命令，设置如图6-11所示。

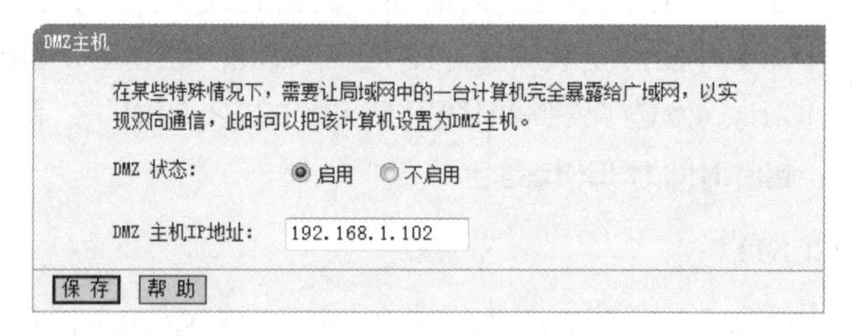

图6-11　设置DMZ主机

通过以上的设置，就可以把内网IP（192.168.1.102）映射到外网，相当于计算机使用了路由器，也拥有了一个公网IP。

第二步，TCP连接。

TCP是基于连接的协议，要求在收发数据前，必须先和对方建立可靠连接，是一种可靠的数据传输方式。接下来使用GPRS模块与计算机建立一个TCP连接，并实现互相收发数据的功能。

打开网络调试助手（NetAssist.exe），设置协议类型为TCP Server，本地IP地址直接使用默认值，设置本地端口为8088（端口范围为0～65 535），也可以设置为其他端口号，只要该端口没有被其他程序占用。设置好后，单击“连接”按钮，此时计算机端的TCP Server已经开始工作，等待连接接入，如图6-12所示。

图6-12　TCP Server设置

打开串口调试助手（sscom33. exe），设置正确的串口号及波特率等参数，打开串口，根据前面AT指令的说明，发送指令“AT+CGATT=1”“AT+MIPCALL=1,"CMNET"“AT+MIPOPEN=1,,"×. 43. 33. 107",8088,0? OK”“AT+MIPDSETS=1,1372,1”“AT+MIPDSETS=1,1372,300”，然后再发送数据指令“AT+MIPSEND=1,"544350C1ACBDD3B2E2CAD40D0A"——数据为十六进制格式，对应的中文是“TCP连接测试”。如果收发数据正常，则可以看到如图6-13和图6-14所示的结果。

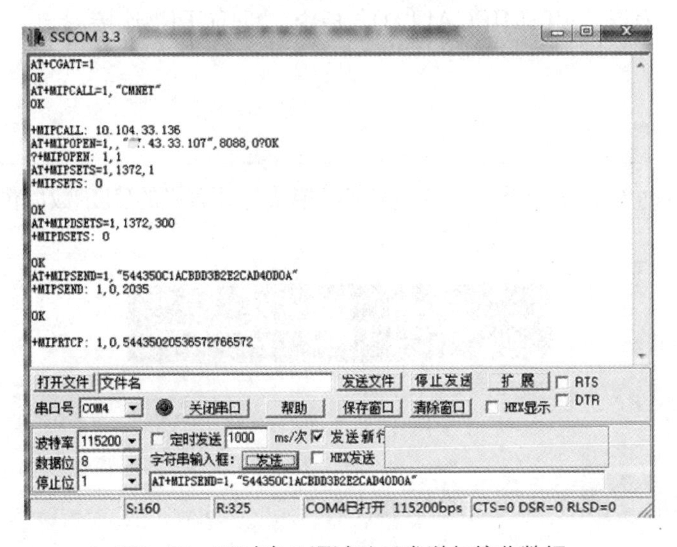

图6-13　通过串口调试助手发送与接收数据

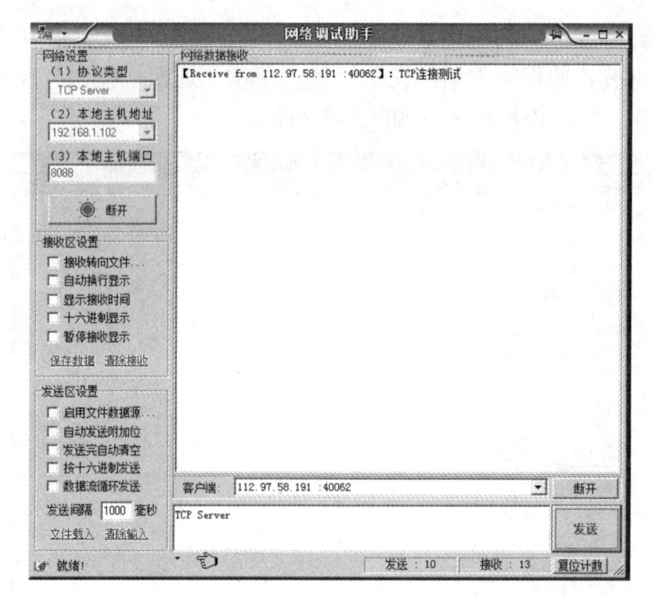

图6-14　TCP服务端接收与发送数据

图6-14中的“【Receive from 112.97.58.191 :40062】”是网络调试助手自行添加的一个头，用于指示当前数据来源。从数据头可以看出，当前数据来自112.97.58.191，端口号为40062，这个IP地址和端口号是运营商给GPRS模块随机分配的，也就是SIM卡的IP地址。在网络调试助手窗口中输入“TCP Server”，然后单击“发送”按钮，此时GPRS模块将收到的数据直接发送给串口，图6-13串口调试助手窗口显示的“+MIPRTCP: 1,0,54435020536572766572”表示接收到的数据，其中“54435020536572766572”为对应的数据。需要特别注意的是，如果长时间没有数据的收发，那么TCP连接很可能会被断开，下次数据通信，需要重新连接，所以实际应用时，都需要添加心跳包，来维持当前TCP连接。如果需要关闭连接，则发送“AT+MIPCLOSE=1”指令，关闭Socket；发送“AT+MIPCALL=0”指令，断开GPRS连接。

技能拓展

通过串口调试助手发送AT指令，实现GPRS模块与计算机的UDP数据传输。

习题6

一、选择题

1．下列选项中，用来接听电话的AT指令为（　　）。

A．AT+CGATT　　B．AT+CGACT

C．AT+ATA　　D．ATA

2．下面哪个选项用来设置发送PDU格式的短信AT指令？（　　）

A．AT+CMGF=0　　B．AT+CMGF=1

C．AT+CGGF=0　　D．AT+CGGF=1

3．下面哪个选项用来开启GPRS服务的AT指令？（　　）

A．AT+CGTAT　　B．AT+CGATT

C．AT+CGAAT　　D．AT+CGACT

4．发送“AT+CSQ”指令，检查网络信号强度，返回的结果有可能是下面哪个选项？（　　）

A．+CSQ:33, 20　　B．+CSQ:8, 70

C．+CSQ:28, 66　　D．+CSQ:10, 100

5．当GPRS模块工作正常的情况下，在串口调试助手中发送“AT”指令，没有选中“发送新行”复选框也没有按<Enter>键，可能会出现下面哪个情况？（　　）

A．ERROR　　B．NO CARRIER

C．OK　　D．没有响应

6．当对方挂断电话时，GPRS模块会返回下面哪个结果？（　　）

A．ERROR　　B．NO CARRIER

C．OK　　D．没有响应

7．下面哪个指令可以正确地拨打电话？（　　）

A．ATD+10086<回车>　　B．ATDA+10086<回车>

C．ATDA+10086；<回车>　　D．ATD+10086；<回车>

8．下面哪个指令可以用来设置查询基站位置信息？（　　）

A．AT+CGREG=0　　B．AT+CGREG=1

C．AT+CGREG=2　　D．AT+CGREG=3

9．GPRS的数据交换方式是（　　）。

A．分组交换　　B．电路交换

C．报文交换　　D．链路交换

10．下列有关GPRS终端类型的描述中，错误的是（　　）。

A．Class A可以同时附着于GPRS和GSM业务，可同时使用GPRS与GSM两种业务

B．Class B可以同时附着于GPRS和GSM业务，不可以同时使用GPRS与GSM业务

C．Class C任何时候只能附着与使用GPRS或GSM中的一种业务

D．以上说法都不对

二、编程题

1．查询《G510 AT指令用户手册》，实现发送彩信的功能。

2．基于单片机编程，实现拨打与接听电话的功能。

Project 7

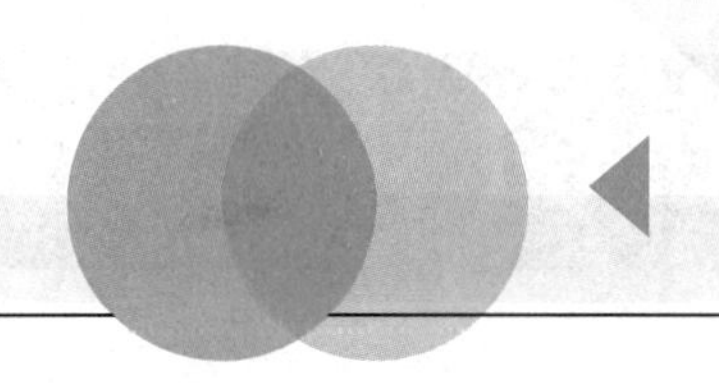

项目 7

WIFI无线通信应用

NEWLab的WIFI模块以AR6302无线芯片作为主控器件，通过SDIO接口与ARM核心板进行数据通信。ARM核心板+WIFI模块构建了一个具备WIFI无线通信的最小系统，以此系统为基础，加载其他设备或传感器模块，可以实现WIFI无线控制风扇、电灯等设备的开启和关闭，也可以实现WIFI无线获取温度、红外等传感器模块的状态信息。

教学目标

知识目标	1. 了解WIFI无线控制方式
	2. 理解WIFI无线控制命令数据格式
	3. 了解IP地址的基本知识
	4. 掌握Socket的工作原理
技能目标	1. 会搭建ARM核心板+WIFI模块最小系统，并能获取ARM核心板板载信息
	2. 会搭建相关电路，实现WIFI获取温度传感器和红外传感器数据
	3. 会搭建相关电路，实现WIFI控制风扇和电灯
素质目标	1. 熟悉并理解英文缩写词汇表述方式
	2. 具有自主学习、分析问题、解决问题和再学习的能力
	3. 逐步养成项目组员之间的沟通、讨论习惯

任务1　WIFI连接NEWLab服务器

任务要求

采用WIFI和ARM核心板两个模块，在NEWLab平台上搭建一个WIFI无线通信系统，实现远程访问NEWLab（ARM核心板）上运行的服务器，获取ARM核心板的板载信息。

扫码观看本任务操作视频

知识链接

1. NEWLab的WIFI无线控制原理

WIFI模块是采用AR6302作为主控芯片，通过SDIO接口与ARM核心板进行通信。ARM核心板采用S3C2451作为主控芯片，已烧录Linux固件。WIFI模块相当于ARM核心板的无线网卡，可以实现ARM核心板连接互联网，从而达到远程监控ARM核心板读取传感器数据或者控制设备的启动、停止。

（1）WIFI无线控制方式

NEWLab的WIFI无线控制数据流传输拓扑图如图7-1所示。在ARM核心板上运行一个服务端程序，该程序能够解析PC或手机的客户端发来的各种命令数据，控制ARM核心板读取传感器数据（如读取温度传感器温度值），或者控制设备动作（如控制风扇开、关）等。

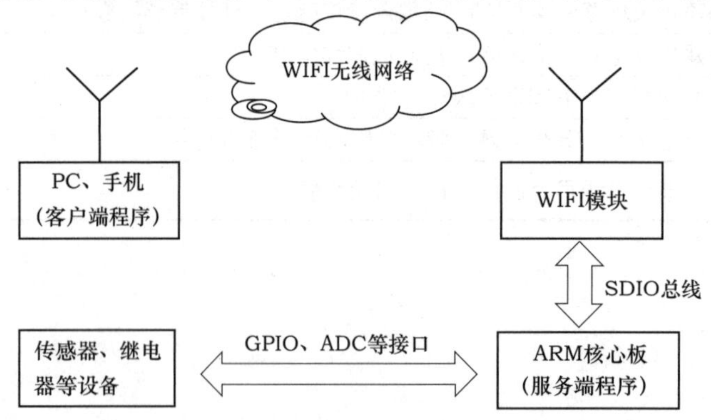

图7-1　NEWLab的WIFI无线控制数据流传输拓扑

用户可以在PC上运行一个SOCKET工具（可以建立SOCKET连接的工具），通过WIFI无线网络连接ARM核心板上运行的服务端程序，并向服务端程序发送命令，从而实现远程控制。同样，也可在手机上运行这样的SOCKET工具来达到同样的效果。值得注意的是：整个通信过程中，要确保PC或者手机网络与WIFI模块之间的网络是相通的（即能Ping通）。

（2）WIFI无线控制命令数据格式

NEWLab的WIFI无线控制命令结构、WIFI无线控制命令、WIFI控制命令的数据域协议和WIFI控制命令的响应协议见表7-1～7-4。

表7-1 NEWLab的WIFI无线控制命令结构

命令协议字段	字段长度	值（十六进制）
同步位	1字节	固定为a0
命令类别	1字节	参考表7-2
保留位	2字节	固定为0000
命令数据长度	4字节	命令的数据域（为00000000时表示没有数据域），参考表7-3

表7-2 NEWLab的WIFI无线控制命令

命令名	值（十六进制）
GPIO控制命令	01
获取温度命令	02
获取红外传感数据命令	03
获取NEWLab板载信息（ARM核心板）	04

表7-3 NEWLab的WIFI控制命令的数据域协议

GPIO控制命令数据域字段名	字段长度	值（十六进制）
GPIO名	1字节	‘A’到‘M’的ASCII码；如：GPE时为45（因为‘E’的ASCII码为0x45）
GPIO号	1字节	GPIO0到GPIO31；如：GPE4时为04（表示GPIOE端口的4号引脚）
GPIO 方向	1字节	00表示输出，01表示输入
GPIO输入输出值	4字节	当为输出时只能为00，01

说明：表7-3是GPIO控制命令的数据，其他命令暂时没有数据域。

表7-4 NEWLab的WIFI控制命令的响应协议

命令协议字段	字段长度	值（十六进制）
同步位	1字节	固定为aa
命令类别	1字节	参考“WIFI无线控制命令表”，表示当前响应的命令
保留字节	2字节	固定为0000
命令执行结果	4字节	命令执行成功（无数据返回），为00000000 命令执行成功（有数据返回），返回数据 命令执行失败，返回ffffffff

任务实施

第一步，搭建WIFI无线通信系统，如图7-2所示。

1）把WIFI模块和ARM核心板模块固定在NEWLab平台上。

2）把WIFI模块JP401的INT10和INT11都接到3.3V插孔中（注意：3.3V在此是作为高电平信号，而不是电源），其中INT10连接到WIFI模块的主控芯片AR6302的复位引脚上（低电平复位）；INT11连接到WIFI模块3.3V供电控制端，当INT11为高电平时，WIFI模块获得3.3V和1.8V两组电源，其中1.8V是通过TLV70018芯片稳压得到的，1.8V电压测试点为TP624，3.3V电压测试点为TP622。

3）用排线把WIFI模块的J406与ARM核心板的J6连接起来。它们之间是通过SDIO总线相连的，共有6根线，其中1根时序线、4根数据线、1根CMD命令线。

4）通过串口线把PC与NEWLab平台连接起来，并将NEWLab平台上的通信方式旋钮转到“通信模式”。

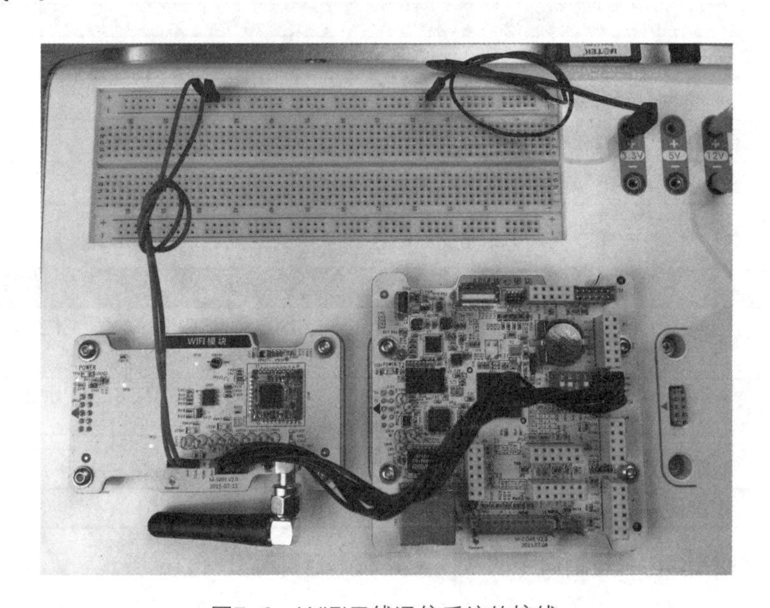

图7-2　WIFI无线通信系统的接线

第二步，启动ARM核心板的服务端程序（NEWLab服务器）。

1）打开PC上的串口调试工具（如，SecureCRT），并将波特率设置为115 200。给ARM核心板上电，在串口调试工具上显示相关信息，表示系统已登录到ARM Linux的SHELL（用户名为root，不需要密码），如图7-3所示。

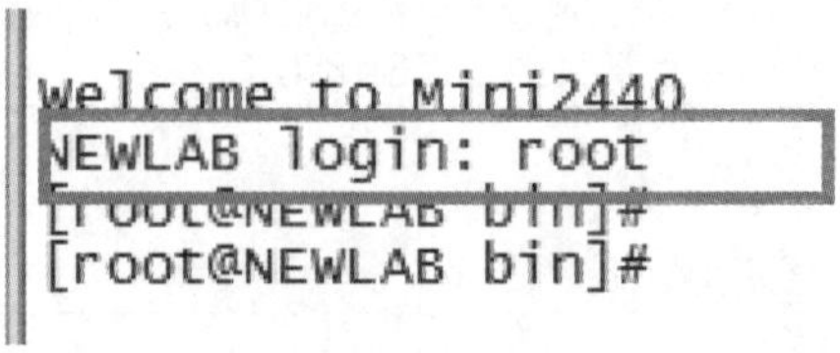

```
Welcome to Mini2440
NEWLAB login: root
[root@NEWLAB bin]#
[root@NEWLAB bin]#
```

图7-3　ARM Linux的SHELL信息

2）输入命令“newlab_tcp_serverwifiTP-LINK_2A7CC0 12345678”启动服务端程序。其中“wifi”表示服务端程序采用无线网卡进行通信；“TP-LINK_2A7CC0”为无线路由器SSID名（热点名称）；“12345678”为无线路器的密码；如果无线路由器密码为空，则输入“newlab_tcp_serverwifiTP-LINK_2A7CC0”即可。运行命令后，如果看到类似字样“start newlabtcp server，ip:192. 168. 14. 126， port:6000”，则表示服务端程序启动成功（信息里包含了IP和端口），如图7-4所示。

```
[root@NEWLAB bin]#
[root@NEWLAB bin]# newlab_tcp_server wifi TP-LINK_2A7CC0
wlan0: (WE) : Wireless Event too big (33)
udhcpc (v1.20.1) started
Sending discover...
Sending discover...
channel hint set to 2412
WMM params
AC 0, ACM 0, AIFSN 3, CWmin 4, CWmax 10, TXOPlimit 0
AC 1, ACM 0, AIFSN 7, CWmin 4, CWmax 10, TXOPlimit 0
AC 2, ACM 0, AIFSN 2, CWmin 3, CWmax 4, TXOPlimit 94
AC 3, ACM 0, AIFSN 2, CWmin 2, CWmax 3, TXOPlimit 47
Sending discover...
Sending select for 192.168.14.126...
Lease of 192.168.14.126 obtained, lease time 259200
deleting routers
route: SIOCDELRT: No such process
adding dns 192.168.30.1
adding dns 192.168.30.4
adding dns 192.168.30.5
start newlab tcp server, ip:192.168.14.126, port:6000
```

图7-4　服务端程序启动成功界面

第三步，通过命令无线获取ARM核心板的板载信息。

1）在PC上运行SOCKET工具（该PC可以是运行串口调试工具的同一台PC），SOCKET工具有很多，这里采用“TCP-UDP服务管理”软件。设置IP、端口、TCP后，单击“连接”按钮。连接成功后，“连接”按钮变灰色，如图7-5所示。

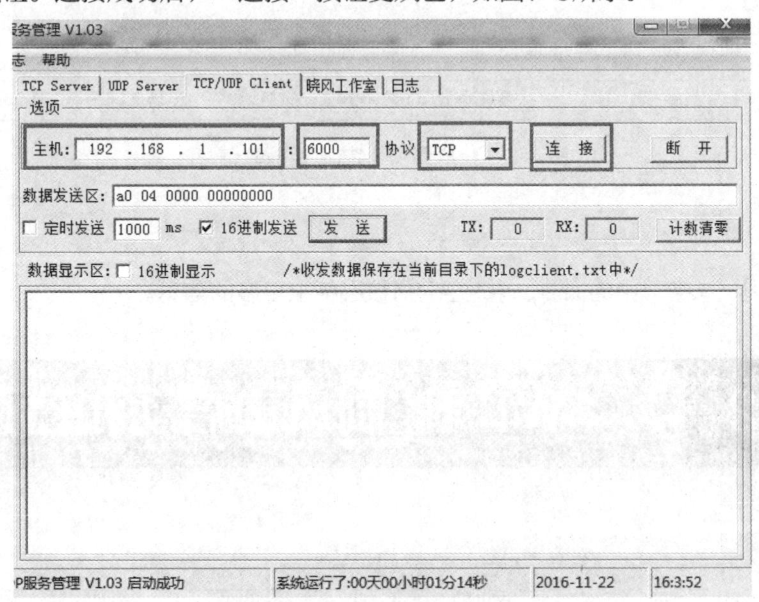

图7-5　TCP-UDP服务管理界面

2）在“数据发送区”发送ARM核心板的板载信息获取命令，命令如下（具体命令格式见表7-1～表7-4）：

a0（同步位）04（板载信息获取）0000（保留位）00000000（数据长度，没有数据部分）

3）命令执行成功后，返回数据为NEWlab ARM Linux系统的时间信息和内核版本信息，如图7-6所示。发送命令为十六进制格式，返回数据为字符串格式，即去掉勾（注意：这个返回数据为字符串，数据不要显示为十六进制，其他命令返回数据为十六进制）。

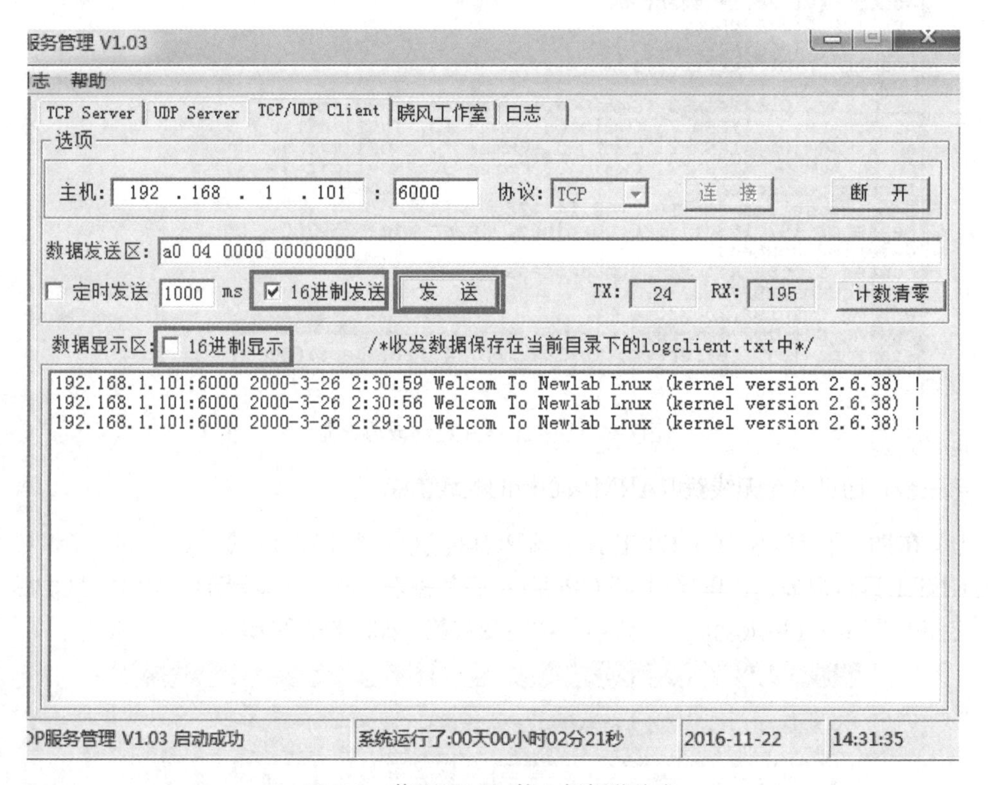

图7-6 获取到ARM核心板板载信息

技能拓展

根据表7-1～表7-4中的命令，获取ARM核心板上更多的信息。

任务2 WIFI控制风扇启动和停止

任务要求

采用继电器、风扇、WIFI和ARM核心板四个模块，在NEWLab平台上搭建一个WIFI无线控制风扇系统，实现远程控制风扇启动和停止。

扫码观看本任务操作视频

第一步，搭建WIFI无线控制风扇系统，如图7-7所示。

1）把继电器、风扇、WIFI和ARM核心板四个模块固定在NEWLab平台上。

2）把WIFI模块JP401的INT10和INT11都接到3.3V插孔中（注意：3.3V在此是作为高电平信号，而不是电源）。

3）用排线把WIFI模块的J406与ARM核心板的J6连接起来。它们之间是通过SDIO总线相连的，共有6根线，其中1根时序线、4根数据线、1根CMD命令线。

4）把继电器模块的J2连接ARM核心板JP6的GPE4上，继电器的NO1连接NEWLab平台12V电源的负极上；风扇的正极连接到NEWLab平台12V电源的正极上，风扇的负极连接到继电器的COM1上。

5）通过串口线把PC与NEWLab平台连接起来，并将NEWLab平台上的通信方式旋钮转到“通信模式”。

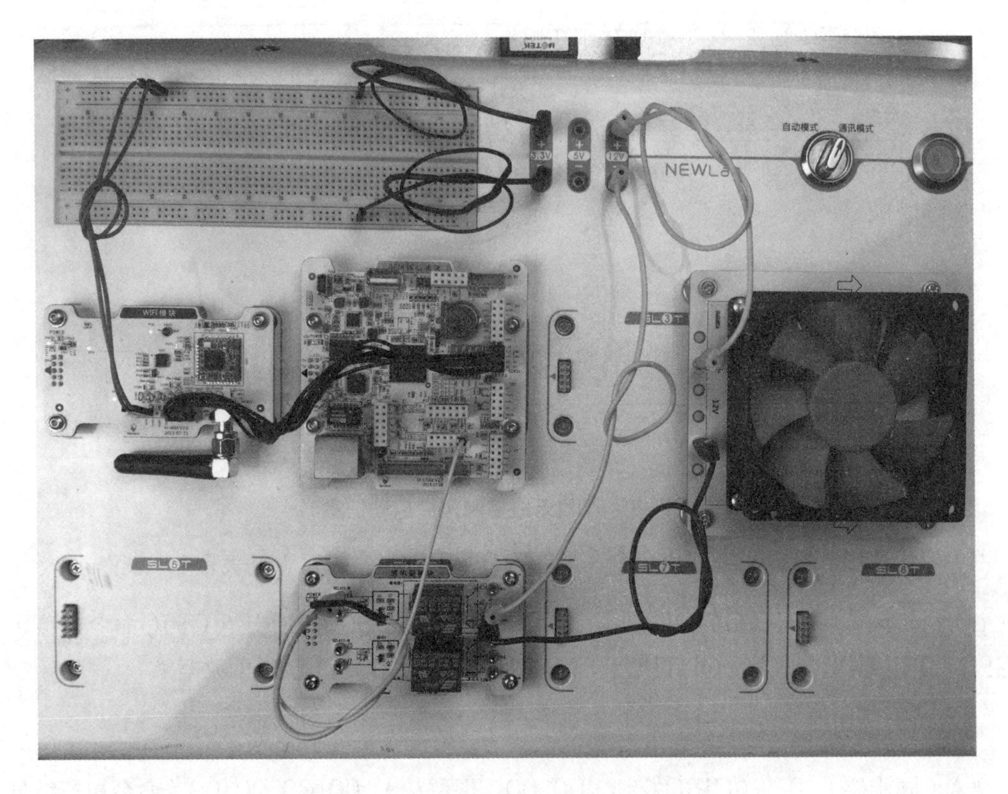

图7-7　WIFI无线控制风扇的接线

第二步，启动ARM核心板的服务端程序（NEWLab服务器）。

参照本项目任务1。

第三步，通过命令无线控制风扇启动和停止。

1）在PC上运行SOCKET工具，设置IP、端口、TCP后，单击“连接”按钮。连接成功后，“连接”按钮变灰色，如图7-8所示。

2）启动风扇。发送风扇启动命令，如图7-8所示。命令如下（见表7-1～表7-4）：

a0（同步位） 01（GPIO控制） 0000（保留位）00000008（GPIO命令长度）45（GPE）04（GPE4）00（OUTPUT）00（保留字节）00000001（数据）

命令执行成功后，返回数据：

AA（同步位）01（GPIO控制）00 00（保留位）00 00 00 00（命令执行结果）

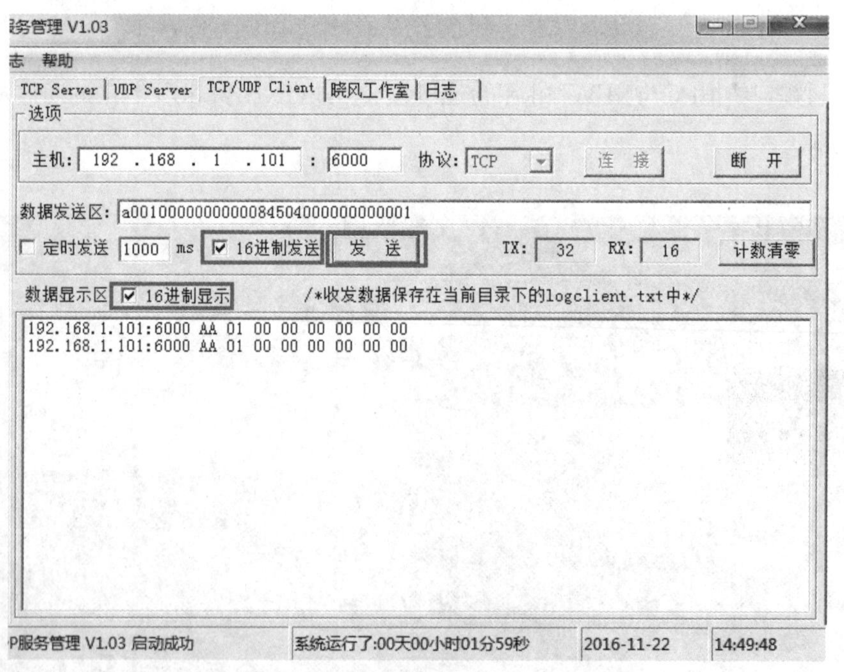

图7-8 WIFI无线控制风扇启动信息

3）停止风扇。发送风扇停止命令，如图7-9所示。命令如下（见表7-1～表7-4）：

a0（同步位） 01（GPIO控制） 0000（保留位）00000008（GPIO命令长度）45（GPE）04（GPE4）00（OUTPUT）00（保留字节）00000000（数据）

命令执行成功后，返回数据：

AA（同步位） 01 （GPIO控制）00 00（保留位） 00 00 00 00（命令执行结果）

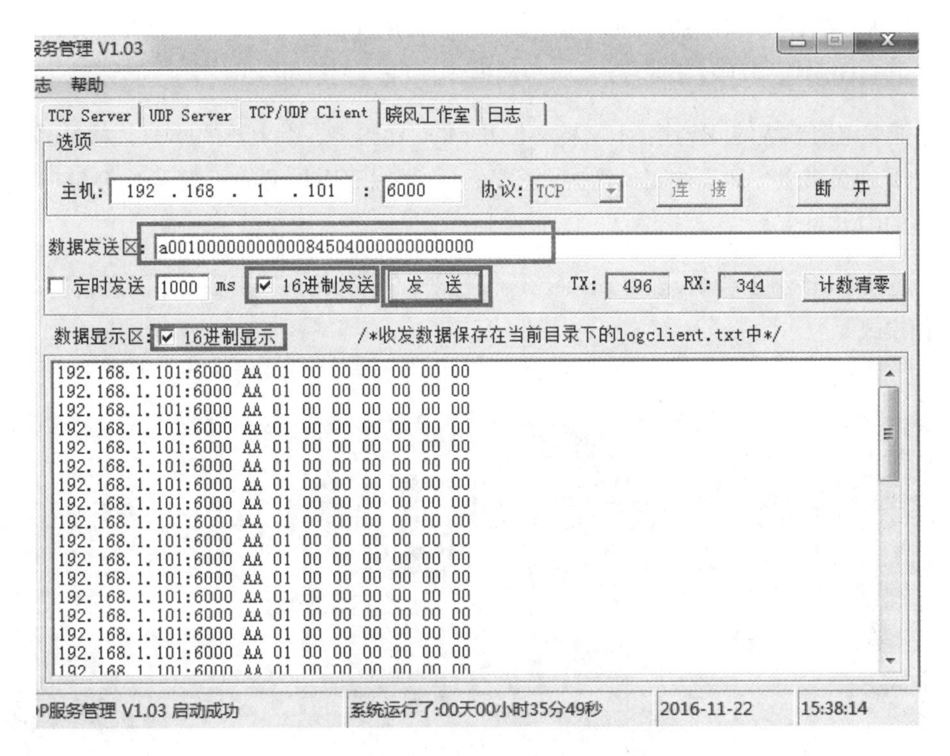

图7–9 WIFI无线控制风扇停止信息

技能拓展

通过GPIO口实现对更多器件的控制。

任务3 WIFI控制电灯亮和灭

任务要求

采用继电器、电灯、WIFI和ARM核心板四个模块，在NEWLab平台上搭建一个WIFI无线控制电灯开关系统，实现远程控制电灯亮和灭。

扫码观看本任务操作视频

任务实施

第一步，搭建WIFI无线控制电灯泡开关系统，如图7-10所示。

1）把继电器、电灯、WIFI和ARM核心板四个模块固定在NEWLab平台上。

2）把WIFI模块JP401的INT10和INT11都接到3.3V插孔中（注意：3.3V在此是作为高电平信号，而不是电源）。

3）用排线把WIFI模块的J406与ARM核心板的J6连接起来。它们之间是通过SDIO总线相连的，共有6根线，其中1根时序线、4根数据线、1根CMD命令线。

4）把继电器模块的J2连接ARM核心板JP6的GPE4上，继电器的NO1连接NEWLab平台12V电源的负极上；风扇的正极连接到NEWLab平台12V电源的正极上，风扇的负极连接到继电器的COM1上。

5）通过串口线把PC与NEWLab平台连接起来，并将NEWLab平台上的通信方式旋钮转到“通信模式”。

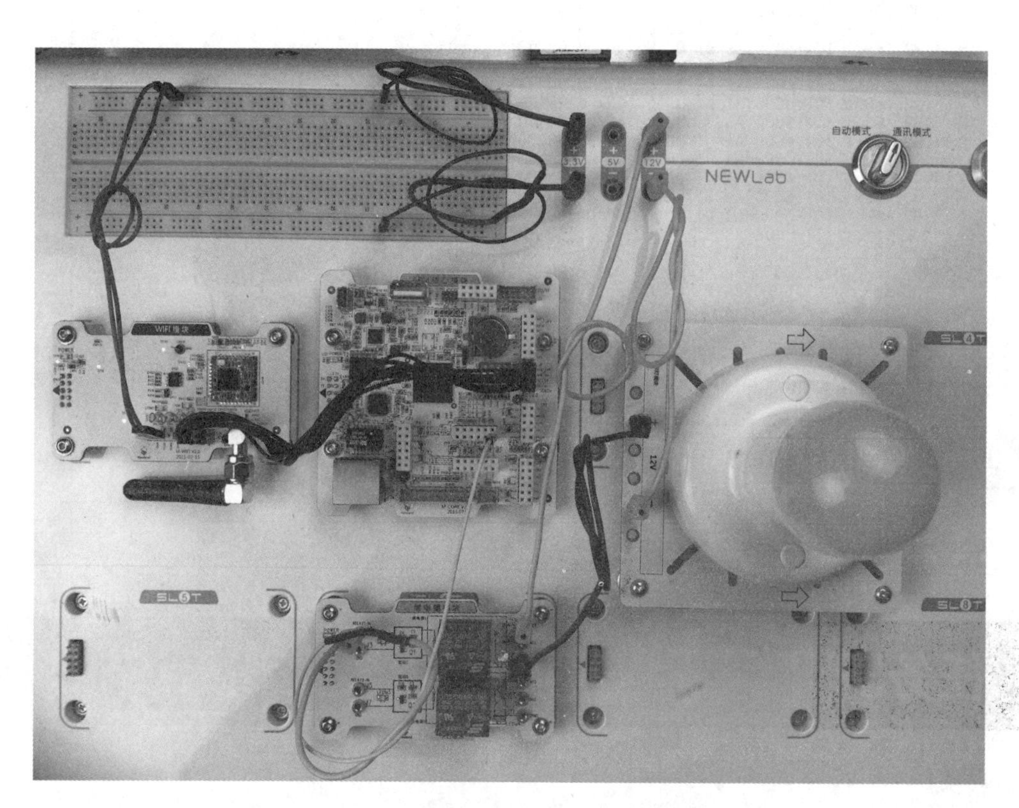

图7–10　WIFI无线控制电灯开关系统的接线

第二步，启动ARM核心板的服务端程序（NEWLab服务器）。

参照本项目任务1。

第三步，通过命令无线控制电灯亮和灭。

电灯也是通过GPE4来控制的，与控制风扇的过程完全一样，所以参照本项目任务2。

通过GPIO口实现对更多器件的控制。

任务4 WIFI获取红外传感器的状态

采用红外传感器、WIFI和ARM核心板三个模块，在NEWlab平台上搭建一个WIFI无线获取红外传感器状态的系统，实现远程获取红外传感器的状态，即如果红外接收管收到红外光，则输出状态0，否则输出状态1。

扫码观看本任务操作视频

第一步，搭建WIFI无线获取红外传感器状态的系统，如图7-11所示。

1）把红外传感器、WIFI和ARM核心板三个模块固定在NEWLab平台上。

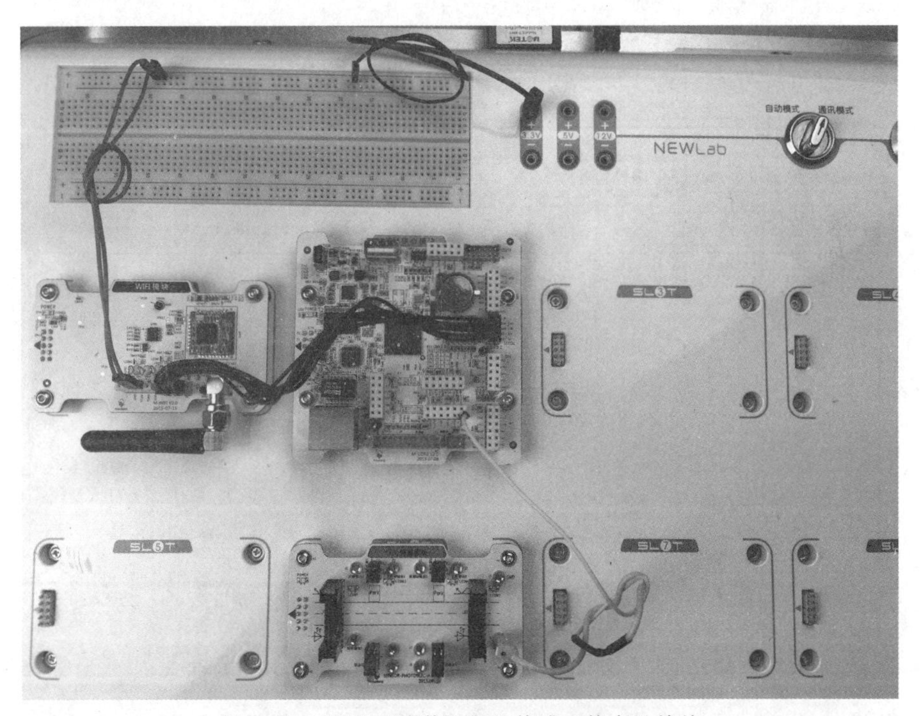

图7-11　WIFI无线获取红外传感器状态的接线

2）把WIFI模块JP401的INT10和INT11都接到3. 3V插孔中（注意：3. 3V在此是作为高电平信号，而不是电源）。

3）用排线把WIFI模块的J406与ARM核心板的J6连接起来。它们之间是通过SDIO总线相连的，共有6根线，其中1根时序线、4根数据线、1根CMD命令线。

4）把红外传感器模块的“对射输出2”连接ARM核心板JP6的GPE4。

5）通过串口线把PC与NEWLab平台连接起来，并将NEWLab平台上的通信方式旋钮转到“通信模式”。

第二步，启动ARM核心板的服务端程序（NEWLab服务器）。

参照本项目任务1。

第三步，通过命令无线控制风扇启动和停止。

1）在PC上运行SOCKET工具，设置IP、端口、TCP后，单击“连接”按钮。连接成功后，“连接”按钮变灰色，如图7-12所示。

2）发送红外传感器状态获取命令，获取红外传感器的状态数据。

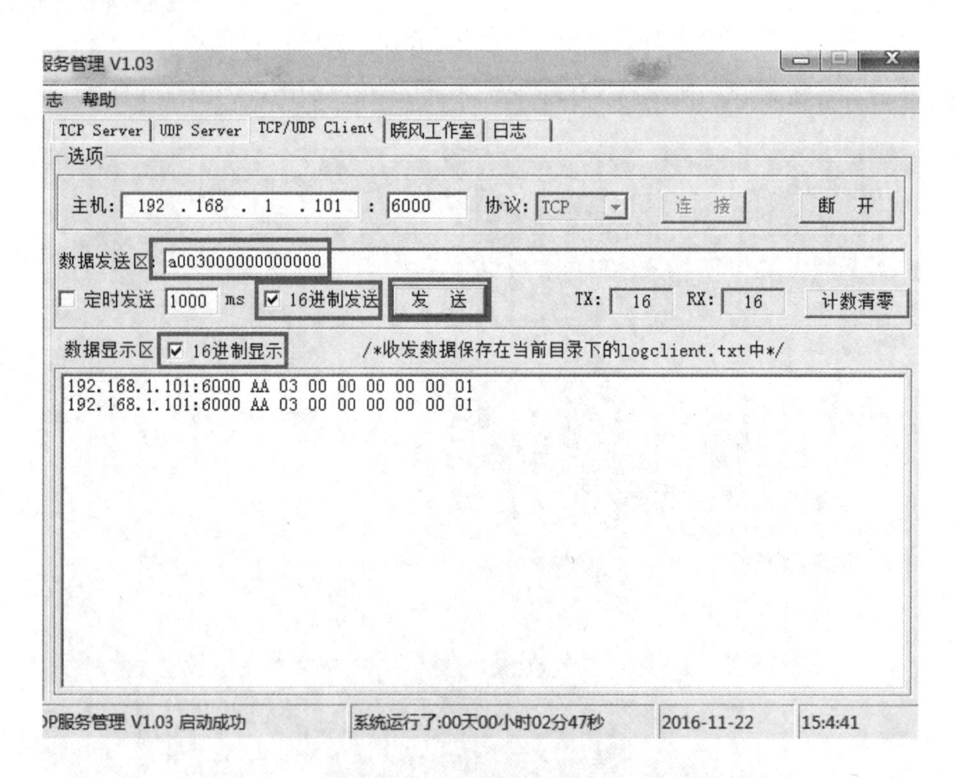

图7-12 “对射红外2”被物体挡住时获取的状态数据

① 当“对射红外2”被物体挡住时，发送获取命令，如图7-12所示。命令如下（见表7-1～表7-4）：

a0（同步位）03（获取红外传感器状态）0000（保留位）00000000（数据长度，没有数据部分）

命令执行成功后，返回数据：

AA（同步位）03（红外传感器状态）00 00（保留位） 00 00 00 01（红外状态，01表示有障碍物）

② 当“对射红外2”没有被物体挡住时，发送获取命令，如图7-13所示。命令如下（见表7-1～表7-4）：

a0（同步位）03（获取红外传感器状态）0000（保留位）00000000（数据长度，没有数据部分）

命令执行成功后，返回数据：

AA（同步位）03（红外传感器状态）00 00（保留位）00 00 00 00（红外状态，00表示没有障碍物）

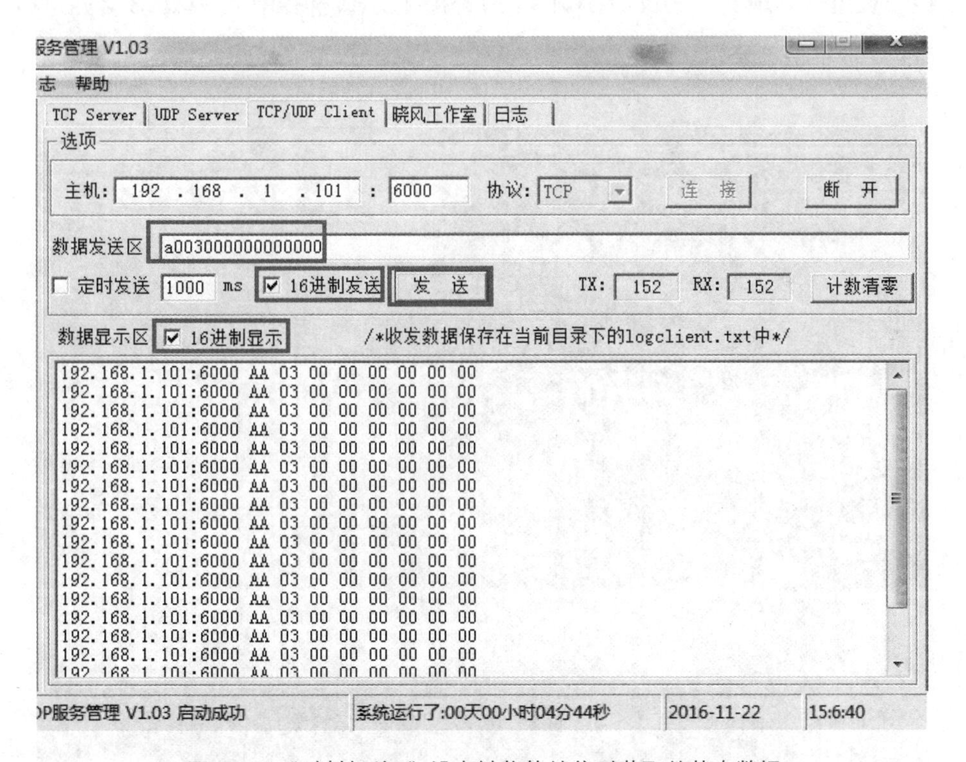

图7-13 “对射红外2”没有被物体挡住时获取的状态数据

技能拓展

通过GPIO口获取更多传感器的测量值。

任务5 WIFI获取温度传感器的温度值

任务要求

采用温度传感器、WIFI和ARM核心板三个模块，在NEWlab平台上搭建一个WIFI无线采集系统，实现远程获取温度传感器的温度值，并在PC的串口端口软件上显示。

任务实施

第一步，搭建WIFI无线采集温度值的系统，如图7-14所示。

1）把温度传感器、WIFI和ARM核心板三个模块固定在NEWLab平台上。

2）把WIFI模块JP401的INT10和INT11都接到3.3V插孔中（注意：3.3V在此是作为高电平信号，而不是电源）。

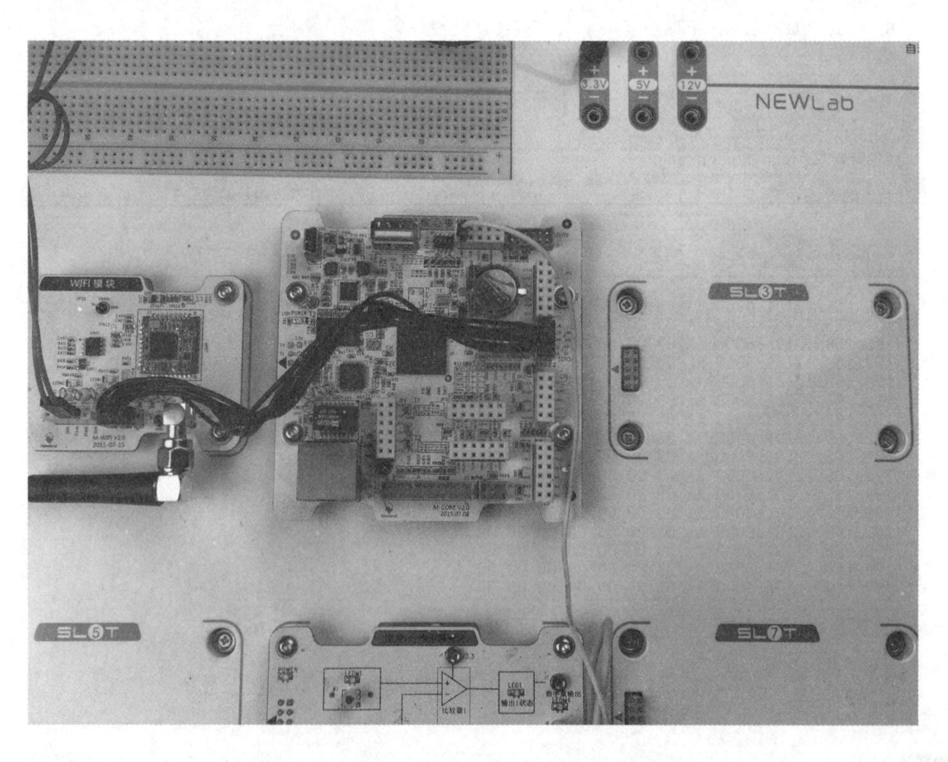

图7-14 WIFI无线获取温度传感器值的接线

3）用排线把WIFI模块的J406与ARM核心板的J6连接起来。它们之间是通过SDIO总线相连的，共有6根线，其中1根时序线、4根数据线、1根CMD命令线。

4）把温度传感器模块的“模拟量输出”连接ARM核心板的JP5的ADC0。

5）通过串口线把PC与NEWLab平台连接起来，并将NEWLab平台上的通信方式旋钮转到“通信模式”。

第二步，分析温度传感器的阻值与温度值关系

本任务采用的温度传感器是MF52型（10KΩ）的热敏电阻，其电阻值随着温度的变化而变化，因此通过ARM芯片的ADC接口采集热敏电阻的电压值，从而获得当前温度下热敏电阻的电阻值。MF52型常用热敏电阻的部分阻值与温度值对照关系见表7-5，详细对照关系可在网上查询。

表7-5 MF52型常用热敏电阻的部分阻值与温度值对照关系

温度值（°C）	5KΩ	10KΩ	10KΩ	15KΩ	50KΩ	100KΩ	5KΩ
20	6.084	12.11	12.52	18.92	62.48	125.24	20
21	5.847	11.65	11.96	18.05	59.72	119.67	21
22	5.621	11.21	11.43	17.23	57.11	114.37	22
23	5.405	10.79	10.93	16.45	54.62	109.34	23
24	5.198	10.39	10.45	15.7	52.25	104.55	24
25	5	10	10	15	50	100	25
26	4.811	9.632	9.569	14.33	47.86	95.67	26
27	4.63	9.279	9.158	13.7	45.82	91.56	27
28	4.457	8.94	8.768	13.09	43.88	87.64	28
29	4.291	8.616	8.396	12.52	42.03	83.91	29

第三步，启动ARM核心板的服务端程序（NEWLab服务器）。

参照本项目任务1。

第四步，通过命令无线获取温度值。

1）在PC上运行SOCKET工具，设置IP、端口、TCP后，单击“连接”按钮。连接成功后，“连接”按钮变灰色。

2）发送温度值获取命令。命令如下（见表7-1～表7-4）。

a0（同步位）02（获取温度值）0000（保留位）00000000（数据长度，没有数据部分）

命令执行成功后，返回数据：

AA（同步位）02（获取温度值）0000（保留位）0000001B（数据为温度值，

0000001B表示为27°C）

发送命令和返回数据如图7-15所示。

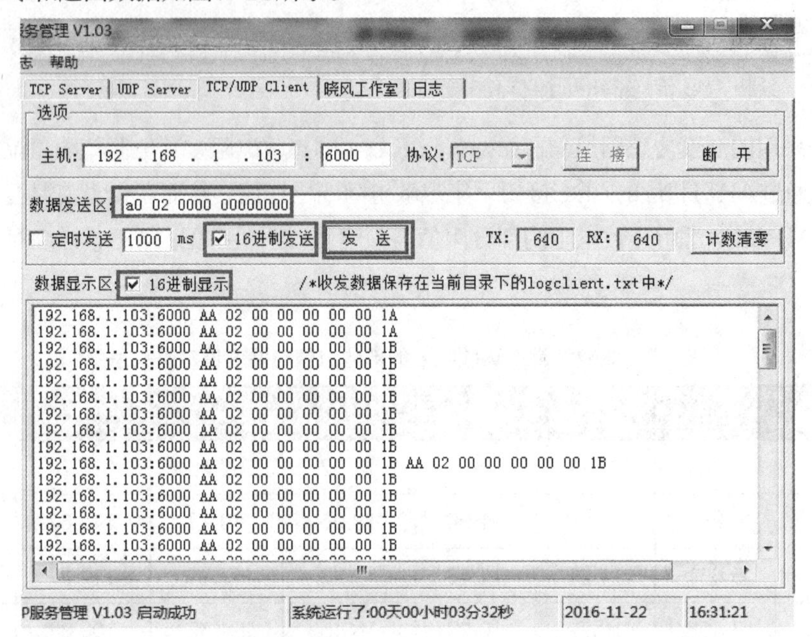

图7-15　发送温度值获取命令和返回数据

通过ARM的ADC，获取其他更多传感器的信息，实现更好的应用。

习 题 7

一、选择题

1．NEWLabWIFI控制风扇是通过什么部件实现的？（　　）

A．继电器　　B．GPIO　　C．定时器　　D．继电器+GPIO

2．NEWLabWIFI获取红外传感器状态是通过什么方式实现的？（　　）

A．UART　　B. GPIO　　C．SPI　　D. IIC

3．NEWLab WIFI获取温度传感器的数据是用什么方法实现的？（　　）

A．热敏电阻　　B．ADC

C．热敏电阻+ADC　　　　D．IIC

4．ARM核心板与WIFI模块是通过什么方式进行通信的？（　　）

A．UART　　　　B．SDIO

C．SPI　　　　D．IIC

5．启动ARM核心板的服务器程序的命令是下面哪一个？（　　）

A．newlab_tcp_serverwifi　AP_NAME

B．newlab_tcp_serverwifi　start

C．newlab_tcp_serverwifi　stop

D．newlab_tcp_servertcp　6000

二、编程题

1．通过GPIO控制命令，实现LED灯、蜂鸣器的开和关。

2．通过GPIO控制命令，实现LED灯、风扇的运行状态的查询。

3．通过ARM核心板的ADC，实现对更多传感器模块数据的获取。

参 考 文 献

[1] 杨黎．基于C语言的单片机应用技术与Proteus仿真 [M]．长沙：中南大学出版社，2012.

[2] 欧阳骏，陈子龙，黄宁淋．蓝牙4．0BLE开发完全手册 [M]．北京：化学工业出版社，2013.

[3] 王小强，欧阳骏，黄宁淋．ZigBee无线传感器网络设计与实现 [M]．北京：化学工业出版社，2012.

[4] 高守玮，吴灿阳．ZigBee技术实践教程 [M]．北京：北京航空航天大学出版社，2009.

[5] 李文仲，段朝玉．ZigBee2007/PRO协议栈实验与实践 [M]．北京：北京航空航天大学出版社，2009.

[6] 姜仲，刘丹．ZigBee技术与实训教程——基于CC2530的无线传感网技术 [M]．北京：清华大学出版社，2014.

[7] 李宁．Android开发完全讲义 [M]．3版．北京：中国水利水电出版社，2012.

[8] 孙宏明．Android手机程序入门、应用到精通 [M]．2版．北京：中国水利水电出版社，2012.